洪錦魁簡介

2023 年博客來 10 大暢銷華文作家，多年來唯一獲選的電腦書籍作者，也是一位跨越電腦作業系統與科技時代的電腦專家，著作等身的作家。

❑ DOS 時代他的代表作品是「IBM PC 組合語言、C、C++、Pascal、資料結構」。
❑ Windows 時代他的代表作品是「Windows Programming 使用 C、Visual Basic」。
❑ Internet 時代他的代表作品是「網頁設計使用 HTML」。
❑ 大數據時代他的代表作品是「R 語言邁向 Big Data 之路」。
❑ AI 時代他的代表作品是「機器學習 Python 實作」。
❑ 通用 AI 時代，國內第 1 本「ChatGPT、Bing Chat + Copilot」作品的作者。

作品曾被翻譯為簡體中文、馬來西亞文，英文，近年來作品則是在北京清華大學和台灣深智同步發行：

1：C、Java、Python、C#、R 最強入門邁向頂尖高手之路王者歸來
2：OpenCV 影像創意邁向 AI 視覺王者歸來
3：Python 網路爬蟲：大數據擷取、清洗、儲存與分析王者歸來
4：演算法邏輯思維 + Python 程式實作王者歸來
5：Python 從 2D 到 3D 資料視覺化
6：網頁設計 HTML+CSS+JavaScript+jQuery+Bootstrap+Google Maps 王者歸來
7：機器學習基礎數學、微積分、真實數據、專題 Python 實作王者歸來
8：Excel 完整學習、Excel 函數庫、Excel VBA 應用王者歸來
9：Python 操作 Excel 最強入門邁向辦公室自動化之路王者歸來
10：Power BI 最強入門 – AI 視覺化 + 智慧決策 + 雲端分享王者歸來

他的多本著作皆曾登上天瓏、博客來、Momo 電腦書類，不同時期暢銷排行榜第 1 名，他的著作特色是，所有程式語法或是功能解說會依特性分類，同時以實用的程式範例做說明，不賣弄學問，讓整本書淺顯易懂，讀者可以由他的著作事半功倍輕鬆掌握相關知識。

AI 職場
智慧浪潮的工作新規則

The new work rules of the intelligence wave.

序

　　身為這本書的作者，筆者感到無比興奮地與各位分享這趟探索人工智慧（AI）在職場應用的奇妙旅程。在這個技術日新月異的年代，我們每個人都在尋找如何在工作中更有效率、更創新的方法。透過這本「AI 職場 - 智慧浪潮的工作新規則」，希望能夠打開一扇窗，讓大家看到 AI 如何成為我們最得力的夥伴。

　　從一開始的構想到最終成書，每寫一章筆者也都深受啟發。不論是探討如何與 AI 有效溝通的「Prompt 的藝術」，還是深入 AI 如何革新人資領域的「AI 幫忙打造智慧人資時代」，每一章節都充滿了筆者對於 AI 如何改變我們工作方式的思考和實踐。

　　隨著書籍的深入，將目光轉向了創意產業，「美編新浪潮」和「AI 行銷話術」章節，展示了 AI 如何激發新的創意思維，並在視覺藝術和市場溝通中開創新局面。這不僅是技術的進步，更是對創意工作方式的一次革命。

　　在討論到企業管理和自動化的章節中，從「手到擒來變身自動化」到「AI 變革來襲」，本書深入了解 AI 如何改善和簡化工作流程，使得文書處理、項目管理甚至是整個團隊的協作都更加高效。此外，本書也介紹了免費機器人開發，每一個範疇都旨在展示 AI 如何為企業帶來革命性的變革。

　　在「AI 視覺化幫手」和「AI 繪圖魔法」章節中，筆者說明了 AI 如何在數據呈現和視覺藝術上提供無限的可能性，讓我們能夠以全新的方式理解訊息和表達創意。在書的後半部，更是探索了 AI 在影視製作和音樂創作上的應用，從「用 AI 打造企業形象」到「AI 音樂魔法」，展示了 AI 如何在這些領域內為創作人員提供前所未有的工具和靈感。

　　特別值得一提的是，本書不僅關注 AI 技術的應用，更深入探討了 AI 如何促進人與人之間的交流，例如在「AI 助攻的心聲交融」一章中，筆者探討了老闆、中階主管與員工之間，如何透過 AI 技術加強溝通與理解。閱讀這本書，讀者可以學會下列知識：

- AI 幫腔 – 廣徵天下英才
- 排名衝衝衝 – AI 深挖 SEO 秘笈
- 業績飛揚揚 – AI 看透對手能知未來
- AI 引領品牌故事 – 塑造企業新口號
- AI 影視革命 – 企業故事新篇章
- AI 音樂演奏 – 激發企業文化新活力
- 超越模仿 – AI 助你創新飛躍
- AI 翻新企業罐頭信
- AI 簡報讓創意飛揚
- AI 服務更溫暖
- AI 贏得客戶心
- AI 交融老闆與員工的心聲
- 打造免費企業 AI 機器人

台灣俗話說「師傅領進門，修行在個人」，希望這本書能夠成為大家的入門師傅，引導讀者進入 AI 的世界，探索各種可能性。無論你是在尋求提升工作效率的新方法，還是想要了解 AI 技術如何為你的業務帶來創新的思維，這本書都提供了豐富的資訊和實踐指南。

在這本書的寫作過程中，我也不斷地學習和成長。我希望這本書不僅能夠啟發讀者對於 AI 的想像和應用，更能成為大家在職場上面對挑戰時的一盞明燈。讓我們一起迎接這個智慧浪潮的工作新規則，開啟職場上的新篇章。

最後，希望這本書能夠陪伴每一位讀者，不論是在職場上還是在日常生活中，都能發現 AI 帶來的無限可能。讓我們一起探索 AI 的奇妙世界，用技術開創更美好的未來。這本書在編寫期間，感謝 MQTT 的益師傅熱情無私的分享 GPTs 機器人設計實例，與 Coze 的知識。編著本書雖力求完美，但是學經歷不足，謬誤難免，尚祈讀者不吝指正。

洪錦魁 2024/02/20
jiinkwei@me.com

讀者資源說明

　　本書籍讀者資源可以在深智公司網站下載，此資源內有 Prompt 實例與書籍實例資料夾，這些實例可以增加讀者學習績效。

臉書粉絲團

　　歡迎加入：王者歸來電腦專業圖書系列

　　歡迎加入：iCoding 程式語言讀書會 (Python, Java, C, C++, C#, JavaScript, 大數據，人工智慧等不限)，讀者可以不定期獲得本書籍和作者相關訊息。

　　歡迎加入：穩健精實 AI 技術手作坊

　　歡迎加入：MQTT 與 AIoT 整合應用

目錄

目錄

第 4 章　AI 行銷話術 用科技語言藝術攻略市場

第 9 章　用 AI 來加強企業的行政與法務效率

第 10 章　AI 變革來襲 從文書自動化到智慧排程

第 14 章 AI 加持下的創新突破 打造企業專屬的免費機器人

第 15 章　AI 聊天機器人界的新星光　探索熱門新夥伴

第 16 章　Coze 開發平台大解密　打造專屬 AI 聊天機器人

第 17 章　AI 繪圖魔法 開啟視覺創意新紀元

第 18 章　用 AI 打造企業形象 FlexClip 影片製作全攻略

第 19 章　AI 影片創作新浪潮　從 Runway 探索到 Sora 的創意旅程

第 20 章　讓圖像開口說話　探索 AI 影片的魔法

第 21 章　讓影片說中文　使用 Memo AI 快速加字幕

第 22 章　AI 音樂魔法 演繹企業文化的新篇章

第 1 章
Prompt 巧思
與 AI 聊天的訣竅

在當今企業環境中，我們會遇到多類型的 AI 應用，涵蓋智慧文字、圖像創作、簡報製作、影片編輯、音樂生成等領域。有效地與 AI 溝通，已成為職場專業人士必須掌握的一項關鍵技能。本章將深入探討如何與這些 AI 系統進行有效溝通，確保能夠充分利用它們在工作中的潛力。

1-1　講台灣話給 AI 聽

1-1-1　認識 ChatGPT 中文回應方式

下圖是 ChatGPT 訓練資料時所使用語言的比例，可以看到繁體中文僅佔 0.05%，簡體中文有 16.2%，這也是若不特別註明 ChatGPT 經常是使用簡體中文回答的原因。

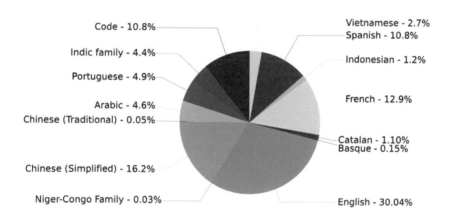

Languages

The pie chart shows the distribution of languages in training data.

因此與 ChatGPT 溝通聊天時，如果不提醒，常常會看到 ChatGPT 使用簡體中文做回應。

這時我們可以用下列方式導正 ChatGPT 用繁體中文回應。

● 「請用繁體中文與我聊天」

● 「請用繁體中文台灣用語與我聊天」

「繁體中文」與「繁體中文台灣用語」，其實還是有差別的。

● 繁體中文：這通常是指中文的一種寫法，繁體中文在台灣、香港和澳門都很常見。當要求用繁體中文來回答，語法和用詞大致上跟簡體中文差不多，但某些詞彙的使用可能會有點不同。

● 台灣用語：不只是用繁體字來寫，還包括了一些特別是在台灣地區常用的詞彙、說法和文化背景。例如：在台灣，日常用語和表達方式可能會跟大陸或其他使用中文的地區有點差異，ChatGPT 會盡量用台灣人常用的詞彙和說法來回答。

簡單來說，「繁體中文」主要是指寫法，而「台灣用語」則包含了地區文化和說話的習慣。

1-1-2　留意簡體語法的繁體中文內容

若是請 ChatGPT 是用「繁體中文」回答了，有時候我們會看到的內容還是簡體語法的繁體中文，或是說「繁體皮、簡體骨的中文」。對於不熟悉簡體中文的讀者，讀取內容會有些吃力，下列幾個紅色繁體名詞，卻是簡體內涵的字，讀者需自行替換調整成右邊黑色字體的名詞，才是讓文字通順，成為我們平常所使用的語法。

智能：智慧　　　　　　　　　　　信息：資訊或訊息

硬件：硬體　　　　　　　　　　　軟件：軟體

文本：本文　　　　　　　　　　　示例：實例

模板：模組　　　　　　　　　　　通向：邁向

通過：透過　　　　　　　　　　　內存：記憶體

內置：內建　　　　　　　　　　　循環：迴圈

調用：呼叫　　　　　　　　　　　基於：以 xx 為基礎。

請用300個字介紹「AI音樂」

AI音樂是指使用人工智能技術創作、生成和修改音樂作品的過程。AI音樂結合了深度學習、生成對抗網絡（GANs）、循環神經

不過 ChatGPT 經過一年多的公開發行後，筆者發現目前「繁體中文皮、簡體中文骨」的現象持續改進、減少中。

1-2 AI 也會有幻覺

與 ChatGPT 聊天時，偶爾會有不實資訊，我們稱此為「AI 幻覺 (AI hallucinations)」，可以參考下列實例。

您
請列出台灣最暢銷的電腦書籍

ChatGPT
台灣最暢銷的電腦書籍會隨著技術趨勢和讀者需求的變化而變化。以下列出幾本近年來在台灣頗受歡迎，且經常出現在暢銷書排行榜上的電腦書籍，這些建議適合對於程式設計、網頁開發和資料科學等領域感興趣的讀者：

1. 《學習**Python**的第一本書》：
   - 這本書以淺顯易懂的方式介紹Python程式語言，適合零基礎讀者或是想快速掌握Python基礎的學習者。
2. 《**JavaScript**高級程序設計》：
   - 被視為學習JavaScript的經典之作，從基礎語法到高級應用，全面系統地介紹了JavaScript語言，適合初學者到中高級開發者。
3. 《頭痛醫生的電腦養生書：用對姿勢、懂保養，從此跟螢幕病說再見！》：
   - 這本書從健康角度出發，針對長時間使用電腦所可能引起的各種身體問題提供預防和改善的方法，非 ↓ 合現代上班族和學生。

上述所列的資訊是錯誤的，我們稱此為「AI 幻覺」，這也是為何在 ChatGPT 輸入框下方，可以看到「ChatGPT 可能會出錯。請考慮核對重要資訊」。

1-3　帶 AI 走 - 學會用 Prompt 開話題

1-3-1　Prompt 是什麼

AI 時代，與聊天機器人對話，我們的輸入稱「Prompt」，可以翻譯為「提示」。與 ChatGPT 聊天過程，使用者是用輸入框發送訊息，所以也可以稱在輸入框輸入的文字是 Prompt。

> 🔗　發送訊息給 ChatGPT...（我們在此的輸入稱 Prompt）　　　　　⬆️

AI 時代我們會接觸「生成圖片、音樂、影片、簡報 … 等」，這些輸入的文字也是稱 Prompt。

1-3-2　Prompt 定義

「Prompt」通常指用戶提供給 AI 的指令或輸入，這些輸入可以是文字、問題、命令或者描述，目的是引導 AI 進行特定的回應或創造出特定的輸出。

- ChatGPT 聊天機器人：一個 Prompt 可能是一個問題、請求或話題，例如「請解釋量子物理學」或「談談你對未來科技的看法」。
- 圖像生成機器人：Prompt 則是一個詳細的描述，用來指導 AI 創建一幅圖像。這種描述包括場景的細節、物體、情緒、顏色、風格等，例如「一個穿著中世紀盔甲的騎士站在火山邊緣」。
- 音樂生成機器人：Prompt 需要有關鍵元素，幫助 AI 理解你的創作意圖和風格偏好，例如「音樂類型與風格、情感氛圍、節奏和節拍、樂器或持續時間」。

總的來說，Prompt 是用戶與 AI 互動時的輸入，它定義了用戶希望從 AI 系統中得到的訊息或創造的類型。這些輸入需要足夠具體和清晰，以便 AI 能夠準確的理解和響應。

1-3-3　Prompt 的語法原則

雖然有許多 Prompt 的語法規則的網站，不過建議初學者，不必一下子看太多這類文件，讓自然的聊天互動變的複雜與困難，我們可以從不斷地互動中體會學習，以下是初學者可以依循的方向。

- 明確性：Promp 應該清楚且明確地表達你的要求或問題，避免含糊或過於泛泛的表述。
- 具體性：提供具體的細節可以幫助 AI 更準確地理解你的請求。例如：如果你想生成一幅圖像，包括關於場景、物體、顏色和風格的具體描述。
- 簡潔性：盡量保持 Prompt 簡潔，避免不必要的冗詞或複雜的句子結構。
- 上下文相關：如果你的請求與特定的上下文或背景相關，確保在 Prompt 中包括這些訊息。
- 語法正確：雖然許多先進的 AI 系統能夠處理某些語言上的不規範，或是錯字，但使用正確的語法可以提高溝通的清晰度和效率。

您可以直接以平常交談的方式提問或發出請求，下列是系列的 Prompt 實例，說明如何使用自然語言來與 ChatGPT 互動：

- 徵才廣告撰寫：「我需要為一個網頁工程師職位撰寫一份吸引人才的徵才廣告，請幫我構思一個具有吸引力的工作描述和要求。」
- 品牌故事創建：「我們想要創建一個新的品牌故事來增強用戶的情感聯繫，請提供一個引人入勝的故事框架。」
- 市場進入策略：「我們計劃進入衛星手機市場，請提供分析這個市場的潛在機會和挑戰的方法。」
- 客戶關係管理：「我需要建立一個客戶關係管理策略，以增強與我們主要客戶的長期合作關係，有什麼建議？」
- 員工教育訓練：「請幫我設計一個針對新進銷售人員的教育訓練計劃大綱，包括銷售技巧、產品知識和客戶服務。」

這些實例展現了企業不同部門如何利用 ChatGPT 來解決各自面臨的挑戰和任務，從撰寫文案、策略規劃，再到日常管理，ChatGPT 都能提供有價值的支持和建議。您只需根據您的需要或問題，以自然的方式表達您的請求即可。ChatGPT 會根據您提供的指令或問題內容，給出相應的回答或完成指定的任務。

1-3-4　Prompt 的結構

簡單的說使用 Prompt 時，也可以將 Prompt 結構分成 2 個部分。

- 指示部分：指示生成式 AI 執行的任務。例如：可以指示生成一個企業文案、故事、翻譯一段文字、或寫一首詩。例如：「公司計劃代理銷售太陽牌手機，

此手機有 9600 萬畫素，使用 OLED 螢幕，太陽能充電，請為此生成一段銷售文案」。

● 限制部分：限制生成式 AI 的輸出或格式。例如：可以限制生成式 AI 的文字長度、或指定生成式 AI 使用的語言、或是依照指定格式輸出。例如：「請用 100 個字，生成徵行銷總監的文案」。

因 ChatGPT 常常會使用簡體中文做輸出，所以使用 ChatGPT 最常用的「限制部分」文字是，「請用繁體中文台灣用語重新輸出」。或是，我們指示用「xx」個字輸出特定訊息，這也是屬於限制部分。

1-3-5　Prompt 的應用

Prompt 可以用於各種應用：

● 生成創意內容：Prompt 可以用來生成文案、故事、詩歌、程式碼、音樂等創意內容。

● 翻譯語言：Prompt 可以用來翻譯文字或語音。

● 回答問題：Pormpt 可以用來回答開放式問題。

● 生成摘要：Prompt 可以用來生成文字摘要。

未來的章節會有許多實例說明。

1-3-6　模糊到清晰的 Prompt 實例

前面敘述我們知道，輸入 Prompt 時，必須明確，給予足夠的資料，ChatGPT 才可以快速、完整的給我們資料，下列是簡單的觀念。

您
請寫一篇七言絕句

ChatGPT
當然可以。這是一首七言絕句：

春風拂面柳絲長，
櫻花滿地證年光。
歲月靜好現安詳，
人間處處是詩鄉。

這首詩描繪了春天景色，表達了對時光流轉和生活平靜的感懷。

　　上述 Prompt 是模糊的，因為 ChatGPT 只知道你要它做一首七言絕句，只能模糊地做一首七言絕句，從上述可以看到 ChatGPT 除了作詩，也可以解釋詩的意境。

實例 2：您輸入「請寫一篇七言絕句，描述企業經營之道」。

 您
請寫一篇七言絕句，敘述經營企業之道

ChatGPT
砥礪品質求卓越，
明智領航定遠航。
客心如水繫情深，
利潤自來天地廣。

這首詩意在表達經營企業的幾個關鍵要素：追求卓越的品質、以智慧和遠見領導企業前進、深刻理解和關心客戶的需求，最終實現企業的持續盈利和發展。

　　ChatGPT 的創作展現了對「經營企業之道」主題的獨到理解，透過精煉的七言絕句形式，巧妙地將企業經營的精髓與古典詩詞的美感結合。詩中不僅蘊含經營哲學，還體現了對客戶關係和商業成就的深刻洞察，證明了 AI 在藝術和商業智慧融合上的潛力。

　　我們要將與 ChatGPT 聊天視為與一般人聊天，如果可以給明確的詢問，ChatGPT 就可以針對你的詢問回應，這樣就會有一個美好的會話體驗。另外，ChatGPT 雖然是 AI 智慧的結晶，與他聊天必須注意，不要有不雅文句、辱罵、種族歧視的句子，同時 ChatGPT 仍在不斷學習中，它也像人類一樣會出錯，我們也可以給予正確訊息，相信 ChatGPT 會越來越強大。

1-3-7　使用引號「」

　　在與 ChatGPT 的對話中，輸入內容的「主題」適當引用上引號 (「) 和下引號 (」)，可以讓表達更清楚，可以參考下列實例。

 您
請用100個字描述「AI職場」

ChatGPT
在AI職場中,人工智能正轉變著工作方式、職能需求與職業發展路徑。從自動化繁瑣的數據分析和客戶服務,到支持決策製定和創新產品開發,AI技術提升了效率並創造了新的價值。同時,這也要求勞動力提升技能,學習如何與智能系統協作,並在AI輔助下進行創造性和戰略性工作。隨著AI的進步,職場文化和結構亦逐步適應,促進遠程工作和跨領域團隊合作,為未來的工作環境定下基調。

如果你使用英文與 ChatGPT 聊天,所使用的則是單引號「'」或是雙引號「"」。

1-3-8 引用來源

有時候 AI 生成的文字是依據訓練模型所生成的,這時就不會有引用資料來源,可以參考下列實例說明。

 您
請用50個字, 描述AI發展史,回答時引用來源

 ChatGPT
AI發展歷程始於1950年代,早期著重於規則基礎推理。隨著時間,機器學習、深度學習技術崛起,推動AI進入大數據、自然語言處理等新領域。資料來源主要依據歷史文獻綜述與科技發展記錄。

這個實例,特別要求回答時引用來源,結果 ChatGPT 回應「主要依據歷史文獻綜述 ... 」(有時候會告知,引用來源是資料庫訓練產生),相當於此輸出沒有特別引用來源,這對讀者撰寫文案,判別是 ChatGPT 知識庫生成或是引用來源非常有幫助。

下列實例是告訴 ChatGPT 先搜尋,然後告訴我們最新 AI 機器人的應用,這時會有引用資料來源,可以參考下列實例。

 您
請搜尋然後告訴我,說明最新AI機器人的應用

首先我們可以看到 ChatGPT 用 Bing 的搜尋畫面。

 ChatGPT
正在搜尋 "最新AI機器人應用"

搜尋結束後可以看到下列 ChatGPT 回應的結果。

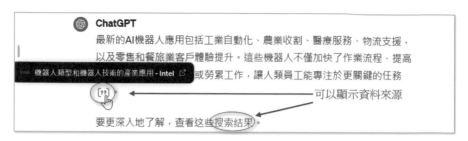

1-4　設計 Prompt - 讓 AI 回答更對味

與 ChatGPT 聊天時，ChatGPT 會有預設格式輸出，如果你覺得輸出格式不是你想要的，可以指定下列輸出格式。

- 簡短與直接：如果希望獲得簡短且直接的答案，可以指示提供簡潔的回應，直接回答問題的核心部分。

- 詳細與全面：如果需要更全面的資訊，可以要求提供詳細的解釋或背景資訊。

- 列表與條目式：對於需要多個項目或步驟的答案，可以指示使用列表或條目格式來組織資訊。註：也可以稱「要點」。

- 問與答格式：如果您喜歡問答形式，可以要求將資訊組織成問題和相應答案的形式。

- 使用範例或案例研究：如果需要，可以要求提供實例或案例研究來說明某個觀點或概念。

- 引用來源：如果需要引用來源訊息，可以要求在回答中包含這些資訊。

- 特定的數據或圖表格式：對於需要數據或統計資訊的回答，可以指定希望數據以表格、圖表或其他特定格式呈現。

- 限定字數或長度：如果有特定的長度或字數限制，也可以明確指出。

如果不特別描述會用一般段落方式的輸出。

您
請用100個字描述AI發展的歷史

 ChatGPT
人工智能（AI）的發展歷史可追溯至20世紀40年代。最初，科學家們探索簡單機器學習和問題解決。到了1956年，達特茅斯會議正式將其命名為"人工智能"。此後，AI經歷了幾次"冬天"和復興期。1980年代，專家系統的興起帶來商業利益。21世紀初，大數據、算力提升和深度學習的突破，尤其是深度神經網絡的應用，極大推動了AI的發展。現今，AI已在眾多領域展現出巨大的潛力和影響力。

如果用條列方式輸出，有時候會用左邊是「編號」的條列式輸出，有時候會用左邊是「圓點」的條列式輸出，所以為了統一建議可以直接指出左邊「格式」方法，輸出條列式的內容。下列是左邊是「編號」的條列式輸出實例。

 您
請用100個字描述AI發展的歷史，請用 左邊是編號 的條列方式輸出

 ChatGPT
1. **1950年代**：AI的概念初現，圖靈提出"圖靈測試"。
2. **1956年**：達特茅斯會議確立"人工智能"術語，標誌著AI研究的開始。
3. **1960-1970年代**：專家系統的興起，AI實現初步應用。

...

下列是左邊是「圓點」的條列式輸出實例。

 您
請用100個字描述AI發展的歷史，請用 左邊是圓點 的條列方式輸出

 ChatGPT
- AI的概念在**1950年代**被提出，圖靈測試探討機器是否能思考。
- **1956年**的達特茅斯會議，首次提出"人工智能"術語，標誌AI研究的開始。
- 在**1960-1970年代**，專家系統的開發顯示了AI在模擬專業人士決策過程中的潛力。

...

我們也可以指示 ChatGPT 用表格方式輸出。

您
請用100個字描述AI發展的歷史，請用 表格方式 輸出

 ChatGPT
這是一個描述人工智能（AI）發展歷程的表格：

時期	發展歷程
1940年代	AI概念萌芽，初步探索機器學習和問題解決。
1956年	達特茅斯會議，正式命名為'人工智能'。
1960-1970年代	基礎理論和模型開發，但進展緩慢。
1980年代	專家系統的興起，商業應用開始增加。
1990年代	互聯網的發展，數據可用性增加。
2000年代	機器學習和演算法進步，尤其在圖像和語音識別。
2010年代	深度學習和神經網絡的突破，AI應用飛速發展。
當前	AI在多個領域實現重大突破，成為重要技術趨勢。

這表格簡潔地概述了AI從早期概念到現代應用的主要發展階段。 [>-]

上述輸出時，在末端可以看到 [>-] 圖示，這個圖示稱「查看分析」，滑鼠游標點選此圖示，可以得到生成敘述所用的 Python 程式碼。

上述可以用 Copy code 複製程式碼，再貼到指定編輯環境，程式碼可以在雲端的 Google Colab 或是實體電腦的 Python Shell 環境上執行。

1-5 Emoji 的妙用 - 用表情符號說故事

1-5-1 認識 Emoji

「Emoji」一詞就是由「繪（E）」表示圖畫，和「文字（moji）」組成的，也可以稱「表情符號」。Emoji 符號是一種小圖標或表情符號，用於在數位通訊中傳達情感、概念或訊息。它們最初在 1990 年代末由日本手機用戶使用，後來隨著智慧手機和社交媒體的普及而在全球範圍內流行起來。Emoji 符號現在包含了各種各樣的圖像，從簡單的表情（如微笑或悲傷的臉）到動物、食物、運動、工作、天氣現象以及各種符號和物品。

Emoji 的使用可以使文字訊息更加生動、有趣，並有助於跨越語言和文化障礙傳達情感和概念。隨著時間的推移，它們不斷發展和擴展，以反映多元化的文化、生活方式和新概念。Emoji 已經成為數位通訊時代中一種重要的溝通工具，被廣泛使用並漸漸成為文化和語言的一部分。目前 Emoji 是依據 Unicode 標準管理，該標準確保在不同的設備和平台上能夠一致地顯示和使用這些符號。

> 您
> 請公告「公司將在8月15日舉辦5天北海道之旅」，描述內容請適度加上 Emoji符號

> ChatGPT
> 📢 大家好！👋
>
> 我們興奮地宣布，公司將在 **8月15日** 起舉辦為期 **5天** 的北海道之旅 🏔️ 🌸！這次旅行不僅是一次放鬆身心的絕佳機會，也是與同事們加深彼此間聯繫的完美時刻 ❄️ 🤝 。
>
> 我們將一起探索北海道的美麗風光，享受當地美食 🍜 ，體驗日本文化 🏯 ，並創造難忘的回憶 📷 。請準備好你的行李，加入我們的北海道冒險吧！
>
> 📌 **注意事項：**
>
> - 請確保你的護照有效 🛂 。
> - 提前準備好適合的服裝，以應對北海道多變的天氣 。
>
> 讓我們一起期待這次精彩的旅程吧！如果你有任何問題，請隨時聯繫我們的HR部門 。

1-5-2　Emoji 使用場合分析

使用 Emoji 在 PO 文時，其影響取決於目標客群和內容的性質。在非正式或較輕鬆的溝通場合，例如 FB、IG 等社交媒體、部落格或市場行銷 ... 等，Emoji 可以增加文章的親和力，讓訊息更加生動有趣，並幫助表達情感或強化某些點。

然而，在專業或學術的文章、商務報告、或其他需要嚴謹態度的溝通中，過度使用 Emoji 可能會讓內容顯得不夠專業，影響其嚴肅性和可信度。

因此，是否使用 Emoji 應該以對目標客群的了解和內容的目的來決定。如果目的是吸引年輕受眾或創造輕鬆氛圍，適當地使用 Emoji 可能是有益的。反之，如果目的是傳達專業知識或在正式場合下溝通，則應避免使用 Emoji。

1-6　扮演知識家 - 跟 AI 深聊專業話題

我們與 ChatGPT 聊天時，ChatGPT 可以用通用型 AI 模型和我們對話。我們也可以在與 ChatGPT 聊天時，指定 ChatGPT 扮演「xx」專家，這樣可以獲得更精準的回答。在 Prompt 裡頭設定了專家扮演，同時來談同一個主題，相較於沒有設定專家扮演，會有以下幾個不同點：

❏　**專業度和深度**
- 設定專家：回答會比較專業、深入，會用到行話，提供的是基於專業經歷或研究的見解。可能會講到業界的拿手好戲、案例分析、數據分析或是最新的流行趨勢。
- 沒設定專家：回答會比較淺白易懂，主要著重在基本概念和大家都懂的知識，不會太深入專業術語或複雜的理論。

❏　**語氣和風格**
- 設定專家：語氣可能比較正式，結構嚴謹，可能會有比較多指導性或建議性質的內容。
- 沒設定專家：語氣可能比較隨和，風格自在，用一種親切的方式來呈現資訊。

❏　**內容的針對性**
- 設定專家：回答會針對特定領域的細節，可能會考慮到業界特有的情況或小細節。

- 沒設定專家：回答可能比較泛泛，適合更多人，不會太深入任何特定領域的細節。

❏ **資訊來源和參考**
- 設定專家：可能會提供更多專業書籍、研究論文或業界報告當作參考。
- 沒設定專家：可能會引用一些比較通用的資訊來源，比如網路文章、綜合性的書或是大家都認同的基礎教材。

❏ **解決問題的方式**
- 設定專家：提供的解決問題的方法可能更實際、具體，可能會提到用專業工具或方法。
- 沒設定專家：給的建議可能比較基礎、通用，不會特別針對任何專業領域的工具或方法。

　　總體而言，設定了專家扮演的話，回答會更專業、深入，針對特定領域提供詳細的建議。沒設定專家的話，回答則更通俗易懂、基礎，比較適合一般大眾理解。下列是沒有設定專家，輸入「請說明應該如何學習英文」的實例。

您
請說明應該如何學習英文

ChatGPT
學習英文是一個持續的過程，涉及多種技巧和策略。以下是一些建議，幫助提高英語學習的效率和樂趣：

1. **確定學習目標：**
   - 明確你學習英文的目的，是為了旅遊、工作、考試還是興趣？這將幫助你確定學習的重點和方向。
2. **建立穩固的基礎：**
   - 從基礎語法、詞彙開始學習，並逐步擴展。使用語法書和詞彙書，或是線上資源和應用程式來鞏固基礎。
3. **多聽多說：**
   - 盡量多聽英文，包括英文歌曲、電影、電視劇和播客。模仿發音和語調，提高聽力和口語能力。
   - 勇於開口，即使一開始會犯錯。可以加入語言交換小組，或與英語母語者練習對話。

⋮

下列是先設定 ChatGPT 是教英文的專家的執行結果。

 您
你是一位教英文的專家，請告訴我應該如何學習英文

ChatGPT

學習英文作為一名教學專家，我會建議採取全面且有策略的學習方法，這
包括對四大語言技能——聽、說、讀、寫——的均衡發展。以下是一些具
體的建議：

1. 設定清晰的學習目標

• 確定你學習英文的原因，是為了提升職場競爭力、準備考試、旅行還是
其他？設定具體且可實現的短期和長期目標。

2. 沉浸式學習環境

• 盡可能讓自己處於英語環境中，無論是通過觀看英文電影、聽英文音
樂、閱讀英文書籍和文章，還是參加英語討論群組。

3. 活用語言學習資源

• 使用語言學習應用程序如Duolingo 或 Babbel，或是訂閱英語學習頻道和
播客。這些資源可以提供豐富的學習材料和互動式學習經驗。

...

　　當設定「你是一位教英文的專家」時，回應通常會更專業和具體，著重於教學策
略和有效的學習方法。這樣的回答可能會包含關於課程設計、教學理念、以及如何針
對學生的不同需求和學習風格進行調整的建議。這位專家可能會分享一些基於教學經
驗和教育心理學的見解，強調如何有效地提高英語的聽、說、讀、寫能力，並可能提
供一些專業的資源推薦，如特定的教材、學習平台或是教學法。

　　相反，如果沒有設定「你是一位教英文的專家」，回應可能會更加一般化和廣泛，
不特別偏重於教學的角度。這樣的回答可能會包括一些常見的學習建議，如經常聽英
文歌曲、看英文電影、使用語言學習應用程式等，而不會深入探討如何根據學習理論
來優化學習過程。這種回答可能更偏向於一般大眾的學習經驗分享，而不是專業教師
的教學策略。

　　總的來說，「你是一位教英文的專家」的設定使回答更專注於教育策略和學習方
法的專業分析，而沒有這樣的設定則可能導致回答更加廣泛和通俗。

1-7 模仿起跑 - AI 助你創新飛躍

如果看到市面上有好的文案，我們也可以指示 ChatGPT 參考模仿。例如：全家便利商店著名的口號是「全家就是你家」，我們也可以請 ChatGPT 模仿。假設我們是一家連鎖飲料店的公司，公司名稱是「茶緣」，可以參考下列實例，讓 ChatGPT 模仿全家的口號。

 您
我的公司「茶緣」是銷售茶飲料的連鎖門市，請模擬下列風格，幫我寫出類似6個字的口號，「茶緣」必須為前2個字，請給5個推薦口號。
===
全家就是你家

 ChatGPT
1. 茶緣溫馨相伴
2. 茶緣品味生活
3. 茶緣共賞時刻
4. 茶緣情誼相連
5. 茶緣悠享每刻

上述 ChatGPT 給我們設計了 5 個口號。

1. 茶緣溫馨相伴：此口號表達「茶緣」品牌提供的不僅是茶飲，還有陪伴顧客的溫暖與情感連結，創造一種家的感覺。

2. 茶緣品味生活：強調「茶緣」不只是飲品的選擇，也是一種生活態度，鼓勵顧客在日常中尋找並珍惜品味的時刻。

3. 茶緣共賞時刻：這句口號意在傳達「茶緣」作為一個分享美好時光的平台，無論是獨處或與人共享，都能找到屬於自己的那份寧靜。

4. 茶緣情誼相連：突出「茶緣」作為促進人際關係和情感聯繫的橋梁，透過共享茶飲增進彼此之間的情誼。

5. 茶緣悠享每刻：此口號鼓勵人們在忙碌的生活中，找到一片悠閒的時光，透過「茶緣」的茶飲享受生活的每一刻。

ChatGPT 給了我們很好的建議，剩下的就是「茶緣」公司的選擇了。

1-8　分步驟問複雜題 - 讓 AI 一步步跟上

1-8-1　多次詢問的優點

與 ChatGPT 聊天時將複雜問題分成多個階段提問，有多個優點：

- 提高準確性：逐步提問可以讓 ChatGPT 更準確地理解您的問題的每個部分，從而提供更準確的答案。

- 增強互動性：分階段提問鼓勵更多的互動，讓對話更加動態和參與感更強。

- 便於調整：如果某一階段的答案不是您期望的，您可以即時提出更改或澄清，這樣可以即時調整方向，而不是在最後才發現問題。

- 減少誤解：對於複雜問題，一次性提出所有細節可能導致資料過載，分階段提問可以減少誤解和溝通錯誤。

- 更容易管理：分階段處理複雜問題可以使每一步都更加可管理和可控，特別是當處理需要深入研究或計算的問題時。

- 促進學習：這種方法可以幫助您更好地理解問題的各個方面和解決問題的過程，從而促進學習和記憶。

1-8-2　開發手機應用程式的實例

假設你想要開發一個新的手機應用程式，這個項目包括市場研究、功能設計、開發平台選擇、開發過程、測試和上市策略等多個階段。我們可以用下列步驟詢問 ChatGPT。

1. 市場研究階段的問題

 您
我應該如何進行市場研究來確定我的手機應用程式的目標用戶？

🤖 **ChatGPT**

進行市場研究以確定手機應用程式的目標用戶時，可以採取以下幾個步驟：

1. **確定市場需求：**
   - 開始之前，先評估你的應用想要解決的問題或需求。查看相關市場的現有研究報告、用戶評論和論壇討論，以獲得對潛在用戶需求的初步了解。

2. **競爭分析：**
   - 調查同類型應用的市場表現，了解它們的功能、用戶基礎、價格策略和用戶評價。這有助於識別市場缺口和機會，並幫助你定位你的應用。

3. **建立用戶畫像：**
   - 根據收集到的資訊，創建一個或多個理想用戶的詳細畫像。這些畫像應包含年齡、性別、職業、興趣 ↓ 術熟練度等信息。

---

4. **進行問卷調查和訪談：**
   - 設計問卷或進行一對一訪談，直接從目標用戶那裡獲取反饋。這可以幫助你更深入地理解他們的需求、偏好和行為模式。

5. **利用社交媒體和論壇：**
   - 觀察目標用戶在社交媒體和相關論壇上的活動。這些平台是了解用戶意見和趨勢的豐富來源。

6. **分析數據：**
   - 使用分析工具來理解用戶的在線行為和偏好。如果你的應用已經有一個原型或早期版本，利用內建的分析功能來收集用戶反饋。

7. **創建用戶測試小組：**
   - 邀請一小群潛在用戶參與測試你的應用原型。觀察他們使用應用的方式，並收集他們的直接反饋。

進行市場研究是一個持續的過程，需要定期回顧和更新你的發現，以確保你的應用持續滿足目標用戶的需求。 ↓ 些步驟將幫助你建立一個堅實的基礎，從而開發出一個成功的手機應用程式。

上述詢問可以獲得針對性的建議，幫助你更好地理解目標市場和用戶需求。
ChatGPT 提供了一個詳盡的步驟指南，幫助開發者進行市場研究以確定手機應用程式

的目標用戶。透過競爭分析、建立用戶描述、問卷調查等方法,指引清晰,有助於精確定位用戶需求和偏好。

2.　功能設計階段的問題

 您
請用繁體中文台灣用語說明,哪些手機應用程式的功能是用戶在類似應用中最常用的?

 ChatGPT
在台灣,手機App裡面幾個特別受歡迎的功能包括:

1. **帳號登入:** 讓用戶註冊自己的帳號,並且可以在不同的裝置上登入。
2. **個資管理:** 使用者能夠自行編輯自己的個人資料和偏好設定。
3. **搜尋:** 幫助用戶迅速找到他們需要的資訊或商品。
4. **推播訊息:** 向用戶發送最新的消息、提醒或是個性化的推薦。
5. **社交分享:** 包括發文、分享、點讚等功能,增加用戶間的互動和App的黏度。
6. **付費功能:** 支援在App內進行商品或服務的購買。
7. **客服互動:** 透過即時聊天、FAQ或聯絡方式幫助用戶解決問題。
8. **地圖與導航:** 對於需要用到地理位置的App,提供地圖瀏覽和路徑規劃。
9. **資料同步與備份:** 確保用戶的資料可以在不同裝置間進行更新和備份。

↓

9. **資料同步與備份:** 確保用戶的資料可以在不同裝置間進行更新和備份。
10. **安全保障:** 如雙因素認證、密碼加密等,確保用戶資料的安全。

了解目標使用者群最常使用和最需要的功能,對於開發一個成功的手機應用程式來說非常關鍵。進行市場調研和用戶訪問能幫助確定這些功能,進而提升App的吸引力和用戶滿意度。

　　ChatGPT 提供了針對台灣用戶常見的手機應用功能清單,包括帳號登入、個資管理 ... 等關鍵功能。這些回應有助於 App 開發者了解用戶偏好,幫助優先考慮開發哪些功能,進而提升應用的使用體驗和滿意度。

3.　開發平台選擇

 您

請用繁體中文台灣用語說明，我應該選擇原生開發還是跨平台開發工具來開發我的應用？

 ChatGPT

選擇原生開發或是跨平台開發工具來開發你的應用，主要取決於幾個關鍵因素，包括你的應用需求、開發預算、開發團隊的技術背景，以及你想要達成的使用者體驗。以下是一些考量點，幫你做出決策：

原生開發：

- **優點：**
  - 提供最佳的性能和使用者體驗，因為可以充分利用手機的硬體和作業系統特性。
  - 較容易存取和使用最新的作業系統功能。
  - 較佳的應用穩定性和流暢度。
- **缺點：**
  - 開發和維護成本較高，因為需要針對不同平台（如iOS和Android）分別開發和維護。
  - 開發週期可能較長。

跨平台開發工具：

- **優點：**
  - 可以用一套程式碼開發多個平台的應用，節省時間和開發成本。
  - 簡化維護工作，因為大部分更新可以同時應用於所有平台。
  - 容易找到具有相關技術背景的開發者（如JavaScript）。
- **缺點：**
  - 可能無法完全達到原生應用的性能和流暢度。
  - 對於一些新釋出的作業系統功能，可能會有延遲支援的情況。
  - 在一些複雜的功能實現上，可能會遇到限制。

如果你追求的是最佳的性能和使用者體驗，並且預算允許，原生開發可能是較好的選擇。相反，如果你希望快速推出市場，並且希望用較低的成本支持多平台，選擇跨平台開發工具會是一個實用的選項。最終選擇應基於你的具體需求和條件來決定。

　　ChatGPT 提供了詳細且平衡的分析，比較原生開發與跨平台開發工具的優缺點，幫助開發者根據自身需求、預算和技術背景做出明智的選擇。這樣的解釋清楚地指引了開發者如何選擇最適合其應用的開發途徑。

 所謂的原生開發平台是指，開發者會依照目標平台使用對應的工具和語言，例如使用 Xcode 和 Swift 或 Objective-C 進行 iOS 應用開發，或使用 Android Studio 和 Kotlin 或 Java 開發 Android 應用。

4.　開發過程

 您
請用繁體中文台灣用語說明，開發過程中常見的問題有哪些，我應該如何避免？

ChatGPT
在開發過程中，常見的問題包括：

1. **需求不明確：**開發前未能完全理解用戶需求或需求頻繁變動，導致開發方向錯誤或需多次修改。避免方法是事前進行詳細的需求分析和規劃，並與團隊及客戶保持良好溝通。
2. **時間管理不佳：**項目排程不合理，導致截止日期無法達成。建議使用敏捷開發方法，分階段進行，並定期檢視進度。
3. **技術選擇不當：**選擇不適合項目需求的技術棧或工具，造成開發效率低下。應根據項目特性和團隊技能選擇合適的技術。
4. **溝通不足：**團隊成員間溝通不充分，導致誤解或重複工作。定期舉行會議和使用項目管理工具可以幫助改善溝通。
5. **測試不充分：**未進行足夠的測試就急於上線，可能導致應用出現重大錯誤。建立完善的測試流程，並進行單元測試、整合測試和用戶測試。

6. **忽視使用者體驗：**過分專注於功能開發而忽略使用者介面和體驗設計。應該將使用者體驗放在開發過程的核心位置。
7. **安全性問題：**未能充分考慮應用的安全性，可能導致資料洩露或其他安全事故。從設計之初就應加入安全性考量，並進行安全性測試。

避免這些問題的關鍵在於從項目規劃階段開始就進行周密的準備，並在開發過程中保持靈活性和開放性的溝通態度，同時也不忘關注細節和使用者需求。這樣可以在開發過程中及時發現並解決問題，確保項目的成功。

　　ChatGPT 詳細列出了軟體開發過程中常見的問題及其預防策略，如需求不明確、時間管理不佳等，並提供實用建議來避免這些問題，指導開發者如何進行有效的項目管理和團隊協作，有助於減少開發中的錯誤。

5.　測試階段的問題

 您
請用繁體中文台灣用語說明，我應該怎樣計劃應用測試流程？

 ChatGPT
計劃應用測試流程時，可以依照以下步驟來進行：

1. **確定測試範圍：**先清楚界定要測試的功能範圍，包括哪些功能是必須測試的，哪些是次要的。這幫助專注於應用的關鍵部分。
2. **撰寫測試案例：**基於測試範圍，撰寫詳細的測試案例，包含測試步驟、預期結果和測試資料。好的測試案例能夠幫助測試人員準確地執行測試。
3. **選擇測試工具：**根據應用的類型和測試需求，選擇合適的測試工具。例如，對於Web應用，可能會選擇Selenium；對於手機應用，則可能選擇Appium或Espresso。
4. **進行單元測試：**開發階段應該進行單元測試，以確保每個獨立模塊的功能正確無誤。
5. **進行整合測試：**在模塊整合後進行測試，確保模塊間的交互按照預期進行。　　　　　↓

6. **系統測試：**對整個應用進行全面的功能測試，確保所有功能都能正常運作。
7. **性能測試：**測試應用在高負載下的表現，包括響應時間、吞吐量等。
8. **安全測試：**檢查應用的安全漏洞，確保用戶資料的安全。
9. **使用者接受測試（UAT）：**邀請目標使用者進行測試，收集反饋，確保應用滿足使用者需求。
10. **回歸測試：**每次更新後進行回歸測試，確保新功能沒有影響到現有的功能。

　　計劃應用測試流程時，重要的是要有組織、系統化，並且隨時準備根據測試結果進行調整。透過這樣的流程，可以幫助團隊發現並修正錯誤，提升應用的質量。

　　ChatGPT 提供了一個全面且結構化的應用測試流程計劃，從確定測試範圍到使用者接受測試，涵蓋了測試的各個階段。這個回應對於開發者來說是一個實用的指南，幫助他們有效地提高應用品質和用戶滿意度。

6.　上市策略的問題

 您
請用繁體中文台灣用語說明，上市前我應該如何推廣我的應用？

 ChatGPT
上市前推廣你的應用，可以透過以下幾個策略來進行：

1. **建立官方網站或活動頁面：**提供應用的詳細資訊、特色功能和上市時間等，增加曝光度。
2. **社群媒體行銷：**利用Facebook、Instagram、Twitter等社群平台分享應用的開發進度和特色，吸引潛在用戶的關注。
3. **部落格宣傳：**撰寫相關文章，介紹應用的使用場景、解決的問題或技術挑戰，並在專業論壇或社群中分享。
4. **合作夥伴關係：**尋找與你的應用相關的品牌或網紅進行合作，透過他們的平台進行宣傳。
5. **預告片和示範影片：**製作應用的預告片或操作示範影片，透過YouTube或其他視頻平台展示應用的魅力。
6. **Beta測試邀請：**邀請目標用戶參與Beta測試，收集反饋並進行改善，同時透過測試者擴散口碑。　　↓

7. **新聞稿發布：**撰寫新聞稿介紹應用，並發送給相關媒體和部落客，吸引媒體報導。
8. **參加展覽和活動：**參與相關的科技展或創業活動，現場展示應用並吸引關注。
9. **郵件行銷：**建立郵件列表，向訂閱者發送應用的最新消息和上市通知。
10. **網路廣告：**利用Google AdWords、Facebook廣告等平台，針對目標用戶投放廣告。

　　透過這些策略，可以在應用上市前建立起用戶基礎和市場期待，幫助應用成功推向市場。重要的是要根據目標用戶群和預算，選擇最適合的推廣方式。

　　ChatGPT 提供了多元且實用的應用推廣策略，從社群媒體行銷到參加展覽等，為開發者如何在上市前有效推廣應用提供了全面的指導，這些建議有助於提升應用的能見度、吸引潛在用戶和媒體的注意。

　　總之透過這種將專案分步驟提問的方式，此例是分成 6 個步驟，不僅可以讓 ChatGPT 提供更精確和有用的回答，也能幫助你更系統地理解和處理項目開發的每個階段。這種方法提高了問題解決的效率，並有助於確保專案項目的成功。

1-9 Markdown 美化輸出 - 寫作也要有型

1-9-1　Markdown 語法

　　Markdown 格式是一種輕量級的標記語言，它允許人們使用易讀易寫的純文字格式編寫文件，然後轉換成結構化的 HTML（超文本標記語言）文件。因為它的簡潔和易於閱讀寫作的特點，Markdown 在網路寫作、技術文檔和筆記記錄等方面非常受歡迎。Markdown 的基本語法包括：

- 標題：使用「#」來創建標題。'#' 的個數代表標題的級別。例如，「# 標題 1」、「## 標題 2」、「### 標題 3」等。
- 粗體：使用兩個星號「** 文字 **」或兩個底線「__ 文字 __」來加粗文字。
- 斜體：使用一個星號「* 文字 *」或一個底線「_ 文字 _」標記斜體文字。
- 超連結：使用「[連結文字](網址)」來建立超連結，可以參考下列網址。

[Google](http://google.com)。

- 列表：使用 '-'、'+' 或 '*' 建立無序列表，使用數字加上 '.' 建立有序列表。
- 引用：使用 '>' 來引用文字。例如：「> 這是一段引用文字」。
- 程式碼：使用單個引號「'」代碼來標記程式碼或命令，使用三個引號「'''」來建立程式碼區塊。
- 圖片：使用「![替代文字](圖片網址)」來插入圖片。

　　Markdown 的設計初衷是希望能讓編寫者專注於內容的撰寫，而不是排版的設定，所以它的語法都盡量保持簡單和直觀。此外，許多網路平台和編輯工具都支持 Markdown，使得它非常適合用於網路內容的創建和分享。

1-9-2　Markdown 文章輸出

 您

請使用Markdown格式撰寫一篇文章，介紹iPhone和Apple Watch的主要功能和用戶評價。文章應包括H2級別的子標題來分隔每個產品的介紹，每款產品下方列出三個主要功能的無序列表，並包括一條虛構的正面用戶評價作為引用。我計劃在我的臉書上發布這篇文章

 ChatGPT

以下是一篇按照您的要求撰寫的文章，介紹iPhone和Apple Watch的主要功能以及包含虛構的用戶評價：

iPhone 的主要功能　←──── H2級別的子標題

iPhone 不僅是一款手機，它已成為我們日常生活中不可或缺的一部分。以下是iPhone的三個主要功能：　功能的無序列表

- **高效能的處理器**：iPhone 搭載的A系列晶片，讓它在處理大型應用程式和遊戲時能保持流暢不卡頓。
- **先進的攝影系統**：從廣角到長焦，iPhone 的多鏡頭系統讓每一張照片都宛如專業攝影師拍攝。
- **健全的生態系統**：藉由App Store，用戶可以輕鬆下載各式各樣的應用程式，從娛樂到生產力工具應有盡有。

　　　　　　　　　　　　　正面用戶評價

> "自從我換成最新款的**iPhone**後，我的生活變得更加方便和高效。它不僅提升了我的工作效率，也讓我在攝影上有了更多的創造力。"——虛構用戶 林先生

Apple Watch 的主要功能

Apple Watch 不僅是一款智慧手錶，它是你健康和生活方式的完美伴侶。以下是Apple Watch的三個主要功能：

- **全面的健康監測**：從心率監測到睡眠追蹤，Apple Watch 提供全方位的健康監測功能，幫助你更好地瞭解自己的身體狀況。
- **健身追蹤**：無論是跑步、游泳還是任何形式的鍛煉，Apple Watch 都能精準追蹤你的活動，幫助你達到健身目標。
- **無縫整合**：Apple Watch 與iPhone的無縫整合，讓你即使在運動或忙碌時刻，也能保持聯繫和掌控。

> "Apple Watch 完全改變了我對健康的看法。它不僅是我的健身教練，還是我的健康小助手，隨時提醒我保持活力和健康。"——虛構用戶 張小姐

1-10 跟 AI 聊得來 - Prompt 進階技巧

前面各節已經針對 Prompt 做基礎實例說明了，這一節則是一個補充的解說。

1-10-1 指定表格欄位

我們可以在對話中指定以「表格式」輸出，同時指定欄位。

 您
請解釋下列英文名詞
表格式，column = 英文名詞，名詞完整英文，中文翻譯
FBI, CIA

ChatGPT

英文名詞	名詞完整英文	中文翻譯
FBI	Federal Bureau of Investigation	聯邦調查局
CIA	Central Intelligence Agency	中央情報局

上述實例，使用 column 設定了欄位的名稱。

1-10-2 專注符號「#」

符號「#」可以讓 ChatGPT 專注特定主題，相當於區隔段落。

 您
請用100個字說明下列
#如何成為成功的領導者
#如何成為優秀的小職員

ChatGPT
如何成為成功的領導者

成功的領導者需要具備願景，能夠設定清晰的目標並引導團隊達成。必須展現出良好的溝通能力，聆聽團隊的意見與需求，並有效地傳達信息。領導者應該擁有決策能力，能在關鍵時刻作出明智的選擇。同時，應具備靈活性，能適應變化並從挑戰中學習。最重要的是，領導者需要有激勵和培養團隊成員的能力，創建一個正向、支持的工作環境。

如何成為優秀的小職員

優秀的小職員應該主動學習，積極提升自己的專業技能和工作效率。要有良好的溝通能力，能清晰地表達自己的想法並有效地與同事合作。應該具備責任感，對待工作認真負責，確保按時完成任務的質量和效率。同時，應該展現出適應性，能快速適應工作環境的變化並解決問題。最後，保持積極的態度，面對挑戰和壓力時，保持正面思考。

上述「#」可以讓 ChatGPT 更專注主題，分別回答。

1-10-3　一問一答

「一問一答」也是使用 Prompt，可以讓 ChatGPT 分別回答聊天提問。

 您
#一問一答
請用50個字說明「產品行銷的目的」
請明50個字說明「員工培訓的優點」

ChatGPT
產品行銷的目的在於提高產品的市場知名度，吸引目標顧客，促進銷售量的增加。它旨在通過有效的策略和溝通手段，建立和維護品牌形象，並與消費者建立長期的關係，從而提升公司的市場份額和盈利能力。

員工培訓的優點包括提高員工的專業技能和工作效率，增強團隊合作精神，促進員工個人發展，提升職業滿意度。此外，它有助於企業快速適應變化多端的市場環境，提升組織的整體競爭力，並增強員工對公司的忠誠度。

我們也可以擴充到表格的輸出。

 您
#一問一答
請用50個字說明「產品行銷的目的」
請明50個字說明「員工培訓的優點」
(表格式，column = 問題，回答)

ChatGPT

問題	回答
產品行銷的目的	產品行銷的主要目的是增加產品知名度，促進銷售，建立品牌形象，並與目標客戶建立穩固關係，最終提升公司收益和市場份額。
員工培訓的優點	員工培訓能提高員工技能和工作效率，增強團隊合作，提升員工滿意度與忠誠度，幫助企業適應變化，提升競爭力。

上述省略「column =」設定，也可以用表格回答，同時輸出指定的欄位名稱。

1-10-4　不要重複寫主題名稱

有時候我們與 ChatGPT 聊天過程，ChatGPT 會重複主題，可以參考下列實例。

 您
請寫一篇600個字「企業成功之道」的作文

 ChatGPT
「企業成功之道」一文探索了在快速變化的商業世界中，企業如何實現持續成功。成功的企業不僅在財務上獲得顯著成就，也在創新、持續性、社會責任和員工滿意度方面表現出色。本文從不同角度探討了企業成功的關鍵要素，包括戰略規劃、顧客關係管理、創新與適應性、企業文化和社會責任感。

...

如果不想重複主題，可以直接輸入「不要重複寫主題名稱」。

 您
請寫一篇600個字「企業成功之道」的作文，不要重複寫主題名稱

 ChatGPT
在探討企業達成成功的多條途徑時，我們可以從幾個關鍵面向來分析。首先，創新是推動企業前進的重要動力。不論是產品、服務還是商業模式的創新，都能為企業帶來差異化的競爭優勢。在快速變化的市場中，能夠預見客戶需求並提供創新解決方案的企業，往往能夠脫穎而出。

...

1-10-5　模板或情境模擬 - 中括號

與 ChatGPT 聊天時，我們可以使用中括號「[...]」，當作一個填空或待定義的項目。

 您
請以虛擬人物，為下列資料建立3份資料。
姓名：[姓名]
學歷：[畢業學校]、[科系]、[學位]

> **ChatGPT**
> 當然可以。以下是三位虛擬人物的資料，包括姓名、學歷（畢業學校、科系、學位）：
>
> 1. 虛擬人物一
>   - 姓名：林婉儀
>   - 學歷：國立台灣大學、電機工程學系、碩士學位
> 2. 虛擬人物二
>   - 姓名：陳俊宏
>   - 學歷：台灣師範大學、英文學系、學士學位
> 3. 虛擬人物三
>   - 姓名：張鈞甯
>   - 學歷：成功大學、化學工程學系、博士學位
>
> 這些虛擬人物和他們的學歷資料都是構想出來的，並非基於現實中的任何個人。　↓

中括號內的內容（這裡是「姓名」）通常表示您希望在這個位置插入特定的資料或變數，這種用法類似於在模板或表格中標註那些需要被填充或自定義的部份，ChatGPT 可以依據你的提示，了解需要插入的內容。

1-10-6　自然語言的變數設定 - 大括號

在 ChatGPT 的自然語言應用中，大括號「{ ... }」可以做為變數設定，下列將用實例解說。

實例 1：是一個 Prompt 輸入如下：

> **您**
> {Task}=請根據我的描述生成圖像和繁體中文解釋圖像,如果輸入參數無法對應則使用第1個參數值
> {Task} {Instruction}{Style} {Size}
> #{Style}
> 1: 色鉛筆插繪風格
> 2: 日本動漫風格
> 3: 剪紙風格
> #{Size}
> s1: 全景
> s2: 正方形

> **ChatGPT**
> 當然可以。請提供您想要創建的圖像的描述，包括您選擇的風格（色鉛筆插畫風格、日本動漫風格、或剪紙風格）以及圖像的尺寸（全景或正方形）。如果您的輸入參數無法正確對應，我將按照您的指示使用第一個參數值進行圖像創建。請描述您希望生成的圖像。

上述我們設定了下列變數：

- {Task}：這是任務描述，內容是「請根據 ... 第 1 個參數值」，這個描述最大重點是如果輸入參數不在此範圍，使用第 1 個參數當作預設值。

- {Instruction}：這是變數，將儲存未來我們要生成圖像的描述。

- {Style}：這是變數，將儲存圖像風格，內容是「1～3」，依據 Task 描述，如果不在此範圍則是「1」。

- {Size}：這是變數，將儲存圖像大小，內容是「s1～s2」，依據 Task 描述，如果不在此範圍則是「s1」。

您
一個可愛的小女孩, 聖誕節的傍晚, 走在奧地利哈爾斯塔特的鄉間小路 3 s1

ChatGPT

這幅圖像描繪了一個可愛的小女孩在聖誕節傍晚時分，走在奧地利哈爾斯塔特的鄉間小路上的場景。整個畫面以剪紙風格展現，背景是覆蓋著雪的

…

　　上面圖像檔案是儲存在「哈爾斯塔特小女孩 .webp」檔案，將滑鼠游標移到圖像，左上方可以看到 🔽 圖示，點選可以下載此圖像。

　　圖像是用 webp 為延伸檔案名稱，webp 是一種在網絡上使用的圖像格式，由 Google 開發。它支持無損和有損壓縮，旨在取代 JPEG、PNG 和 GIF 文件格式，特色是更小的文件大小而不降低圖像質量。webp 格式的主要優勢包括：

- 高效的壓縮技術：使用先進的壓縮算法，能夠在保持圖像質量的同時大幅度減小文件大小，這對於加快網頁加載速度和降低數據使用量非常有幫助。

- 支持透明度（Alpha 通道）：webp 格式支持透明度，即無損壓縮格式支持 8 位元的透明通道，而有損壓縮支持透明度（但以稍微降低的質量）。這使得 webp 成為一種理想的選擇，用於需要透明背景的圖像，如網頁元素和應用界面。

- 動畫支持：webp 也支持動畫，這使其成為 GIF 格式的一個現代替代品。相比 GIF，webp 動畫可以提供更好的壓縮，更高的質量和更豐富的顏色。

- 廣泛的兼容性：隨著技術的發展，越來越多的瀏覽器和圖像處理工具開始支持 webp 格式。主流瀏覽器例如 Edge、Chrome、Firefox 和 Opera 都提供了對 webp 的支持。

儘管 Webp 格式帶來了許多好處，但在所有情況下普及和支持仍然是一個挑戰。一些較老的瀏覽器和圖像編輯軟件可能不支持 webp，或者對這種格式的支持不是很好。然而，隨著技術的進步和更新，webp 格式的兼容性和支持度正在逐步提高。

下列是另一個實例。

 您
一個可愛的小女孩, 下雪的傍晚, 走在日本富士山下的鄉間小路 2 s2

 ChatGPT

這幅圖像以日本動漫風格描繪了一個⋯⋯愛的小女孩在下雪的傍晚時分，在
⋯

1-11　用 AI 下載試算表

適度使用 Prompt，也可以控制以 Excel 檔案或是 CSV 格式輸出，我們只要告訴 ChatGPT 給超連結（連結），就可以下載與輸出。

1-11-1　Excel 檔案輸出與下載

 您
我想要建立員工資料的Excel檔案，此工作表需有員工編號、姓名、性別、出生年月日和地址資訊，請隨意生成5筆員工資料，請先顯示此員工資料工作表，然後下方給我下載的超連結

 ChatGPT
這是生成的5筆員工資料工作表內容：

員工編號	姓名	性別	出生年月日	地址
001	王大明	男	1985-04-12	台北市中正區
002	陳小花	女	1990-05-25	新北市板橋區
003	李美美	女	1988-08-16	桃園市中壢區
004	張建國	男	1992-11-30	台中市北區
005	劉曉雨	女	1986-01-09	高雄市左營區

您可以　下載檔案　結下載完整的Excel檔案：

下載員工資料Excel檔案 [>-]

上述點選「下載員工資料 Excel 檔案」超連結，可以下載此 Excel 格式的檔案，此檔案可以在 ch1 資料夾看到。

1-11-2　CSV 檔案輸出與下載

> **您**
> 我想要建立一個CSV檔案,記錄台灣前3大電子公司清單
> (表格式,公司名稱,負責人,成立日期,產業類別)
> 請先顯示此電子公司清單,然後下方請同時給我下載的超連結

> **ChatGPT**
> 這是台灣前3大電子公司的清單:
>
> | 公司名稱 | 負責人 | 成立日期 | 產業類別 |
> |---|---|---|---|
> | 台積電 | 劉德音 | 1987-02-21 | 半導體製造 |
> | 鴻海精密工業 | 郭台銘 | 1974-02-20 | 電子製造服務 |
> | 聯發科 | 蔡明介 | 1997-05-28 | 半導體製造 |
>
> 您可以透過 [下載檔案] 載完整的CSV檔案:
>
> 下載台灣前3大電子公司CSV檔案 [>-]

　　上述清單是 ChatGPT 根據一般資訊和常識編制的,不完全準確,讀者仍須自行驗證。點選「下載台灣前 3 大電子公司 CSV 檔案」超連結,可以下載 CSV 格式的檔案,此檔案可以在 ch1 資料夾看到。

1-12　從 AI 下載圖片檔

　　1-10-6 節有敘述可以使用圖片左上方的 圖示下載圖片檔案,這時所下載的檔案是 webp 格式。如果我們希望可以有其他格式的圖檔,可以請 ChatGPT 提供下載連結,可以參考下列實例。

> **您**
> 一個可愛的小女孩,聖誕節的晚上,走在日本富士山下的鄉間小路,天空有極光,請用全景,請生成png格式的圖片檔案,下方提供下載連結

目前筆者測試，除了「.webp」、「.png」還可以要求生成我們熟悉的「.jpg」格式的檔案供下載。

讀者可能會想 DALL-E 生成圖像時，有沒有 seed 的觀念，也就是我可以在不同時間，用相同的 Prompt，生成同樣圖片。在許多類型的隨機或偽隨機數據生成過程中，"seed" 是一個初始化參數，它決定了生成序列的起點。在使用像 DALL-E 這樣的生成模型時，讀者可能會想，如果使用相同的 seed 值和相同的 Prompt，理論上應該能夠在不同的時間生成相同的圖片，這是因為 seed 值確保了隨機過程的可重現性。

不過實務上 OpenAI 的 DALL-E 圖像生成模型，用戶無法直接指定 seed 值。模型在生成圖片時自動產生一個 seed 值，這保證了每次生成的圖像的獨特性。如果要重現特定的圖像，則需要知道那次生成操作所用的具體 seed 值。然而，在實際應用中，用戶並不總是能夠控制或指定這個值。

在某些界面或 API 的程式設計中，如果允許用戶指定 seed 值，則可以重現特定的結果。在目前與 ChatGPT 互動的過程中，對於 DALL-E 生成的圖像，seed 值是自動產生的，並未提供一個選項讓用戶自定義或重用 seed 值來精確重現圖像。

1-13　直接拿文件下載連結

ChatGPT 也允許生成 Word 格式的檔案，提供連結下載。

> 👤 **您**
> 請寫一篇300個字，慶祝「太陽牌手機」外銷美國成功，這篇文章需有
> **Emoji**符號，此篇文章必須先用螢幕顯示。
> 然後請在文章下方，提供**Word**檔案格式的下載連結。

> 💠 **ChatGPT**
> 讓我先展示這篇慶祝「太陽牌手機」外銷美國成功的文章，其中包含了
> Emoji符號：

🎉 **慶祝太陽牌手機成功進軍美國市場！** 🎉

太陽牌手機 📱 已經成功進軍美國市場，這是一個值得我們所有人驕傲的偉大時刻。從亞洲到北美，太陽牌手機憑藉其卓越的性能、創新的設計和用戶友好的界面，在全球範圍內受到高度讚譽 🌍 。

進入美國市場不僅是太陽牌手機品牌的一大步，也是我們對品質和創新承諾的證明。這次成功外銷，標誌著太陽牌手機在國際競爭中站穩了腳跟，為未來的全球擴張奠定了堅實的基礎 🚀 。

我們感謝每一位太陽牌手機的用戶，是你們的支持和信任讓我們能夠不斷前進，追求更高的目標。我們承諾會繼續創新，不斷提升我們產品的品質和性能，以滿足你們的期待和需求 💪 。

讓我們一起慶祝這一刻，期待太陽牌手機在未來照亮更多人的生活，創造更多可能。 ☀️

↓

太陽牌手機，照亮你的世界 😎 ！

接下來，我會將這篇文章保存為**Word**檔案格式，並提供下載連結。

文章已經成功保存 下載檔案 案。你可以透過下面的連結下載：

下載慶祝「太陽牌手機」外銷美國成功的文章 [>_]

上述筆者是請 ChatGPT 提供 Word 檔案格式的下載連結，你也可以將「Word」改成「txt」檔案格式，也可以順利運作。如果要求 ChatGPT 提供 pdf 檔案格式，ChatGPT

會主動處理成英文內容的檔案，因為生成 PDF 文件時，ChatGPT 會使用 FPDF 模組，這是一個常用於 Python 中生成 PDF 文件的工具。不幸的是，FPDF 的標準支援有幾個限制：

- 語言支援：FPDF 主要支援 ASCII 字元集，對於非拉丁字母系的語言（如中文、日文或韓文）的支援有限。這就導致了生成的 PDF 文件中無法直接包含這些語言的字符。

- Emoji 支援：同樣地，FPDF 對於 Unicode 範圍之外的特殊字符，如 Emoji 表情符號，也沒有原生支援。這意味著這些符號無法直接在由 FPDF 生成的 PDF 文件中顯示。

本書 ch1 資料夾有「太陽牌手機 .docx」、「太陽牌手機文字檔 .txt」、「太陽牌手機 pdf.pdf」是 3 種檔案下載連結分別測試的結果。

1-14　進一步認識 Prompt - 參考網頁

Prompt 的功能還有許多，以下是一些介紹 Prompt 的網頁：

❏ **Content at Scale – AI Prompt Library**

https://contentatscale.ai/ai-prompt-library/

Content at Scale 的 Prompt 為企業家、行銷人員和內容創作者等提供豐富的 AI 工具使用提問範例，以提升工作效率和創造力。這個庫涵蓋了從 3D 建模到社群媒體行銷、財務管理等多種主題，並提供了如何有效運用 AI 工具的實用指南，幫助使用者在各領域實現創新和進步。

❏ **Promptpedia**

https://promptpedia.co/

PromptPedia 提供了一個廣泛的 Prompt，專門為使用各種 AI 工具的使用者設計，包括但不限於 ChatGPT 等。這個平台旨在幫助使用者更有效地與 AI 互動，無論是用於學習、創作還是解決問題。它涵蓋了從編程、數據分析到藝術創作和學術研究等廣泛主題的提問範例，旨在提升使用者利用 AI 進行探索和創新的能力。此外，PromptPedia 鼓勵社群成員分享自己的提問，促進知識和技巧的交流，使平台持續成長並豐富其內容庫。

❏　**Prompt Hero**

https://prompthero.com/

　　PromptHero 是一個專注於「提示工程」的領先網站，提供數百萬個 AI 藝術圖像的搜索功能，這些圖像是由模型如 Stable Diffusion、Midjourney 等生成的。這個平台旨在幫助用戶更有效地創建和探索 AI 生成的藝術，無論是用於個人創作、學術研究還是娛樂目的。PromptHero 鼓勵社群成員分享自己的創作提示，促進創意交流，並不斷豐富其廣泛的提示庫。這個平台適合所有對 AI 藝術和創作感興趣的人士，無論是新手還是有經驗的創作者。

❏　**Prompt Perfect**

https://promptperfect.jina.ai/

　　PromptPerfect 提供了一個專業平台，專注於升級和完善 AI 提示工程，包括優化、除錯和託管服務。這個平台旨在幫助開發者和 AI 專業人士提高他們的 AI 模型效能，透過更精準的提示設計來達到更佳的互動和輸出結果。無論是在數據科學、機器學習項目還是創意產業中，PromptPerfect 都提供了強大的工具和資源，幫助使用者發掘 AI 技術的潛力，實現創新解決方案。此平台適合需要高度定制 AI 提示的專業人士使用，以優化他們的工作流程和產品效能。

第 2 章
AI 幫忙打造智慧人資時代

這一章主要是探討將 AI 應用在人資部門。

2-1　用 AI 來強化人資的寫作功力

人資部門的文案需求可能包括以下幾種情境：

- 徵才啟事：這是找尋新血的第一步，需要用吸引人的方式介紹公司文化、工作機會以及應徵方式。會強調公司福利、職涯發展機會或是工作環境的優勢。

- 離職手續指南：提供離職員工清晰的離職流程、必須完成的手續及其他相關資訊。

- 員工手冊：撰寫或更新員工手冊，包括工作規範、公司政策、福利說明等，幫助新進員工快速融入公司。

- 內部通知：包括各種通知，例如政策更新、人事變動、特別活動或企業內訓計畫等。文案需要清楚明瞭，讓員工容易理解。

- 教育訓練與發展：宣傳內部教育訓練課程、專業發展機會或外部研討會等。鼓勵員工參與，並強調這些機會如何幫助他們成長。

- 員工福利：介紹和宣傳公司提供的各項員工福利，包括健康保險、退休計畫、休假政策等，目的是提升員工滿意度和忠誠度。

- 公司活動：介紹企業文化活動，如家庭日、員工旅遊、年終尾牙等，用來增強團隊凝聚力和員工歸屬感。

- 績效評估：解釋績效評估流程和標準，以及員工如何從中受益，包括提升表現、職涯發展機會等。

這些文案需求涉及從徵才到員工退休的整個人力資源管理過程，好的人資文案不僅能夠幫助公司吸引和保留人才，還能夠建立積極的企業文化，增強員工的參與感和滿意度。

2-2 讓 AI 幫你搞定文案配圖

2-2-1　文案 (或符號) 搭配圖片的優點

　　文案配合圖片 (或符號，通常是指 Emoji) 使用與僅含文字的文案相較，有諸多優點，這些優點涉及到視覺吸引力、資料傳達的效率和深度，以及對目標受眾的影響。以下是一些主要的優點：

- 提高注意力：圖片 (或符號) 能迅速吸引人們的注意力。在訊息爆炸的時代，視覺元素比純文字更能突出顯示，從而增加內容的可見性和吸引力。

- 增強理解：視覺元素有助於解釋複雜的概念或數據，讓讀者更容易理解文案的訊息。圖表、圖像或符號等可以使抽象或難以理解的內容變得清晰。

- 提高記憶：人們通常對視覺資料的記憶比文字更強。圖片 (或符號) 配合相關文案能夠提高訊息的記憶留存率，使讀者更可能記住你的訊息。

- 情感連接：圖片 (或符號) 能夠激發情感，創造與讀者的情感連結。這種情感反應有助於增加品牌認同感和忠誠度，尤其是當圖片 (或符號) 傳達出與讀者相關的情感或價值觀時。

- 增加參與度：含圖片 (或符號) 的文案通常能夠激發更多的互動和參與，例如在 FB 社交媒體上獲得更多的點讚、分享和評論。

- 支持品牌建設：透過一致的視覺風格和圖像，可以強化品牌形象，使你的品牌在市場上更加突出和識別。

- 促進分享：視覺內容更容易在社交媒體和網路上被分享，因為它們更吸引人、更易於消化，這可以擴大你的內容覆蓋範圍和受眾。

- 優化搜尋引擎排名：圖片，如果正確地標記和優化（例如，使用 ALT 標籤和文件名稱），可以提高網頁在搜尋引擎結果中的排名，從而吸引更多的流量。

　　綜上所述，結合圖片 (或符號) 的文案不僅能夠使訊息更加生動和吸引人，還能夠在傳達訊息、建立情感連結、增強品牌形象等方面發揮重要作用。

2-2-2　區分文案適合圖片或 Emoji 符號

　　2-1 節筆者敘述了人資相關的文案，這些文案部分適合使用圖片，部分適合有 Emoji 符號。針對人力資源部門的不同文案類型，是選擇使用圖片或 Emoji 符號可以根

據文案的目的、受眾和溝通風格來決定。以下是對於文案適合使用圖片或 Emoji 符號的建議：

❑　**適合使用圖片的文案**

- 徵才啟事：使用圖片展示工作環境、團隊照片或職業相關的活動，增加職位吸引力。

- 員工手冊：圖片可以幫助說明公司政策、工作流程、福利計畫等，使內容更加生動易懂。

- 教育訓練與發展：使用圖表、流程圖或相關圖像來說明教育訓練內容、發展途徑，增加參與度。

- 員工福利：福利計畫的細節、健康計畫或活動的圖片，有助於突出顯示公司提供的福利。

- 公司活動：活動照片或海報可以提高員工對即將舉行的活動的興趣和參與度。

❑　**適合使用 Emoji 符號的文案**

- 內部通知：對於較為簡短的更新或提醒，使用 Emoji 可以吸引注意力，使訊息更加突出和有趣。

- 離職手續指南：雖然這是一個較為正式的文檔，但在某些非正式的提示或提醒中適當使用 Emoji 可能幫助輕鬆傳達訊息，例如使用 💼 表示「準備材料」或 👋 表示「最後一天提醒」。

- 績效評估：在較為非正式的反饋或自我評估表格中，可以使用 Emoji 來表示績效等級或情緒反應，如 ✳ 表示優秀，😊 表示滿意等。

❑　**圖片和 Emoji 符號的混合使用**

在某些情況下，圖片和 Emoji 符號可以混合使用，以達到最佳的溝通效果。

- 員工手冊：可以使用圖片來說明重要的政策和程序，同時使用 Emoji 來強調關鍵點或增加閱讀趣味。

- 內部通知或公司旅遊活動：根據內容的正式程度和目的，可以選擇在文本中插入相關的 Emoji 以吸引注意力，或在宣傳公司活動時使用活動的照片搭配 Emoji 作為情感增強。

選擇使用圖片或 Emoji 符號時，應考慮到文案的正式程度、溝通的目的以及預期達到的效果，確保視覺元素能夠有效地支持文案的訊息傳達和受眾的參與。

想在聊天中生成文案可以使用 Microsoft 的 Copilot、OpenAI 公司的 ChatGPT 3.5/4(4 的新版又稱 Turbo) 或是 Google 公司的 Gemini。目前要生成圖片只能使用 Copilot 或 ChatGPT 4(Turbo)。

此外，如果熟悉 AI 繪圖也可以使用 Midjourney、PlaygroundAI 或 Leonardo.Ai 等工具繪圖。

2-3　AI 幫腔的徵才廣告怎麼寫

過去徵才文案需要需求部門填寫人力需求表，在表上填寫各類條件與公司前景，然後請美工繪製人力海報，現在皆可以委託 AI 了。這一節將示範用 ChatGPT 生成徵「網頁設計師」的文案。

 您
公司想要徵網頁設計師，請設計含全景圖片的徵才文案

 ChatGPT

我創建了一張全景圖片，展示了一個現代而充滿活力的辦公空間，其中多樣化的團隊成員正積極從事網頁設計和開發項目。這個辦公環境明亮，具有創意的工作區域、配有舒適座椅的協作區以及最新技術的使用，強調了一個為網頁設計師和開發人員量身打 ↓ 力動態創新工作環境。

徵才文案概述

標題：我們的未來，由你設計！

文案內容：

🚀 **加入我們的網頁設計團隊，開啟創新之旅！**

在尋找一個充滿活力、鼓勵創新的工作環境嗎？我們正在尋找充滿激情和創意的網頁設計師加入我們的團隊，一起打造令人驚艷的網站和應用程序。

為什麼你會愛上這裡？

- **動態工作環境**：我們的辦公空間設計以促進創意和協作，配備了最新的技術和工具。
- **多元文化團隊**：你將與來自不同背景的才華橫溢的人才一起工作，共同學習成長。
- **專業成長**：無限的學習機會等著你，包括在職培訓、專業研討會和創新

↓

工作坊。

你將扮演的角色：

- 利用你的設計才能，創建視覺引人入勝的網站和界面。
- 與產品和開發團隊緊密合作，確保設計理念順利實現。
- 探索和實施最新的網頁設計趨勢和技術。

我們尋找的是：

- 對網頁設計充滿熱情的創意人士。
- 熟悉HTML, CSS, JavaScript和UI/UX設計原則。
- 有能力獨立工作，也能夠作為團隊合作的出色成員。

準備好接受挑戰了嗎？ 加入我們，一起創造未來的數字體驗！請將你的履歷和作品集發送至[電子郵件地址]。

這份文案與全景圖片結合，旨在吸引對創新和團隊合作有熱情的網頁設計師，展現公司的動態工作環境和文化。你可以透過以下鏈接下載這張全景圖，並用於你的徵才廣告或職位介紹中：

下載檔案

下載全景圖片

一般生成圖片是 1024x1024 正方形圖片，全景圖片是 1792(寬)x1024(高)。

　　該徵才文案有效突出了公司的創新文化和團隊合作精神，明確陳述了職位要求和應聘者所能獲得的機會，鼓勵網頁設計師憑藉其創造力加入，展現出吸引人才的強烈意圖。

2-4　AI 幫你寫的離職單不失禮

這一節將讓 ChatGPT 生成離職單。

> **您**
> 請生成離職手續空白表單

從 ChatGPT 可以看到，離職單的內容是非常完整。

> **ChatGPT**
> 創建一個離職手續空白表單需要包含幾個關鍵部分，以確保離職過程順利進行。以下是一個基本的離職手續空白表單的結構示例：
>
>
> **離職手續表單**
>
> **公司名稱:**
>
> ...
>
> **確認**
> **員工簽名:**
> ------------------------------ 日期:
> //_____
>
> **主管簽名:**
> ------------------------------ 日期:
> //_____
>
> **人力資源部簽名:**
> ------------------------------ 日期:
> //_____

　　筆者曾經請 ChatGPT 生成上述表格，結果 ChatGPT 在生成表格的 PDF 時產生字體錯誤，所以筆者重新請 ChatGPT 生成 Word 的離職單，語法如下：

 您
離職空白表單在**Word**檔案內可以用含框線的表單方式呈現嗎

 ChatGPT
我已重新生成了離職手續空白表單的**Word**文件，這次確保表格含有可見的框線。你可以 下載檔案 連接下載此文件：

下載離職手續表單 Word 文件（含框線）[>-]

下載上面 Word 文件後，得到下列「含框線表格的離職單 .docx」檔案。

離職手續表單

項目	詳細信息
公司名稱	
部門	
離職員工姓名	
職位	
離職日期	
離職原因（請選擇）	個人原因、職業發展、家庭原因、健康原因、其他（請說明）
離職手續清單	交接文件完成、工作區域清理、公司資產歸還、最終薪資和福利處理
員工反饋（選填）	請提供任何關於公司、工作經驗或改進建議的反饋
確認	員工簽名、日期、主管簽名、日期、人力資源部簽名、日期

下列是重新給的 Prompt。

 您
可否生成空白的離職手續的**Word**表格，請先顯示此**Word**表格，然後下方顯示下載此**Word**表格的超連結

ChatGPT

以上展示的是離職手續空白表格的視覺呈現，設計為Word文檔中的表

格，包含可見的格線。這個表格包括公司名稱、部門、員工姓名、職位、
離職日期等多個部分，以及離職原因的選項、交接清單、資產歸還、最終
薪資和福利結算，並提供員工對公司和工作經驗的反饋空間。表格的設計
強調了清晰度和易用性，每個部分都有標題和簽名日期的空間。

現在，我將基於這個視覺設計創建一個Word文檔的離職手續表格。

由於我剛剛生成的是一個圖像展示，接下來我將根據這個描述實際創建一
個Word文檔。

我已根據描述創建了一個包含離職手續的空白Word表格，該表格包含了
可見的格 **下載檔案** 通過以下鏈接下載這份Word文檔：

下載離職手續表單 Word 文檔 [>-]

下載上面檔案後，得到了「 Word 表格離職單 .docx 」，這個離職表單內容更完整。

離職手續表單

項目	詳細信息
公司名稱	
部門	
離職員工姓名	
職位	
離職日期	
離職原因（請選擇）	個人原因、職業發展、家庭原因、健康原因、其他（請說明）
交接清單	文件、項目、責任等
資產歸還	電腦、手機、門禁卡等
最終薪資和福利結算	
員工反饋（選填）	對公司和工作經驗的反饋
員工簽名	日期
主管簽名	日期
人力資源部簽名	日期

2-5　AI 來助攻員工教育訓練

　　企業教育訓練是指為了提高員工的職業技能、知識和工作效率，由企業組織的各種教育和培訓活動。這些訓練可以針對不同層次的員工，從基層員工到中高層管理者，並覆蓋各種主題。以下是一些常見的企業教育訓練類型：

- 專業技能訓練：針對員工的專業技能進行提升，如軟體使用、機械操作、程式語言學習等。

- 領導力和管理技能培訓：專為管理層或潛在管理人員設計，包括團隊建設、決策制定、領導風格、衝突解決等。

- 溝通技巧訓練：包括口頭和書面溝通、非語言溝通、有效聆聽、公共演講等。

- 團隊合作訓練：強調團隊建設、團隊協作和團隊動力的重要性。

- 客戶服務訓練：針對面對客戶的員工，涵蓋客戶關係管理、處理客戶投訴、提升客戶滿意度等。

- 個人發展訓練：幫助員工提高個人效能，如時間管理、壓力管理、創新思維等。

- 文化和多元化訓練：培養員工對企業文化的理解和認同，以及提高對多元文化的敏感度和包容性。
- 新員工入職培訓：針對新入職的員工，介紹公司文化、組織結構、工作流程等基本知識。

這些訓練可以透過不同的方式進行，如面對面授課、線上學習、工作坊、研討會、角色扮演等，旨在提升員工的整體素質，促進個人和組織的發展。我們可以給很簡潔的文字，就可以讓 ChatGPT 生成豐富的教育訓練內容。如果我們沒有特別告訴 ChatGPT 生成表單格式，會生成下列段落式的教育訓練內容。

 您
請規劃3月15日從早上09:00到下午16:00的教育訓練，主題是「溝通技巧訓練」

溝通技巧訓練日程 - 3月15日

地點：公司會議室

目標：提高員工的溝通技巧，包括口頭和非語言溝通，以及有效聆聽技巧。

參與者：所有部門員工

09:00 - 09:30
開場及介紹

- 訓練目的和日程概覽
- 參與者自我介紹

...

建議可以讓 ChatGPT 生成表單的教育訓練表單。

 您
請規劃3月15日從早上09:00到下午16:00的教育訓練，主題是「溝通技巧訓練」，請用表單方式顯示

ChatGPT

溝通技巧訓練日程表

日期：3月15日

時間：09:00 - 16:00

地點：公司會議室

時間段	活動名稱	描述	備註
09:00 - 09:30	開場及介紹	簡介訓練目標、日程安排，參加者自我介紹。	
09:30 - 10:30	溝通基礎	探討溝通的基本原理，包括有效溝通的關鍵要素。	
10:30 - 10:45	茶歇	休息與交流時間。	
10:45 - 12:00	非語言溝通技巧	學習非語言溝通的重要性，包括肢體語言、面部表情等。	實際演練
12:00 - 13:00	午餐		提供午餐
13:00 - 14:15	聆聽技巧	通過活動和練習提升有效聆聽的能力。	小組討論
14:15 - 14:30	茶歇	休息與交流時間。	
14:30 - 15:30	解決溝通障礙	識別常見的溝通障礙並學習解決策略。	案例分析
15:30 - 16:00	總結與反饋	回顧全天學習要點，收集參與者反饋，討論如何將所學應用於工作中。	

本日程旨在通過一系列互動式學習和實踐活動，提升參加者在職場中的溝通技巧，包括非語言溝通、有效聆聽以及如何克服溝通障礙等重要主題。

2-6　用 AI 打造貼心的內部通知

　　公司內部通知是一種重要的企業溝通工具，用於傳達關鍵訊息、公告和更新給員工。它們可以採取多種形式，包括電子郵件、公司內部系統消息、紙質公告、會議或簡報。內部通知的場合多樣，以下是一些常見的例子：

● 政策更新與變更：當公司政策或程序有所更新或變更時，需要透過內部通知告知員工，以確保所有人都了解最新的規定和操作流程。

- 組織結構變動：任何關於組織結構調整、部門重組、領導層變動的訊息都需要透過內部通知來告知員工，幫助他們理解變動對自己工作的影響。

- 重要事件和活動：公司重要活動、年會、教育訓練、團體活動的細節和邀請通常會透過內部通知發布。

- 安全和健康通知：關於工作場所安全、健康警示、防疫措施更新等重要訊息的通知。

- IT 系統更新或維護：通知員工計劃內的系統維護時間、可能影響的系統功能以及替代工作方案。

- 人事變動：新員工加入、員工離職或退休的通知，幫助團隊成員及時更新相關的工作聯繫訊息。

- 緊急情況：在自然災害、公共衛生事件或其他緊急情況下，透過內部通知迅速傳達關鍵訊息和應對措施。

有效的內部通知能夠確保訊息的即時傳達，增強員工的參與感和歸屬感，並促進公司內部的透明度和溝通流暢。下列是公告「深智公司」週年慶運動會的公告。

 您

4月1日是「深智公司」週年慶，將舉辦全體員工運動會，當天典禮是 09:30開始，地點是明志科技大學運動場，公告內容請增加Emoji符號。

ChatGPT

🎊 🦌 **深智公司週年慶公告** 💬 🏃

親愛的同仁們，

值此深智公司成立週年之際，我們誠摯邀請大家參加4月1日舉行的全體員工運動會！這是一次展現我們團隊精神、相互扶持並共同慶祝公司里程碑的絕佳機會。一起參與運動，享受快樂，創造難忘的回憶！

📅 **日期**：4月1日

⏱ **典禮開始時間**：09:30

📍 **地點**：明志科技大學運動場

當天將有精彩紛呈的運動比賽和團隊遊戲，從輕鬆有趣的接力賽到充滿挑戰的足球比賽，應有盡有，為每位員工提供參與的機會 🏃 ⚽ 。

👕 請穿著適合運動的衣物及鞋子參 ⬇ 並根據天氣準備相應的防曬或保暖裝備。

🌏 活動中將提供豐富的午餐和充足的飲料，以確保大家能夠補充能量，
享受全天的活動。

🚌 若需乘坐公司提供的交通車前往，請於3月25日前報名。

我們期待與大家一同在運動會中度過一個充滿活力、歡笑和團隊精神的美
好時光 🐘 👫。讓我們一起為深智公司的繼續成長和成功乾杯 🥂 ！

讓我們攜手共進，慶祝深智公司的這一重要時刻！期待在運動會上見到大
家的精彩表現和歡笑聲！🖤 ☀️

深智公司管理團隊

　　上述公告為深智公司週年慶運動會提供了詳盡且活潑的資訊，透過 Emoji 符號增
添趣味性，有效地激發員工參與感，並清楚說明了活動細節和準備指南。

2-7　AI 策畫的員工旅遊更有趣

　　這一節是讓 ChatGPT 生成擁有圖片與 Emoji 符號的公司旅遊公告。

您
深智公司全體員工預計11月1日～10日到義大利旅遊，請生成旅遊的景點圖
片，請用全景圖片，然後在圖片下方使用Emoji，公告旅遊相關事宜。
‹ 2/2 ›

ChatGPT

IT ✈️ **深智公司義大利旅遊公告** 🎨 🎭

親愛的深智團隊成員，

我們興奮地宣布，深智公司將於11月1日至11月10日組織一次全體員工的義大利旅遊！這將是一次難忘的旅程，讓我們有機會一起探索義大利的歷史、文化和絕美景觀。

🏛️ 我們將參觀包括羅馬競技場在內的標誌性古跡，體驗義大利豐富的歷史遺產。
🍕 品嚐正宗的義大利美食，從美味的披薩和義大利面到甜美的提拉米蘇。
🎨 欣賞文藝復興時期的藝術作品，感受義大利藝術的魅力。

📅 **日期**：11月1日 - 11月10日
📍 **地點**：義大利各大城市及景點
💼 **準備事項**：請確保您的護照有效 ↓ 按時提交任何需要的旅遊文件。

我們期待與大家一起在義大利創造美好回憶！更多詳細行程和準備事項將於近期內通知大家。請保持關注！

讓我們準備好迎接這場文化和美食之旅！ ☕ 🖼️

深智公司管理團隊

下載檔案

下載義大利旅遊景點圖片

　　深智公司的義大利旅遊公告充滿活力和期待，除了圖片亮點，使用 Emoji 符號增添趣味，清晰地傳達了旅遊的日期、地點和活動亮點，有效激發員工對即將到來的文化探索之旅的興趣。

2-8　AI 協助整理的員工手冊更易讀

這一節讓 ChatGPT 生成員工手冊的公告。

錄影　您
請生成深智公司員工手冊的圖片，請用全景圖片，然後在圖片下方使用
Emoji，公告手冊內容。

ChatGPT

▮ ✦ 深智公司員工手冊公告 ☀ ▯

親愛的深智團隊，

我們很高興地介紹我們全新更新的員工手冊！這本手冊精心設計，旨在提
供給大家一份全面的指南，涵蓋公司文化、政策、員工福利及行為守則等
重要主題。無論你是新加入的團隊成員，還是已經與我們共事多年的老朋
友，這份手冊都將是你不可或缺的資源。

🔍 **手冊內容包括：**

- 深智公司的使命、願景和核心價值觀
- 員工政策和工作流程
- 綜合員工福利資訊
- 專業行為和道德準則
- 以及更多有用的資訊！

← 更詳細內容可以另外生成

我們鼓勵每位員工仔細閱讀這份手冊，並將其視為日常工作中的一份參考

指南。這是幫助你在深智公司成功成長和發展的重要工具。

📥 如何獲取：
手冊已經準備好在辦公室領取，或者你可以在我們內部網絡上下載電子版。

讓我們一起創造一個更加開放、互相支持的工作環境！任何關於手冊內容的疑問，請隨時向人力資源部門提問。

深智公司期待與你一同成長！📷 🍸

深智公司管理團隊

　　深智公司的員工手冊公告使用 Emoji 增添活潑氛圍，清晰展示了手冊的內容和目的。這份公告鼓勵員工了解公司文化和政策，是一份實用的指南。

第 3 章

美編新浪潮
AI 開啟創意新領域

3-1　美編加分秘訣 - AI 來幫忙

公司的美編（視覺設計師）可以透過多種方式使用 ChatGPT 來提高工作效率、激發創意或解決特定問題，以下是一些具體的使用案例：

- 創意概念和靈感獲取：當需要新的設計靈感或概念時，可以向 ChatGPT 詢問關於特定主題或趨勢的創意點子，從而啟發設計思考。
- 文案生成與校對：美編在設計過程中經常需要處理文案，ChatGPT 可以幫助生成或校對文案，確保語言的流暢性和正確性。
- 設計建議和技巧：對於特定的設計挑戰或技術問題，美編可以詢問 ChatGPT 以獲得相關的設計建議或解決方案。
- 趨勢分析：美編可以詢問 ChatGPT 關於最新設計趨勢、顏色搭配或材質使用等，以保持設計的時尚感和創新性。

使用 ChatGPT 時，美編應該明確其查詢的具體需求和上下文，以獲得最有效的幫助。此外，雖然 ChatGPT 能提供有價值的建議和訊息，但最終的創意和決策應以專業知識為基礎，創造新的思維。

3-2　用 AI 找創意概念和靈感

3-2-1　太陽牌手機 - AI 創意與靈感

這一節用實例說明美編如何與 ChatGPT 溝通獲得創意概念與靈感，所用的實例是深智公司 2025 年將到美國拉斯維加展示「太陽牌手機」產品。

 您
尋求關於2025年拉斯維加CES活動，公司生產「太陽牌手機」的創意概念和設計靈感。

ChatGPT

對於2025年在拉斯維加斯舉辦的CES活動，如果深智公司計劃展示其新款「太陽牌手機」，以下提供一個創意概念和設計靈感，以確保在展會上脫穎而出。

由於前面聊天有告知是深智公司，所以ChatGPT沿用此公司名稱

概念提案：「光影之旅」

核心理念：結合「太陽牌手機」的獨特賣點—太陽能充電功能，提出「光影之旅」這一概念。這不僅強調了手機的環保和創新特性，同時也象徵著科技與自然的和諧共處。透過互動體驗和視覺敘事，向觀眾展現「太陽牌手機」如何在日常生活中捕捉和利用太陽能。

設計靈感

1. **互動展示區**：
   - 創建一個模擬自然光環境的展示區，利用真實的太陽光或高仿真光源，展示手機太陽能充電的過程。
   - 設置互動螢幕，展示手機在不同 ↓ 條件下的充電效能和使用時長。
2. **視覺元素**：
   - 運用光影變化的視覺效果，如透過特殊材質或光學裝置創造出的光斑、光線折射等，來象徵太陽能的力量。
   - 採用明亮的黃色、金色作為主色調，象徵太陽的活力和能量。
3. **宣傳材料**：
   - 設計一系列以「光影之旅」為主題的宣傳材料，包括海報、宣傳單張和社群媒體貼文，突出手機的太陽能充電功能和對環保的承諾。
   - 制作一個短片，敘述一個使用「太陽牌手機」的人，在日常生活中如何便捷地利用太陽能，以及這種方式如何為他們的生活帶來便利和幸福感。
4. **產品包裝**：
   - 設計環保且創新的產品包裝，反映出手機環保的特性。包裝材質可以選擇可回收或生物降解的材料，並在包裝上使用太陽能主題的圖案設計。

透過「光影之旅」這一概念，「太陽牌手機」在CES活動上的展示將不僅僅是技術的展示，更是一次關於創新 ↓ 環保和科技美學的視覺盛宴，充分展現品牌的價值和對未來的願景。

3-2-2　太陽牌手機展示區設計

「光影之旅」的互動展示區設計巧妙地結合了自然光效與科技，透過光影和色彩的運用，生動展現了太陽能充電的創新性，提供了一個視覺和互動兼具的豐富體驗。

3-2-3　太陽牌手機邀請函卡片設計

> **您**
> 請參考上述「光影之旅」請協助設計邀請函卡片,請用全景

> **ChatGPT**
>
>
>
> 「光影之旅」活動的邀請函卡片設計已經完成,這款全景設計巧妙地融合了太陽能和創新的主題,使用明亮的黃色和金色象徵太陽的能量。設計中包含了自然光、太陽能充電以及光與影的交織元素,以優雅的方式邀請參與者體驗太陽能充電技術的創新,同 ↓ 入了復古和幾何圖案,與活動的精緻氛圍相匹配。

初看邀請函設計雖然很華麗,但是失去「太陽牌手機」產品主軸,所以下列是告訴 ChatGPT,以「太陽牌手機」為產品,重新設計邀請卡片。

> **您**
> 請參考上述「光影之旅」創意,以「太陽牌手機」為產品,請協助設計邀請函卡片,請用全景

ChatGPT

針對「太陽牌手機」產品發布活動，「光影之旅」主題的邀請函卡片設計
已經完成。這款全景設計巧妙地突顯了手機的太陽能充電特性，結合自然
光與光影交織的元素，以及太陽能創新技術。採用明亮的黃色、金色及其
他溫暖色調，象徵太陽的能量與活力，優雅地邀請賓客探索科技與自然的
融合，體驗由太陽能驅動的移動技術未來。

上述感覺手機元素仍是太小，再次強調「太陽牌手機」是邀請函版面的主角。

 您

在邀請卡片中，「太陽牌手機」應該是邀請函版面的主角，請重新設計此
邀請函

 ChatGPT

重新設計的「太陽牌手機」產品發布活動邀請函已經完成，專注於將「太
陽牌手機」作為版面的主角。設計突出展示了手機本身，並透過描繪自然
光和太陽能量的設計元素來強調其太陽能充電功能。背景融合了溫暖的黃
色和金色調，以及藝術化的陽光和陰影表現，強化了太陽能主題。整體設
計旨在以優雅的方式邀請賓客見證這款首款太陽能充電智能手機的創新之

上述可以看到「太陽牌手機」已經是邀請函版面的主角了。

3-2-4　太陽牌手機海報設計

> 您
> 請以「太陽牌手機」為主角,「光影之旅」為配角,設計2025年參加拉斯維加斯CES展覽的海報,請用肖像版面

> 為2025年拉斯維加斯CES展覽設計的海報,以「太陽牌手機」為主角,「光影之旅」為配角,已經完成。海報以肖像版面展現,突出手機獨特的太陽能充電功能,並透過自然光和太陽能元素,結合溫暖的色彩和藝術性↓光與影表現,強化了主題。設計旨在創新地邀請參展者探索透過太陽能充電智能手機所展現的技術與自然的融合。

海報以肖像版面展現,突出手機獨特的太陽能充電功能,並透過自然光和太陽能元素,結合溫暖的色彩和藝術性的光與影表現,強化了主題。設計旨在創新地邀請參展者探索透過太陽能充電智能手機所展現的技術與自然的融合。

3-2-5　太陽牌手機包裝盒設計

> 您
> 請以「太陽牌手機」為主角,「光影之旅」為配角,設計產品包裝盒,請用全景

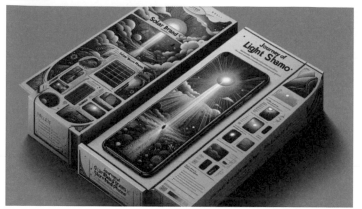

 ChatGPT

為「太陽牌手機」設計的產品包裝盒以全景版面呈現，將手機作為主角，並以「光影之旅」作為輔助主題。設計突出手機的太陽能充電特性，融合了自然陽光、太陽能以及光與影的動態元素。採用了象徵太陽能量的溫暖色調，包括黃色和金色，並加入了藝術性的陽光和陰影描繪，強化了主題。整體設計反映了產品的創新本質以及技術與自然的和諧結合。

　　這款「太陽牌手機」的產品包裝盒設計巧妙融合了太陽能充電的創新特性和「光影之旅」主題，透過溫暖的色調和光影藝術，展現了技術與自然的完美結合。

3-3　AI 怎麼幫你寫出讚的宣傳海報文案

　　一位公司的美編正在處理一份宣傳海報的設計工作，需要創造吸引人的標題和描述文案。這一節將用一個智慧手錶的實例，說明如何使用 ChatGPT 來生成吸睛的文案。

3-3-1　智慧手錶的文案創作

 您
為一個新推出的產品，一款創新的智慧手錶，請給一個吸引人的標題和簡短描述，凸顯智慧手錶的主要功能和賣點。

ChatGPT
標題：「時光掌控者：超越智慧的手錶」

描述：
探索未來的智慧與風格，「時光掌控者」智慧手錶重新定義了日常穿戴技
術。結合精準的健康追蹤、無縫通訊能力和個性化智慧助理，這款手錶讓
你的生活更加連接、健康且高效。全天候心率監測、睡眠追蹤、個人化運
動指導，加上其獨特的太陽能充電功能，保證你在探索未來時刻保持動力
充沛。輕觸手腕間，即刻啟程至未來生活。

「時光掌控者」智慧手錶的標題和描述巧妙地描繪了一款集健康、通訊和個性化
服務於一身的創新手錶。這段文案不僅凸顯了手錶的先進技術和太陽能充電的獨特性，
還成功地傳達了其為使用者帶來更連接、更健康、更高效生活方式的承諾。

3-3-2　智慧手錶命名

世界品牌產品最大的特色是用英文，同時字母數要短，容易記住，下列是請
ChatGPT 為此智慧手錶命名。

 您
請為這款智慧手錶，取一個英文的名字，字母必須5個字以內，請給5個名
稱選項

 ChatGPT
1. Velo
2. Sync
3. Aura
4. Zest
5. Peak

這個實例筆者選擇 Aura 當作智慧手錶品牌。

3-3-3　設計 Aura 智慧手錶包裝盒

在設計含有文字的圖像時，必需特別強調文字，否則往往無法很明確顯示，同時
目前 AI 繪圖技術對於圖像內含文字部分仍無法揮灑自如，常常拼錯英文字母。生成

中文字，則出錯率更高。目前 AI 領域，對於生成含文字的圖像表現比較好的軟體是 Ideogram，不過此軟體對於生成圖像的精緻度相較於 Midjourney、DALL-E，仍是比較弱，筆者在「無料 AI 創意無限」著作的第 13 章有介紹此軟體。

 您
請用「Aura」為品牌，為這隻手錶設計包裝盒，包裝盒需要有「Aura」品牌字樣，這個字要放大可以一目瞭然，請用全景

ChatGPT

為「Aura」品牌智慧手錶設計的包裝盒已經完成，此設計專注於將「Aura」品牌字樣放大，確保一目了然。設計突出了Aura手錶的優雅和科技精粹，採用乾淨、現代的美學風格，並透過色彩方案反映品牌的高端本質。包裝上巧妙地融入了象徵連接性、健康監測和個性化健身指導的元素，以及暗示手錶太陽能充電能力的設計動機，使「Aura」名稱醒目展

這款「Aura」智慧手錶的包裝盒設計巧妙地突出了品牌名稱，透過乾淨的現代美學和精緻的色彩方案，成功傳達了手錶的高端科技感和獨特功能。

3-3-4 設計 Aura 智慧手機的宣傳海報

 您
請用「Aura」為品牌，為這隻手錶設計宣傳海報，海報需要有「Aura」品牌字樣，這個字要放大可以一目瞭然，請用肖像版面

為「Aura」品牌智慧手錶設計的宣傳海報已經完成，將「Aura」品牌名稱作為設計的焦點，確保一目了然。海報傳達了手錶的優雅與科技精湛，展現了乾淨、現代的美學風格，並巧妙融入了強調手錶連接性、健康監測和個性化健身指導的元素。色彩方案反映了品牌的高端本質，同時細微暗示了手錶的太陽能充電功能，使「Aura」名稱成為設計

這款「Aura」智慧手錶的宣傳海報以其清晰突出的品牌名稱和現代美學風格，成功捕捉了產品的高端科技與優雅設計。海報巧妙融合了功能性與視覺吸引力，展現了手錶的獨特賣點。

3-4　讓 AI 來點綴你的公司年報視覺

美工在編輯年報時，也可以詢問 ChatGPT 相關的建議。

3-4-1　年報視覺設計的建議

 您
尋求設計建議和技巧，以清晰且吸引人的方式呈現年報中的數據和統計訊息。

ChatGPT

要以清晰且吸引人的方式呈現年報中的數據和統計訊息，以下是一些設計建議和技巧：

1. **使用信息圖表**：信息圖表是呈現複雜數據的有效方式。選擇適合您數據的圖表類型，如柱狀圖、折線圖、餅圖或雷達圖，可以幫助讀者更快理解信息。

2. **顏色和對比**：使用對比鮮明的顏色來區分不同的數據集或突出關鍵信息。選擇一個和諧的顏色方案，避免使用過多顏色導致視覺混亂。

3. **清晰的標題和標籤**：確保每個圖表和圖形都有清晰的標題和標籤，讓讀者一目了然數據的含義。避免使用專業術語或縮寫，除非您確定您的目標讀者能夠理解它們。

4. **簡潔的註釋和解釋**：在需要時提供簡短的註釋或解釋，幫助讀者理解數據背後的故事或重要性。這可以是一段簡介、圖表下方的註釋或側邊的小提示。

5. **一致的設計風格**：保持整個年報的設計風格一致，包括字體、顏色方案和圖表風格。這有助於提升專業度並強化品牌識別。

6. **適當的空白空間**：不要害怕在頁面上留出空白空間。適當的空白可以幫助減少視覺疲勞，使重要的數據或圖表更加突出。

7. **互動元素（如果是數位年報）**：如果您的年報是以數位形式發布，考慮加入互動元素，如動態圖表或可點擊的區域，以增加參與感並提供更深入的數據探索機會。

8. **專業的設計軟件**：利用專業的設計軟件，如Adobe InDesign或Canva，這些工具提供了豐富的模板和設計元素，可以幫助您更有效地呈現數據。

通過應用這些建議和技巧，您可以創建一份既清晰又吸引人的年報，有效地傳達重要的數據和統計訊息。

　　這些建議為呈現年報中數據和統計提供了實用指南，強調了訊息圖表的重要性、顏色對比的策略、標題的清晰性以及一致設計風格的必要性。透過這些技巧，可以顯著提升年報的可讀性和吸引力，有效傳達關鍵訊息。

3-4-2 設計年報的圖表

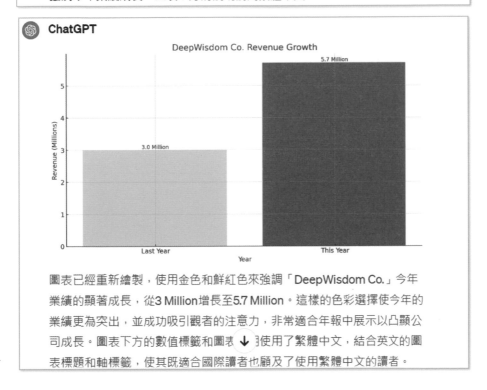

您

我公司「DeepWisdom Co.」去年業績3000萬,今年業績5700萬,請將業績轉換成英文,然後建立英文圖表凸顯在年報上,圖表顏色要顯眼更能強調今年業績成長,圖表下方的說明請用繁體中文

ChatGPT

圖表已經重新繪製,使用金色和鮮紅色來強調「DeepWisdom Co.」今年業績的顯著成長,從3 Million增長至5.7 Million。這樣的色彩選擇使今年的業績更為突出,並成功吸引觀者的注意力,非常適合年報中展示以凸顯公司成長。圖表下方的數值標籤和圖表 ⬇ 用使用了繁體中文,結合英文的圖表標題和軸標籤,使其既適合國際讀者也顧及了使用繁體中文的讀者。

上面 Prompt 的使用中,特別強調業績要轉成英文,否則「萬」字會變方框無法正常顯示。圖表透過金色和鮮紅色的運用,生動地展現了「DeepWisdom Co.」業績的驚人成長。色彩策略有效地突出了年度業績提升,並吸引了觀者的目光。

3-5 跟上設計趨勢 - AI 給的建議

這一節將以設計太陽能筆電為例,讓 ChatGPT 給我們設計建議。

3-5-1　用太陽能筆電為實例說明設計趨勢

 您
我想設計太陽能筆電,請說明最新設計趨勢,以保持設計的科技感,時尚感和創新性。

ChatGPT
設計太陽能筆電時,融合最新的設計趨勢能確保你的產品在技術上領先,同時也具備時尚感和創新性。以下是一些關鍵的設計趨勢:

1. **極簡主義設計**:採用簡潔、流線的設計語言,減少不必要的裝飾,強調產品的功能性和使用者體驗。極簡的設計能突顯太陽能筆電的先進科技感。
2. **可持續材料**:隨著環保意識的提升,使用可回收或生物降解材料來製造筆電外殼和包裝,不僅體現了對環境負責的態度,也展現了產品的創新性。
3. **模組化設計**:允許使用者根據需要自行升級或更換零件,延長產品壽命,同時也減少電子垃圾。模組化設計強調了功能性與可持續性的結合。
4. **集成太陽能面板**:將太陽能面板以時尚和隱蔽的方式融入筆電設計,確保在不影響美觀的同時,有效利用太陽能進行充電。

5. **智慧連接功能**:強化筆電與智慧手機、智慧家居等設備的連接性,提供無縫的多設備協作體驗,體現科技感和時尚感。
6. **個性化選項**:提供多種顏色、材質和配件選擇,滿足不同使用者的個性化需求,增加產品的吸引力。
7. **互動式和適應性用戶界面**:開發先進的用戶界面,如觸控條、語音控制等,提升使用者互動體驗,並通過人工智慧技術實現界面的個性化適應。

結合這些設計趨勢,你的太陽能筆電不僅能夠展現出領先的科技感,同時也會是一款兼具時尚感和創新性的產品,滿足現代消費者的需求。

　　這款太陽能筆電的設計趨勢敘述巧妙融合了極簡美學、環保理念、模組化便利、隱藏式太陽能技術和高度互動性,體現了對創新、時尚與可持續性的深刻理解,滿足當代消費者對科技和環保的雙重追求。

3-5-2　設計太陽能筆電

 您
請參考上面描述設計這款筆電

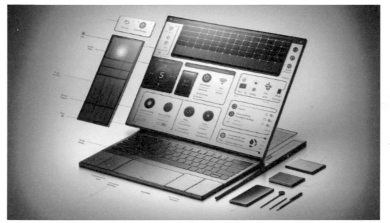

我已經根據您的要求設計了這款太陽能筆電，結合了極簡主義風格、可持
續材料、模組化元素、隱蔽式太陽能面板、增強的連接功能、個性化選
項，以及互動式和適應性用戶界面。這款筆電旨在體現先進科技、時尚感
和創新性，滿足現代消費者的需求。↓

　　上面太陽能筆電的設計圖像展示了一款結合現代科技與環保理念的創新產品，其
極簡風格和隱蔽式太陽能面板彰顯了功能性與美學的完美融合，體現了對未來可持續
科技的深刻洞察。

3-6　用 AI 打造獨一無二的商標 Logo

　　過去商標 (Logo) 或是圖示 (Icon) 設計需要向美編描述理念，AI 時代將這個工作交
給機器人 (GPT)，我們也可以稱此機器人為「AI 助理」。

註　機器人是 GPT，有時候看到「GPTs」，s 表示複數。

3-6-1　啟動與進入 Logo Creator

在新版 ChatGPT 內有 GPTs，點選探索更多的 GPTs，可以看到 Logo Creator 機器人，這個機器人 (GPT) 可以在了解你的需求後，創作商標 (Logo) 或是圖示 (Icon)。

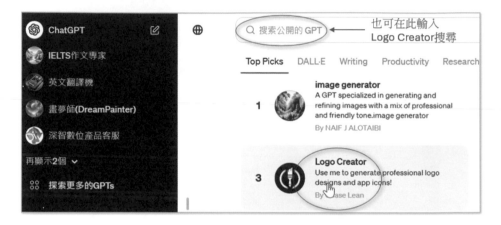

上述點選 Logo Creator 就可以進入此機器人的聊天環境。

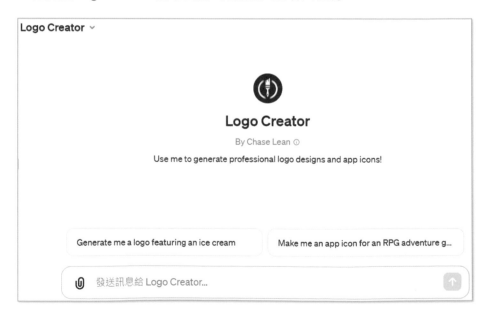

3-6-2　設計深智公司的 Logo

　　我們可以為企業標誌設計商標，也可以為某個產品設計商標，這一節將以實例說明在互動之間設計深智公司的商標。因為 Logo Creator 機器人預設是使用英文，所以在一開始輸入「請用繁體中文台灣用語」，同時說明所要設計的 Logo。

 您
請用 繁體中文台灣用語 聊天, 深智公司是一家科技公司, 我想要設計深智公司的Logo

Logo Creator
了解！在我們開始設計深智公司的Logo之前，我想問您四個問題，以便我們能創造出最適合的設計。

第一個問題，您希望Logo的風格是：

A) 生動活潑
B) 中性
C) 嚴肅正式
D) 直接使用預設選項立即生成Logo

預設選項是A。您想選擇哪一個呢？

上述請輸入「A」選擇生動活潑。

 您
A

Logo Creator
太好了，您選擇了生動活潑的風格。

第二個問題，您希望Logo的細節程度是多少，請在1到10之間選擇，1代表極簡潔，10代表極為詳細複雜。

預設值是3，您的選擇是？

請輸入「3」。

 您
3

 **Logo Creator**
好的，您選擇了一個相對簡潔的設計。

第三個問題，請選擇您想要的顏色組合：

A) 藍色和白色
B) 綠色和灰色
C) 紅色和黑色
D) 自訂顏色組合（請具體說明）
E) 我無法選擇，請您決定

您想選擇哪一個呢？

上述輸入「請設計有科技感色彩的 Logo」，這相當於是指示色彩組合。

 您
請設計有科技感色彩的Logo

Logo Creator
了解，您希望設計一個帶有科技感色彩的Logo。

最後一個問題，您希望生成：

A) 1個單一的Logo設計（預設）
B) 同時生成9個不同的Logo設計

您想要選擇哪一個呢？

您
B

最後輸入「9」，表示同時生成 9 個不同的 Logo 設計。

上述 Logo 設計儲存在 ch3 資料夾的 logo1.webp 檔案。

3-6-3　互動式設計

　　上述設計 Logo 完成後，我們也可以用聊天方式，互動式設計新的 Logo，下列是將 Logo 風格改為「中性」。

 您
請將設計風格改為中性

上述 Logo 設計儲存在 ch3 資料夾的 logo2.webp 檔案。下列是將 Logo 風格改為「嚴肅正式」。

上述 Logo 設計儲存在 ch3 資料夾的 logo3.webp 檔案。

3-7　智慧型手錶 Logo 設計 - AI 來操刀

3-3 節筆者有設計智慧手錶的文案，筆者使用下列對話選項：

1. 設計智慧手錶

2. A (色彩鮮明)

3. 5 (Logo 細節程度)

4. 自行配色讓產品有科技感

可以得到下方的結果。

第 4 章
AI 行銷話術
用科技語言藝術攻略市場

本章將深入探討 ChatGPT 在行銷領域的應用，展示它如何成為企業推動市場活動、提升顧客互動和銷售成果的強大工具。

4-1　ChatGPT 做你的行銷好幫手

ChatGPT 可以用多種方式輔助企業的行銷活動，提供創新的解決方案和增強與顧客的互動。以下是 ChatGPT 在行銷領域的幾種應用：

❑ **SEO 優化**

- 關鍵詞優化內容：生成符合 SEO(Search Engine Optimization) 最佳實踐的內容，幫助企業提高網站的搜索引擎排名。

❑ **內容創作**

- 廣告文案和社交媒體內容：ChatGPT 可以生成吸引人的廣告文案、社交媒體貼文、部落客文章等，幫助企業在各個平台上與目標受眾建立聯繫。

❑ **電子郵件行銷**

- 電子郵件行銷：自動生成個性化的電子郵件內容，同時要提高開信率和點擊率。

❑ **市場分析**

- 趨勢分析：分析社交媒體和其他線上平台上的討論，識別行業趨勢和顧客需求。
- 競爭對手分析：自動收集和分析競爭對手的活動，幫助企業制定策略。

❑ **創意發想**

- 產品和活動創意：利用 ChatGPT 進行腦力激盪，生成新的產品點子或行銷活動創意。
- 品牌故事：創建引人入勝的品牌故事和價值主張，增強品牌形象。
- 建立廣告腳本：建立廣告腳本是確保廣告成功的基礎，它不僅提升了製作效率和創意品質，還增強了廣告的吸引力、說服力和品牌一致性，是達成市場溝通目標不可或缺的一步。

❑ **語言和翻譯**

- 多語言行銷材料：快速將行銷內容翻譯成多種語言，幫助企業觸及全球市場。

我們可以利用 ChatGPT 等 AI 技術，提高企業行銷的效率和創新性，幫助企業更好地了解和服務於其目標顧客群，從而提升品牌價值和市場競爭力。

4-2 排名衝衝衝 - AI 助你深挖 SEO 秘笈

SEO（搜尋引擎最佳化）是一系列的策略和技術，旨在提高網站在搜尋引擎結果頁（SERP，Search Engine Results Page）中的排名。透過優化網站的內容、結構以及網站的外部因素，例如背鏈 (backlinks)，好的 SEO 有助於吸引更多的自然流量（非付費）。SEO 內容主要包括關鍵詞研究、內容創建和優化、技術 SEO（例如網站加載速度、流暢的手機網頁）、以及建立高品質超連結等方面。成功的 SEO 策略不僅能提升網站在搜尋引擎中的可見度，也有助於提高用戶體驗和轉化率。

4-2-1 關鍵詞探索術：解鎖天然護膚品市場潛力

我們可以使用 Google 或是 ChatGPT 搜尋與洞悉社會上熱門的關鍵詞，假設我們是一家銷售「自然護膚品」的公司，可以使用下列實例找出社會上關心的關鍵詞。這種方法不僅幫助我們了解市場趨勢，還能精準定位顧客關心的話題，從而為我們的產品和行銷策略提供有力的指導。

 您
你是SEO專家，請用台灣用語提供10個「自然護膚品」的關鍵詞

 ChatGPT
作為一名SEO專家，若要為「自然護膚品」挑選關鍵詞，以下是我根據 SEO策略和市場趨勢提出的建議：

1. 自然護膚品
2. 有機護膚品
3. 敏感肌適用護膚
4. 無化學添加護膚
5. 環保護膚品牌
6. 純植物護膚產品
7. 台灣手工護膚品
8. 自然美肌產品
9. 無毒護膚推薦
10. 天然成分護膚品

請注意，這些建議是基於對市場的一般理解，實際關鍵詞的選擇應該結合具體的SEO分析和工具來進行最佳化。

ChatGPT 成功整合了多個與「自然護膚品」相關的關鍵詞，涵蓋了從有機產品到特定需求（如敏感肌）的廣泛範疇，展示了對於市場細分和目標受眾需求的深刻理解。這種方法對於提升網站在搜尋引擎中的可見度非常有效。

4-2-2　創造自然護膚品文案：關鍵字優化秘訣揭秘

> **您**
> 你是SEO專家，請使用下列關鍵字，為「玉山牌天然護膚品」生成具有 Emoji符號的行銷文案。
> 自然護膚品、有機護膚品、敏感肌適用護膚、無化學添加護膚、環保護膚品牌、純植物護膚產品、台灣手工護膚品、自然美肌產品、無毒護膚推薦、天然成分護膚品

> **ChatGPT**
> 探索 🌿 **玉山牌天然護膚品**，您的自然美肌秘密 ☀️ 。專為敏感肌設計的 🌾 有機護膚品，無化學添加，純淨您的每一天。我們的產品系列，從 🌱 環保護膚品牌到 🍃 純植物護膚產品，每一件都是台灣手工製作精品，為您帶來 🌳 無毒護膚推薦。選擇玉山，選擇 🌎 天然成分護膚品，讓您的肌膚自然呼吸，綻放健康光彩 🌙 。

ChatGPT 巧妙地運用了關鍵詞和 Emoji 符號，為「玉山牌天然護膚品」創造出既吸引人又充滿活力的行銷文案。這種方式不僅提升了文案的趣味性，也使得品牌特色和產品優勢更加突出。

4-3　ChatGPT 助攻 - 快速出爐創意內容

4-3-1　廣告文案創作

❑　玉山牌天然護膚品

廣告文案是針對特定產品或服務，透過創意和說服性文字來吸引目標受眾的一段文字。它詳細介紹產品特點、好處或使用者體驗，旨在促使讀者採取行動，如購買或了解更多訊息。

> **您**
> 你是行銷文案專家，請以「玉山牌天然護膚品」為例，生成5個廣告文案
>
> **ChatGPT**
> 1. "綻放自然光采，玉山牌天然護膚品——純粹的自然，純淨的你。"
> 2. "從大自然中汲取精華，玉山牌為敏感肌帶來溫和呵護。"
> 3. "無添加，無負擔，玉山牌天然護膚品，讓你的肌膚自在呼吸。"
> 4. "探索純植物護理的奧秘，玉山牌——台灣手工護膚的首選。"
> 5. "追求無毒生活，從選擇玉山牌天然成分護膚品開始。"

ChatGPT 展現了其創意文案撰寫能力，為「玉山牌天然護膚品」生成的廣告文案充滿吸引力且具有說服力，成功地將產品的自然、純淨和對敏感肌膚的友好特性融入文案中，有效地傳達了品牌的核心價值和產品優勢。

❑ **太陽牌手機**

> **您**
> 你是行銷文案專家，請以「太陽牌手機」為例，生成5個廣告文案
>
> **ChatGPT**
> 1. 「太陽牌手機：光芒在手，能量無窮。隨時隨地，太陽能充電讓您的生活更加自由無限。」
> 2. 「讓太陽成為您的電源！太陽牌手機，引領綠色科技新潮流，為您的每一天注入持續動力。」
> 3. 「不再為電量焦慮，太陽牌手機帶您體驗真正的無線生活。只需一束陽光，即刻啟動精彩。」
> 4. 「太陽牌手機：從日出到日落，您的智慧伴侶。獨特的太陽能充電技術，讓每一刻光芒都轉化為能量。」
> 5. 「探索無限可能，太陽牌手機伴您左右。無論何時何地，只要有光就有電，讓您的探險之旅永不停歇。」

這五則廣告文案巧妙地將「太陽牌手機」的太陽能充電功能作為賣點，透過各種創意表達方式，成功傳達了產品的環保理念、便利性和技術創新，吸引消費者的注意力，激發他們對產品的興趣。

4-3-2　廣告口號創作

　　廣告口號則是一個簡短而易記的標語，反映品牌精神或價值主張，旨在建立品牌形象並留在消費者心中。口號通常是品牌或廣告活動的核心訊息，經常被重複使用，以增強品牌識別。

❑　玉山牌天然護膚品

> **您**
> 你是行銷文案專家，請以「玉山牌天然護膚品」為例，生成5個廣告口號
>
> **ChatGPT**
> 1. "玉山，自然之美，肌膚之選。"
> 2. "與大自然同呼吸，玉山護膚，純淨每一天。"
> 3. "玉山護膚，植萃精粹，為敏感肌的溫柔守護。"
> 4. "從台灣大地到您的肌膚，玉山天然護理，純淨不添加。"
> 5. "玉山牌，自然護膚的專家，讓您的美麗無負擔。"

　　這些口號不僅突顯了產品的天然和環保理念，也成功傳達了對特定目標群體（如敏感肌膚用戶）的關注，有效結合了吸引人心且易於記憶的元素，為品牌塑造了獨特的形象。

❑　太陽牌手機

> **您**
> 你是行銷文案專家，請以「太陽牌手機」為例，生成5個廣告口號
>
> **ChatGPT**
> 1. 「太陽牌手機：讓每一道光成為您的能量源泉。」
> 2. 「自由無界，隨光而行——太陽牌手機。」
> 3. 「太陽充電，智慧生活，太陽牌手機，光與您同行。」
> 4. 「不只是手機，是您隨身的太陽能站——太陽牌。」
> 5. 「太陽牌手機：點亮生活，充電從不間斷。」

　　這五個廣告口號巧妙地強調了「太陽牌手機」的核心特色「太陽能充電」，以簡潔有力的語句傳達出產品的自由度、便利性和環保理念，有效激發消費者對於科技與自然和諧共處理念的共鳴。

4-3-3　社交媒體貼文

　　社交媒體如 FB（Facebook）或 IG（Instagram）貼文的特色在於它們的互動性和視覺吸引力。FB 貼文能夠包含文字、圖片、影片和連結，適合分享較詳細的內容和訊息。IG 則更專注於圖片和短影片，強調視覺表達和美感，適合快速抓住觀眾的注意力。兩者都提供了與觀眾互動的功能，如按讚、評論和分享，使內容能夠迅速傳播。

❑　**太陽牌手機**

📎　請參考上傳的sunwatch.jpg, 這是太陽牌手錶, 請生成一篇FB貼文　⬆

ChatGPT
迎接色彩綻放的時刻！🌏 🕐 太陽牌手錶，讓你的每一秒都活力四射。專為追求個性和風格的你設計，這款手錶結合了時尚感和實用性，完美襯托你的每一個瞬間。#活力時刻 #太陽牌手錶 #時尚配件

❑　**史上最強 Python 書籍**

　　我們也可以提供超連結，然後讓 ChatGPT 生成有連結的社交媒體文案。

請參考上傳的python.png, 這是一本Python的書籍封面, 這本書的網址如下：
https://www.tenlong.com.tw/products/9786267383223?list_name=b-r7-zh_tw
📎　請生成一篇行銷的FB貼文　⬆

ChatGPT
啟程編碼之旅，掌握Python的無限可能！🚀 📖 《Python入門與實戰專家之路：基礎篇》帶領你從基礎到高級，一書在手，Python不再難。立即擴展你的編程視野！👤 #Python學習 #編程新手 #技術突破

探索更多🔗：Python入門與實戰專家之路

4-3-4　關鍵字到創意文案 - 引領男性天然美容新風潮

本節將全面解析從選擇關鍵字到撰寫創意文案的過程。

 您
你是行銷高手與SEO專家，請提供10個與男性「美容」的有關的關鍵字

 ChatGPT
要針對男性美容進行行銷與SEO，可以考慮以下這些關鍵字，這些詞彙能
幫助吸引對男性美容感興趣的潛在客戶：

1. 男性護膚品 - 涵蓋男士面霜、洗面乳等產品。
2. 男性美容秘訣 - 提供針對男性的美容建議和技巧。
3. 男士防曬 - 針對男性設計的防曬產品。
4. 男性抗老化 - 關注減緩或逆轉老化跡象的產品與方法。
5. 男性剃鬍產品 - 包括剃鬍膏、剃鬍刀等。
6. 男性頭髮護理 - 針對男性頭髮問題的洗髮水、護髮素等產品。
7. 男性身體護理 - 包括沐浴露、身體乳等。
8. 男士香水 - 男性香水和古龍水等。
9. 男性美容院 - 針對男性顧客的美容服務，如臉部護理、按摩等。
10. 男性美容趨勢 - 最新的男性美容流行趨勢和產品。

這些關鍵字可以根據特定市場的需求進行調整和擴展，以吸引更廣泛的目
標受眾。在SEO策略中積極利用這些 ↓ 字，可以提高網站的能見度並吸
引更多有興趣的訪客。

　　ChatGPT 針對「男性美容」相關的 SEO 關鍵字提供了一個全面且實用的列表，這
顯示出對目標市場的深入了解。其建議覆蓋了從護膚、剃鬍到美容服務等多個領域，
有助於行銷人員和 SEO 專家更有效地針對男性美容感興趣的客戶。這些建議不僅適用
於提高網站在搜尋引擎中的能見度，也有助於吸引更廣泛的潛在客戶。

　　從上述關鍵字也可以知道，「玉山牌天然護膚品」可以應用在許多男性客戶，下
列是讓 ChatGPT 生成創意行銷文案。

您

你是行銷高手與SEO專家，我的公司生產了「玉山牌天然護膚品」，請針對男性客戶需求撰寫含Emoji符號的行銷文案

ChatGPT

當然，使用Emoji可以讓行銷文案更加生動有趣，吸引受眾的注意。以下是一段針對「玉山牌天然護膚品」並結合Emoji的行銷文案：

🌿 **發現自然的力量，展現男性魅力** 🌿

在玉山牌，我們相信每位男士都值得擁有最純淨、最自然的護膚體驗。🏔️ 我們的天然護膚品系列，專為追求簡約而不失精致生活的你設計。

🔍 **【天然成分，專為男性設計】**

從深山精華到海洋之息，我們精選自然界最優質的成分，為你的皮膚帶來無與倫比的護理。🧴 無論是抗老保濕、日常清潔，還是剃鬍後護理，玉山牌都能滿足你的所有需求。

💼 **【為忙碌的現代男性而生】**

我們知道你的時間寶貴。因此，玉山牌的護膚產品不僅效果卓越，使用簡便，還能輕鬆融入你繁忙的日程。🕐 現在，維持健康的膚色和活力，只需幾分鐘。

◎ **【全方位護理，自信隨時展現】**

不論是對抗紫外線的防曬乳、舒緩剃鬍刺激的修護膏，還是提供全日保濕的面霜，玉山牌讓你在任何場合都自信滿滿。💪

🌟 **專屬優惠等你來探索！**

加入我們，開啟你的天然護膚之旅。現在就來體驗玉山牌，讓你的皮膚感受到前所未有的純淨與活力。🚀

此段文案結合了Emoji符號，旨在以視覺吸引的方式，強化信息傳遞，使品牌信息更加生動且易於理解，從而吸引男性客戶對「玉山牌天然護膚品」的興趣。

ChatGPT 為「玉山牌天然護膚品」撰寫的行銷文案巧妙融合了 Emoji 符號，使內容生動且吸引人。這種策略不僅強調了產品的天然成分和男性專屬設計，還以視覺化的方式提高了閱讀體驗，使文案更易於被受眾接受和記住。透過突出忙碌現代男性的護膚需求，文案有效傳達了品牌訊息，增強了目標客戶的共鳴，展現了專業的行銷和 SEO 技巧。

4-4　E-mail 行銷秘訣 - 讓 AI 來幫你搞定

使用電子郵件內容行銷時，重點是要提高開信率 (Open Rate, OR) 和點擊率 (Click-Through Rate, CTR)，您可以採取以下策略：

- 吸引人的主旨行：撰寫簡潔有力、能引起好奇心的郵件主旨，刺激收件人開啟郵件。

- 個性化內容：使用收件人的名字和針對其興趣或行為的個性化內容，讓郵件更具吸引力。

- 清晰的呼籲行動 (Call To Action, CTA)：設計明確的 CTA 按鈕或鏈接，引導收件人進行下一步動作。

- 價值主張：在郵件開頭清楚地展示郵件能為收件人帶來的價值或好處。

- 簡潔的內容：避免冗長的文字，使用短句和清單，使內容易於掃讀。

- 視覺吸引：適當使用圖像、色彩和格式設計來增加郵件的吸引力。

- 測試與優化：透過 A/B 測試不同的主旨行和內容，找出最有效的方法。

記得在發送之前進行測試，確保郵件在各種設備和郵件客戶端上都顯示正常。

 您
你是行銷高手，請寫一篇可以提高開信率與點擊率，適合行銷「玉山牌天然護膚品」的電子郵件。

ChatGPT
當然，以下是一封旨在提高開信率與點擊率的電子郵件範例，用於行銷「玉山牌天然護膚品」：

主旨：【揭秘】玉山牌護膚——自然美肌的秘密武器 🌱

親愛的[姓名]，

讓我們一起迎接春天，用玉山牌天然護膚品為您的肌膚帶來一次自然的覺醒。🌱

限時驚喜：
只要今天訂閱，您將獲得我們熱銷的有機護膚精油試用裝——完全免費！
✨

[立即體驗](這裡是連結)

想知道為什麼眾多客戶選擇我們的產品？

想知道為什麼眾多客戶選擇我們的產品？

- 純植物提煉，無化學添加
- 專為敏感肌設計
- 台灣在地手工製作

您的肌膚值得最純淨的呵護。現在就點擊下方，開始您的自然護膚之旅吧！

[發現玉山牌的力量](這裡是連結)

期待您的加入，
[您的名字]
玉山牌天然護膚品團隊

這封郵件的主旨線直接並引起好奇心，開頭立即提供價值，**CTA**清晰明確，並簡要介紹了產品的獨特賣點。

ChatGPT 以專業的角度，有效地針對「玉山牌天然護膚品」創作了一封電子郵件行銷文案。文案巧妙地利用吸引人的主旨、個性化訊息及清晰的行動呼籲，展現出旨在提升開信率與點擊率的潛力。

4-5 用 AI 預測未來趨勢 - 看透對手動向

ChatGPT 協助行銷市場分析的方式包括收集和分析數據、識別趨勢、預測市場變化。它能夠透過處理大量的資訊來揭示消費者偏好、競爭對手策略和市場需求的洞察。此外，ChatGPT 可以協助創造針對特定目標群體的個性化行銷訊息，提高溝通效率和客戶參與度，從而支持制定更有效的行銷策略。

4-5-1 趨勢分析

我們可以讓 ChatGPT 協助我們做行業的市場需求與趨勢分析。

 您
請針對「太陽牌手機」市場，分析這個行業趨勢和顧客需求

 ChatGPT
要分析「太陽牌手機」市場的行業趨勢和顧客需求，我們需要考慮數個關鍵因素：

- **市場趨勢**：智能手機市場正朝著高性能、長續航、優質相機和快速網絡連接發展。此外，隨著5G技術的推出，對於5G兼容手機的需求逐漸增加。
- **顧客需求**：消費者越來越注重手機的性價比、使用壽命和品牌形象。同時，隨著消費者對社交媒體和移動應用的依賴增加，對於高效能處理器和大容量儲存的需求也隨之增加。
- **創新和可持續性**：市場上也顯示出對創新設計和可持續生產過程的關注，例如使用環保材料和可回收包裝。

這些趨勢和需求指出了手機製造商需要關注的幾個關鍵領域，以滿足當前和未來市場的變化。

ChatGPT 提供了對「太陽牌手機」市場的深入分析，涵蓋了行業趨勢如 5G 技術的興起、顧客對性價比和高性能的需求，以及創新和可持續性的重要性，有效地描繪出當前智慧手機市場的發展脈絡和消費者偏好。

4-5-2 競爭對手分析

您
你是行銷文案和SEO專家,請以「太陽牌手機」為例,分析競爭對手

ChatGPT
在分析「太陽牌手機」的競爭對手時,我們需要從多個維度來考量,包括產品特性、市場定位、品牌形象、技術創新和市場策略等方面。以下是對競爭對手的一個基本分析框架:

1. **產品特性比較**:
   * 比較太陽牌手機與競爭對手在電池壽命、充電速度、太陽能充電效率、屏幕質量、攝像頭性能等方面的差異。
2. **市場定位**:
   * 分析競爭對手的目標市場(如高端市場、中端市場或低端市場)和消費者群體,以及他們是如何定位自己的產品(如注重性能、設計還是價格)。

3. **品牌形象和知名度**:
   * 考察競爭對手的品牌形象,包括品牌的歷史、消費者對品牌的認知和品牌忠誠度。
4. **技術創新和差異化**:
   * 分析競爭對手在技術創新(如摺疊屏技術、5G連接、AI應用等)和產品差異化策略上的表現。
5. **市場策略和推廣活動**:
   * 研究競爭對手的市場策略,包括廣告投放、社交媒體活動、品牌合作、產品推廣活動等。
6. **SEO和線上表現**:
   * 分析競爭對手的網站和社交媒體平台的SEO優化情況,包括關鍵字排名、內容質量、用戶參與度和網站流量等。

透過這些分析,「太陽牌手機」可以更好地了解競爭對手的優勢和劣勢,並根據這些信息來制定自己的市場策略,如如何在產品設計、技術創新、市場定位和品牌推廣方面進行差異化和創新,以在競爭激烈的市場中脫穎而出。

　　ChatGPT 提供了一個全面且細緻的框架來分析「太陽牌手機」的競爭對手，從多個維度出發，深入探討了產品特性、市場定位等關鍵要素，為制定有效的市場策略提供了實用的指導。

4-5-3　凸顯特色的比較分析與行銷文案撰寫

　　在讓 ChatGPT 做比較分析時，其實我們可以敘述自己的亮點，ChatGPT 可以更精準的分析。太陽牌手機亮點是「太陽能充電」、「9600萬攝影像素」、「支援衛星通話」，我們可以用這些亮點請 ChatGPT 做分析。

 您

太陽牌手機亮點是「太陽能充電」、「9600萬攝影像素」、「支援衛星通話」，請依此這些特色和競爭對手做比較分析

 ChatGPT

在進行比較分析時，我們將「太陽牌手機」的三大亮點：太陽能充電、9600萬攝影像素、支援衛星通話，與競爭對手的類似產品進行對比，以突出其優勢和獨特性。

1. 太陽能充電

- **「太陽牌手機」優勢**：提供環保且便利的太陽能充電功能，適合戶外活動和缺乏電源的情況，減少對傳統電源的依賴。
- **競爭對手分析**：雖然市場上有少數品牌提供太陽能充電配件或功能，但多數手機仍依賴傳統充電方式。這使得「太陽牌手機」在自給自足的能源解決方案上具有明顯優勢。

2. 9600萬攝影像素

- **「太陽牌手機」優勢**：高達9600萬的攝影像素提供極致的照片質量，對於攝影愛好者來說是一大賣點。
- **競爭對手分析**：市場上的高端手機 ↓ 配備了4800萬至6400萬像素的相機。因此，「太陽牌手機」在相機像素方面設置了新的標準，對於追求

高質量照片的用戶具有很高吸引力。

3. 支援衛星通話

- **「太陽牌手機」優勢**：支援衛星通話能夠在無手機信號的偏遠地區提供通訊服務，這對於探險家和常出差於偏遠地區的商務人士來說非常重要。
- **競爭對手分析**：目前市場上支援衛星通話的手機品牌不多，這一功能使得「太陽牌手機」在提供極致連接性方面占有一席之地，尤其是在應急通訊和全球覆蓋需求上。

綜合分析：

「太陽牌手機」在太陽能充電、高像素攝影和衛星通話功能上顯示出其獨特性和創新性，這些特色不僅反映了技術進步，也滿足了特定用戶群體的需求。相比於競爭對手，這些功能使得「太陽牌手機」在環保、高質量攝影和全球連接性方面具有明顯的市場優勢，為其贏得特定市場細分領域提供了可能。

下列是請求用表格分析。

 您
你可以做成表格比較嗎

 ChatGPT

以下是「太陽牌手機」與競爭對手的特性比較表格：

特性	太陽牌手機	競爭對手
太陽能充電	獨特的環保充電解決方案，適合戶外和無電源情況	少數品牌提供太陽能充電配件，多依賴傳統充電
9600萬像素攝影	超高像素，提供極致的照片質量	高端手機通常配備4800萬至6400萬像素相機
支援衛星通話	在無手機信號區域提供通訊服務，適合探險家和商務人士	支援衛星通話的手機品牌不多，是一大優勢

這張表格凸顯了「太陽牌手機」在太陽能充電、攝影像素和衛星通話方面的獨特性和創新性，相較於市場上的競爭對手，「太陽牌手機」在這些關鍵特性上擁有明顯的優勢。

　　ChatGPT 提供了一份詳盡的「太陽牌手機」與其競爭對手的比較分析，透過直觀的表格形式展現了太陽牌手機在太陽能充電、高像素攝影和衛星通話功能上的獨特優勢。這份分析不僅突出了太陽牌手機的創新技術和市場差異化，也清晰地指出了其在環保、高質量影像捕捉以及極端環境下通訊能力方面對目標消費者的吸引力，為讀者提供了深入的產品洞察和市場定位理解。

4-6　打破框架 - 用 AI 建立創意工作坊

　　這一節將以「玉山牌天然護膚品」為產品實例，生成行銷活動創意、品牌故事與廣告腳本設計。

4-6-1　產品和活動創意

　　舉辦品牌活動具有多種優點，能夠有效提升品牌形象、增強消費者參與度和忠誠度，以及擴大市場影響力。以下是幾個主要優點：

- 增加品牌能見度：透過活動，品牌能夠吸引媒體關注和社群分享，從而增加品牌曝光度，讓更多潛在客戶了解品牌。

- 加強與消費者的互動和連結：品牌活動提供一個直接與消費者互動的機會，讓品牌能夠更深入了解消費者的需求和偏好，同時增加消費者對品牌的情感連結。

- 提升品牌形象和價值：透過精心策劃的活動，品牌可以展示其獨特性和核心價

值，從而提升品牌形象和市場地位。

● 推動銷售和增加市場佔有率：活動能夠創造即時的銷售機會，透過特殊優惠或
限時活動吸引消費者購買，進而提升銷售業績。

● 建立品牌忠誠度：透過正面的活動體驗，品牌能夠建立和維繫消費者的忠誠度，
長期來看有助於形成穩定的顧客基礎。

● 創新和差異化：品牌活動是展現創新思維和差異化策略的絕佳機會，透過獨特
的活動主題和創意吸引目標受眾，使品牌脫穎而出。

● 收集市場反饋和數據：活動是收集消費者反饋和行為數據的寶貴渠道，這些數
據可用於未來的市場分析和產品開發，幫助品牌更好地滿足市場需求。

綜合來看，舉辦品牌活動是一種多贏的策略，不僅能夠增強消費者對品牌的認知
和好感，同時也為品牌帶來實質的業績成長和長期發展機會。

您
你是行銷專家，請為「玉山牌天然護膚品」生成含Emoji符號的行銷活動
創意

ChatGPT
含Emoji符號的行銷活動創意：玉山牌天然護膚品

1. 🌿 🍃 「玉山美肌挑戰」 🍃 🌿

• **活動概念**：邀請消費者參加為期30天的「玉山美肌挑戰」 🏆 ，在這30天
內，只使用玉山牌天然護膚品進行日常護理。參與者需在挑戰前後分享
他們的皮膚照片 📷 和使用體驗，展示產品帶來的實際改善。

• **獎勵機制**：最終選出轉變最驚人的故事，獲得一年份的產品供應 🎁 或豪
華SPA體驗 💆 。

2. 🍃✨「玉山天然之旅」體驗工作坊 ✨🍃

- **活動概念**：在全台灣各大城市舉辦體驗工作坊，讓消費者親近自然，了解玉山牌產品背後的天然理念和成分來源 🌿。包含DIY護膚品製作 🧴、專家講座 🎤，及產品知識小遊戲 🎮。
- **特色亮點**：參與者可製作專屬的護膚品，並獲得小型旅行組作為禮物 🎊。

3. ♻️🌍「綠色美麗承諾」環保回饋計劃 🌍♻️

- **活動概念**：鼓勵消費者回收使用過的產品容器 🔄。每回收一定量，消費者將獲得折扣券或贈品，強化品牌的環保形象並促進永續發展。
- **擴展影響**：與環保組織合作，部分銷售利潤捐贈支持環保公益活動 🌼。

4. 🍽🌸「玉山護膚品味會」🌸🍽

- **活動概念**：在精選高級餐廳舉辦品牌晚宴，將護膚理念融入美食中，介紹如何從內而外照顧肌膚健康 🥗。
- **特邀嘉賓**：美容專家、營養師和名人分享美容健康秘訣，並現場演示產品使用方法 💆。

5. 📸💜「玉山臉書/Instagram美肌日記」社群互動活動 💜📸

- **活動概念**：創建以使用者為主導的社群媒體活動，鼓勵消費者分享他們使用玉山牌天然護膚品的日常，使用活動專屬標籤 🏷。
- **互動獎勵**：每月選出最具創意和互動性的帖子，提供豐富獎品，如全新產品、專屬優惠等 🎁。

這些創意活動結合了自然、健康、和環保的品牌理念，並透過**Emoji**的使用增加活動的親和力和互動性，有效提升消費者對玉山牌天然護膚品的認識和興趣，同時強化品牌形象。

上述 ChatGPT 的回應巧妙地融入了 Emoji 符號，不僅增添了行銷活動創意的趣味性和視覺吸引力，也使得整體提案更加生動和易於理解。透過具體的活動概念和獎勵機制的描述，清楚地展現了如何透過創新和互動性來提升品牌形象及消費者參與度。這些創意思考不僅顯示了對目標市場的深刻理解，也體現了將傳統行銷策略與當代數位趨勢相結合的能力。

4-6-2　品牌故事

　　敘述品牌故事是一種強大的行銷策略，能夠在競爭激烈的市場中為品牌帶來顯著的優勢。以下是敘述品牌故事的幾個主要優點：

- 建立情感連結：品牌故事能夠引發消費者的情感共鳴，透過故事中的人物、情節和價值觀，建立起消費者與品牌之間的情感連結。這種連結有助於提升品牌忠誠度和顧客保留率。

- 增強品牌記憶：一個吸引人的故事比單純的產品特點或服務說明更容易被記住。故事中的情節和角色能夠在消費者心中留下深刻印象，增強品牌在消費者心中的記憶。

- 提升品牌價值和差異化：透過故事講述，品牌可以清晰地傳達其獨特的價值主張和文化，幫助品牌在眾多競爭者中脫穎而出。品牌故事展現了品牌的個性和核心價值，有助於建立品牌的獨特性。

- 促進顧客參與和互動：品牌故事鼓勵消費者參與和分享，尤其是在社交媒體上。消費者可能會因為故事中的情感元素而感到共鳴，進而分享自己的經歷或觀點，增加品牌的可見度和互動率。

- 支持品牌傳播策略：一個強有力的品牌故事可以作為品牌傳播的核心，貫穿於各種行銷材料和活動中。無論是在線上廣告、社交媒體、內容行銷還是公關活動中，一致的故事線能夠確保品牌訊息的一致性和吸引力。

- 增強品牌信任和可信度：透過真實和誠懇的故事講述，品牌可以展示其背後的人和理念，增加透明度和誠信。當消費者相信品牌的故事和價值觀時，他們更有可能信任品牌並進行購買。

　　總結而言，敘述品牌故事不僅能夠深化消費者的情感連結，增強品牌的記憶點和差異化，還能促進顧客參與和提升品牌的整體價值。這是一種能夠同時提高品牌可見度、加強品牌形象和驅動銷售的多效策略。

 您
你是行銷專家，請為「玉山牌天然護膚品」生成含Emoji符號的品牌故事

ChatGPT

玉山牌天然護膚品 🌿 ，一個源於對大自然深厚愛戀與尊重的品牌。在繁忙的現代生活中，我們渴望回歸自然 🏞 ，追求純淨與真實。玉山牌的創始靈感，來自於蜿蜒於台灣美麗山脈的玉山，象徵著純淨與堅韌 ⛰ 。

我們的使命是將大自然的恩賜 🍃 ，透過科學與創新，轉化為滋養肌膚、和諧身心的護膚產品。每一瓶玉山牌天然護膚品，都蘊含著來自大地的精華 🌍 ，無添加任何化學成分，承諾給予您最真實的護理。

我們堅信，美麗應該是無添加、無負擔的 🕯 。玉山牌致力於研發，從每一片葉子、每一朵花中提取精華，以最自然的方式呵護您的肌膚。我們的產品系列，如同大自然的多樣性，滿足各種膚質和需求 💧 。

加入我們的旅程，一起體驗來自大自然的純淨之旅 🏔 。玉山牌，與您一同守護這份來自大自然的禮物，讓我們攜手走向更綠色、更健康的未來 🌱 。

#玉山牌天然護膚品 #回歸自然之美 #純淨護膚 🌿

上述回應成功地運用了 Emoji 符號，增加了品牌故事的視覺吸引力和情感連結。透過生動的敘述，將品牌的核心價值——純淨、自然、無添加——巧妙地融入故事中，有效傳達了玉山牌天然護膚品的品牌理念。這種敘事方式不僅讓人感受到品牌對自然的敬畏和保護承諾，也強化了消費者對品牌形象的正面印象，展現了一種親和力和信任感。

4-6-3　廣告腳本設計

精心製作的廣告腳本，可以讓品牌故事和情感連結，有效提升產品的說服力，促使觀眾採取行動，購買產品或關注品牌。

 您
你是行銷專家，我想為「玉山牌天然護膚品」拍一個廣告短片，你可以設計腳本嗎？

ChatGPT

當然可以！以下是一個為「玉山牌天然護膚品」設計的廣告短片腳本草案：

廣告標題：「玉山牌天然護膚品：自然的呵護，肌膚的啟示」

場景 1：大自然的和諧

- **畫面**：太陽從玉山的山巒間緩緩升起，露珠閃耀在綠葉之上。
- **旁白**：「在台灣這片富饒的土地上，大自然的奧秘處處可見。」

場景 2：產品的天然來源

- **畫面**：手工採集的天然成分，如薰衣草、茶樹和蘆薈等，在陽光下自然晾曬。
- **旁白**：「玉山牌，我們從大自然中精心選擇最純淨的成分，為您的肌膚帶來最天然的呵護。」

↓

場景 3：產品展示

- **畫面**：玉山牌天然護膚品系列優雅地展示在一塊自然石頭上，背景是蒼翠的山景。
- **旁白**：「無論是滋潤保濕還是深層清潔，每一瓶玉山牌護膚品，都是我們對品質的承諾。」

場景 4：顧客使用體驗

- **畫面**：一位女性在家中的浴室，輕輕塗抹玉山牌面霜，她的臉上顯露出放鬆和滿意的表情。
- **旁白**：「感受來自大自然的恩賜，讓肌膚回歸最初的純淨與健康。」

場景 5：品牌承諾

- **畫面**：回到美麗的玉山風景，鏡頭拉遠，顯示出一片和諧的自然景象。
- **旁白**：「玉山牌，承諾帶給您最自然、最純粹的護膚體驗。因為我們相信，真正的美麗來自於大自然的純淨。」

↓

場景 6：呼籲行動

- **畫面：** 顯示官網和社交媒體平台的連結，同時展示一系列產品正被包裝準備發送的畫面。
- **旁白：**「探索玉山牌，開啟您的自然護膚之旅。現在就訪問我們的網站，感受自然的力量。」

結束畫面： 玉山牌logo緩慢出現，伴隨著輕柔的背景音樂淡出。

這個腳本旨在通過展示產品的自然成分和製作過程，強調玉山牌天然護膚品的純淨和高品質，同時透過顧客的使用體驗來傳達產品帶來的正面效果，最終強化品牌的可信度和吸引力。

上述回應提供了一個清晰、具有吸引力的廣告腳本草案，巧妙地融合了自然美景和產品展示，有效地傳達了玉山牌天然護膚品的核心價值：純淨、自然和高品質。透過生動的場景描繪和貼心的旁白，腳本增強了品牌故事的情感連結，並鼓勵觀眾採取行動。整體而言，這是一個能夠激發觀眾好奇心和信任感的廣告策劃，極具創意和說服力。

4-7 讓 AI 幫你打造企業形象和標語

4-7-1 認識企業理念與口號

企業發展到一定規模，會形成企業理念與口號。企業理念與口號對於公司的重要性，呈現在多個層面，塑造企業文化、指導決策、影響品牌形象、建立顧客關係和區分競爭對手，它們都發揮著關鍵作用。

- 塑造企業文化：企業理念是公司的核心價值觀和信念的體現，它影響公司的行為準則和決策過程。一個明確的企業理念可以幫助員工理解公司的目標和方向，從而在日常工作中做出與公司目標一致的決策。此外，共享的理念有助於加強團隊凝聚力，建立一種共同的身份感。

- 指導決策：企業理念提供了一套框架，幫助管理層和員工在面對選擇時做出決策。當公司面臨重大決策時，回顧企業理念可以確保決策與公司的長期目標和核心價值觀保持一致。

- 影響品牌形象：企業理念和口號共同塑造了公司的品牌形象，一個有力的口號能夠簡潔明瞭地傳達公司的價值主張，使消費者容易記住和認同。這種認同感可以轉化為品牌忠誠度，進而影響公司的業績。

- 建立顧客關係：透過與公司理念和口號相一致的行為，公司可以與顧客建立深層次的情感聯繫。當顧客認為公司的產品或服務與其個人價值觀相契合時，他們更可能成為長期顧客。

- 區分競爭對手：在競爭激烈的市場中，一個獨特的企業理念和吸引人的口號可以幫助公司從眾多競爭對手中脫穎而出。這不僅能吸引顧客，還能吸引才華橫溢的員工。

企業理念和口號不僅是一句簡單的標語或宣言，它們是公司內部文化和外部品牌的基石。透過有效的溝通和執行，它們可以對公司的成功產生深遠的影響。因此，開發和維護一個與公司目標和價值觀相一致的企業理念和口號是至關重要的。

4-7-2　AI 塑造企業理念

在 AI 時代，我們可以描述目前公司現狀，以及負責人內心的想法，然後讓 ChatGPT 協助我們撰寫企業理念。

 您
深智公司是一家電腦書的出版社，成立5年來一直出版電腦用的書籍。對外，總是領先同業將最新電腦知識傳遞給社會大眾。對內照顧員工，讓員工享有最好的福利，例如每年2次員工旅遊，負責人期待打造一個幸福企業。請用上述內容撰寫一篇「深智公司企業理念」的文章。

> **ChatGPT**
>
> ## 深智公司企業理念
>
> 在瞬息萬變的數位時代，深智公司自成立以來，始終堅守著一個核心使命：將最前沿的電腦知識和技術以書籍的形式傳遞給廣大社會大眾。作為一家專注於電腦書籍出版的企業，我們不僅見證了技術的迅速發展，也積極參與到這一進程中，努力成為行業內的先鋒，將最新、最深入的電腦知識帶給我們的讀者。
>
> 深智公司的企業理念建立在兩大基石上：對外的知識領先和對內的員工幸福。
>
> **對外——知識領先**：我們堅信，知識的力量能夠改變世界。因此，深智公司致力於捕捉最新的科技動態和電腦技術發展，將這些寶貴的資訊集結成書，供給給渴望學習的人們。我們的目標是成為一座橋梁，連接技術專家和廣大讀者，透過我們的出版物，讓最新的技術知識無障礙地流傳於社會各個角落。　　　　　　　　↓

> **對內——員工幸福**：深智公司深知，員工是公司最寶貴的資產。一個幸福的企業文化不僅能吸引優秀人才，更能激發員工的創造力和工作熱情。因此，我們致力於創建一個讓員工感到自豪和幸福的工作環境。從提供行業領先的福利制度到組織豐富多彩的員工活動，如每年兩次的員工旅遊，我們都希望每位員工在深智都能找到屬於自己的價值和快樂。
>
> **未來展望**：展望未來，深智公司將繼續秉承我們的企業理念，不斷創新，積極前行。我們相信，通過不懈的努力和對卓越的追求，深智公司將能夠繼續在出版業領域領先同業，同時為我們的員工創造一個更加幸福和充滿活力的工作環境。深智公司將持續成為一個學習、成長和創新的平台，為社會貢獻我們的智慧和力量，共同創造一個更加美好的未來。

　　深智公司的企業理念展現了其對知識分享和員工福祉的深厚承諾，透過將最新電腦技術知識帶給大眾，該公司證明了自己作為行業先鋒的地位，同時也強調了創建幸福工作環境的重要性。這份理念不僅凸顯了深智對外在市場的影響力，也展示了其對內部文化的重視，使其成為一個值得員工驕傲和顧客信賴的企業。

4-7-3 AI 塑造企業口號

這一節與 ChatGPT 的對話是接續前一節的內容。

您
請以上述企業理念為基礎，為深智公司創建5個口號。

ChatGPT
1. **"連接知識，啟迪未來"**：強調深智公司致力於通過出版最新的電腦知識，為讀者提供啟迪和學習的機會，推動社會進步和科技創新。
2. **"技術之光，書寫未來"**：突出公司的角色不僅是傳遞知識的媒介，更是透過出版領先的電腦技術內容，為科技未來的發展作出貢獻。
3. **"深知識，智啟未來"**：結合公司名稱"深智"，強調公司深入的技術知識和智慧如何啟發讀者和社會朝向一個更美好的未來邁進。
4. **"幸福工作，創新未來"**：反映公司對內部文化的重視，強調一個幸福的工作環境是激發創新和實現公司使命的關鍵。
5. **"每一頁都是進步"**：這個口號既強調了深智公司出版物的質量，也象徵著每一次閱讀都是個人和社會進步的一步。

上述口號巧妙地捕捉了深智公司的精髓，從「連接知識，啟迪未來」到「每一頁都是進步」，每句都體現了對創新和學習的承諾。它們不僅傳達了企業的核心價值，也激勵了讀者和員工追求知識和成長。下列實例是，筆者要求口號需要用「深智」開頭。

您
請以上述企業理念為基礎，為深智公司創建5個口號，口號前2個字必須是「深智」。

ChatGPT
1. **"深智啟航，知識無界"**：強調深智公司作為知識傳播的先鋒，致力於打破知識傳播的界限，將最新的電腦技術知識帶給每一位求知者。
2. **"深智築夢，未來由你"**：鼓勵個人透過深智公司提供的前沿科技和電腦知識，建構屬於自己的夢想未來。
3. **"深智共鳴，創新同行"**：突出深智公司與讀者和社會大眾在追求技術創新和知識共享上的共鳴，強調共同前進的理念。
4. **"深智擁抱，幸福工作"**：反映公司對員工福祉的重視，強調深智公司致力於創建一個讓員工感到幸福和滿足的工作環境。
5. **"深智引領，學習無限"**：強調深智公司在科技教育出版領域的領導地位，提供無限的學習資源和機會，鼓勵終身學習的精神。

　　「深智」開頭的企業口號充分反映了深智公司的核心精神和業務方向。從「深智啟航，知識無界」到「深智引領，學習無限」，每個口號都巧妙地將公司的創新精神和對知識的深厚熱愛融合在一起。這些口號不僅凸顯了深智公司在技術出版領域的專業地位，也傳達了對員工幸福和終身學習價值的重視。這樣的口號有效地傳遞了品牌的理念，並有力地與目標受眾產生共鳴。

4-8 跨語言無障礙 - AI 翻譯通天下

　　ChatGPT 具備強大的多語言轉換能力，能迅速將繁體中文文本精準翻譯成多種語言，為渴望拓展全球業務的專業人士提供了極大的便利。這一功能不僅提升了跨文化交流的效率，也為全球市場的擴展打開了新的大門。下列是將「太陽能手機」品牌含 Emoji 的文案，分別翻譯成英文與日文的實例。

您

請將下列文案翻譯成英文

讓每一束光線，都轉化為您無盡的能量 ☀️！「太陽牌手機」，不僅是您的智慧伴侶 📱，更是您隨身攜帶的太陽能源站 ⚡。擁有9600萬像素 📷，捕捉生活中的每個精彩瞬間；支援衛星通話 🛰️，讓您在世界任何角落都能保持聯繫。選擇「太陽牌手機」，選擇無限能量，讓陽光成為您的動力源泉 💪。立刻體驗科技與自然的完美融合 🌱，開啟您的綠色智慧生活！

ChatGPT

Let every ray of light transform into your endless energy ☀️! The "Solar Brand Phone" is not only your smart companion 📱 but also your portable solar power station ⚡. With a 96 million pixel camera 📷, capture every splendid moment of life; support for satellite calls 🛰️ ensures you stay connected in any corner of the world. Choose the "Solar Brand Phone" for limitless energy, letting sunlight be your power source 💪. Experience the perfect fusion of technology and nature 🌱 right now, and start your green, smart life!

您

請將下列文案翻譯成日文

讓每一束光線，都轉化為您無盡的能量 😎！「太陽牌手機」，不僅是您的智慧伴侶 📱，更是您隨身攜帶的太陽能源站 ⚡。擁有9600萬像素 📷，捕捉生活中的每個精彩瞬間；支援衛星通話 📡，讓您在世界任何角落都能保持聯繫。選擇「太陽牌手機」，選擇無限能量，讓陽光成為您的動力源泉 💪。立刻體驗科技與自然的完美融合 🌱，開啟您的綠色智慧生活！

ChatGPT

すべての光線を無限のエネルギーに変えましょう 😎！「ソーラーブランドのスマホ」は、あなたのスマートなパートナー 📱 であり、持ち運び可能なソーラーパワーステーション ⚡ です。9600万ピクセル 📷 で、生活の中のすべての素晴らしい瞬間を捉え；衛星通話 📡 をサポートし、世界のどの角でも連絡を保つことができます。「ソーラーブランドのスマホ」を選び、無限のエネルギーを選び、太陽光をあなたの力の源にしましょう 💪。今すぐに技術と自然 ⬇ の完璧な融合 🌱 を体験し、あなたのグリーンなスマートライフを始めましょう！

第 5 章
手到擒來變身自動化
AI 如何翻新企業罐頭信

企業罐頭信又稱模板信件，這一章將敘述，AI 時代可以用 ChatGPT 自動生成這些信件。

5-1　罐頭信大解密 - AI 如何放大其優勢和應用

5-1-1　罐頭信的優點

企業罐頭信有多方面的優點，既提高了溝通效率，又保證了訊息的一致性和專業性。以下是企業罐頭信的主要優點：

- 提高回應速度：罐頭信範本可方便快速回應客戶查詢、合作夥伴的要求或員工的問題，從而提升了客戶滿意度和業務流程的效率。

- 確保溝通一致性：使用統一的信件範本可以保證不同員工在相似情境下發出的回應保持一致，從而維護企業形象並減少因溝通不一致帶來的混亂或誤解。

- 節省時間和資源：罐頭信節省了每次收到查詢或需求時都要從頭開始撰寫回應的時間，讓員工可以將更多的精力投入到其他更需要創造性思考的任務上。

- 提升專業形象：精心設計的罐頭信範本可以幫助確保每一次的溝通都符合企業的品牌語言和專業標準，增強客戶對企業專業性的認知。

- 易於管理和更新：當企業政策、產品訊息或服務條款有變更時，只需更新相關的罐頭信範本，就可以確保所有未來的溝通都反映了最新的訊息。

- 降低人為錯誤：由於罐頭信範本是預先撰寫和審核的，這大大降低了即興回應可能導致的錯誤或遺漏重要訊息的風險。

- 個性化與自動化結合：現代郵件管理工具和客戶關係管理系統 (Customer Relationship Management, CRM) 系統，允許在罐頭信範本中加入個性化元素，例如客戶名稱、最近購買的產品等，結合自動化技術，既保持了溝通的個性化，又提高了效率。

總之，企業罐頭信是提高溝通效率、確保訊息準確傳達並維護企業形象的有效工具。正確使用罐頭信可以在保持高效率的同時，也保證溝通的質量和專業度。

5-1-2　罐頭信的應用範圍

在企業環境中，罐頭信件被廣泛使用於多個場合，旨在提高溝通效率、確保訊息的一致性，並在對外和對內溝通中保持專業形象。以下是一些常見的使用罐頭信件的情境：

● 人力資源信函：面試邀請、錄取通知或沒有錄取通知等。

● 客戶服務回應：用於回答常見問題、訂單確認、物流更新、退款處理、客戶查詢。

● 銷售郵件：介紹新產品、促銷活動通知、特別優惠等。

● 內部通告：會議通知、公司活動通知、政策更新、專案進度更新等。

● 財務通知：付款提醒、發票傳送、財務報告發布等。

● 技術支援：服務中斷通知、維修計劃通知等。

企業會根據不同的溝通需求，預先準備一系列的罐頭信件模板，以便在需要時快速、準確地回應。這些模板通常會留有空白處供填入特定詳細訊息，以確保溝通在保持效率的同時，也能針對個別情況作出一定程度的個性化調整。

5-2　人資部門的 AI 革命

5-2-1　面試邀請信

 您
請撰寫「面試邀請」罐頭信範本

 ChatGPT
當然，以下是一個「面試邀請」的罐頭信範本，您可以根據需要進行調整：

主旨：[公司名稱]面試邀請 - [職位名稱]

親愛的[候選人姓名]，

感謝您對[公司名稱]的[職位名稱]職位表達興趣。經過仔細審閱您的履歷和資歷，我們很高興地通知您，您已被選中參加面試。

我們相信您的經驗和技能可能與我們團隊的需求非常匹配，因此我們希望進一步了解您，並給您一個展示您能力的機會。

面試詳情如下：

- 面試日期：[日期]
- 面試時間：[時間]
- 面試形式：[現場面試/視訊面試]
- 面試地址：[具體地址]（如適用）
- 視訊面試鏈接：[視訊鏈接]（如適用）
- 面試官：[面試官姓名及職位]

- 預計面試時長：[時長]

[如果需要準備的話]請準備好您的作品集或任何您認為能夠幫助我們更好了解您的材料。

請在[回覆截止日期]前回覆此郵件，確認您的面試時間，或者如果您需要重新安排面試時間，也請盡快通知我們。

如果您有任何問題或需要進一步的信息，請隨時聯繫我們。

我們期待著與您見面，並進一步探討您對[職位名稱]職位的興趣。

祝好，

[您的名字]
[您的職位]
[公司名稱]
[聯繫電話]
[電子郵箱]

　　ChatGPT 提供了一份詳細的「面試邀請」罐頭信範本，內容全面、結構清晰，包含了所有必要的面試訊息，適用於各種面試形式，方便企業根據需要進行調整使用。

5-2-2　錄取通知信

 您
請撰寫「錄取通知」罐頭信範本

ChatGPT
當然，以下是一個「錄取通知」的罐頭信範本，適用於通知候選人他們已被選中加入公司的情境：

主旨：恭喜您被[公司名稱]錄取 - [職位名稱]

親愛的 [候選人姓名]，

我們很高興地通知您，經過仔細考慮，您已被[公司名稱]選中擔任[職位名稱]的職位。我們對您的專業技能、工作經歷以及面試中展現出的潛力和熱情印象深刻，相信您將是我們團隊中不可或缺的一員。

請查看附件中的正式錄取通知書，其中詳細說明了您的職位、起始日期、薪資以及其他相關的入職條件。我們希望您能在[具體日期]之前回覆我們，確認您對此職位的接受情況。

如果您接受我們的錄取通知，請按照錄取通知書中的指示完成後續步驟。如果您有任何疑問，或需要更多關於職位的信息，請不要猶豫，立即通過電子郵件[電子郵箱地址]或電話[電話號碼]聯繫我們。

我們期待著您的加入，並相信您將與[公司名稱]一起成長，實現我們共同的目標和夢想。

再次祝賀您！

最誠摯的問候，

[您的名字]
[您的職位]
[公司名稱]
[聯繫電話]
[電子郵箱]

　　ChatGPT 精心撰寫了一份錄取通知的罐頭信範本，內容豐富且結構嚴謹，清楚傳達了錄取訊息並鼓勵候選人加入，展現了對候選人的尊重與期待。讀者可以自行練習輸入下列 Prompt，生成「沒有錄取」的罐頭信。

　　Prompt：請用台灣用語，撰寫「沒有錄取的」罐頭信範本。

5-3 客服部門 - AI 讓服務更溫暖

5-3-1 常見問題

 您
請給我客戶服務中「常見問題」罐頭信範本

 ChatGPT
當然，以下是一個適用於回答客戶服務中心「常見問題」的罐頭信範本：

主旨：感謝您聯繫[公司名稱]：關於您的常見問題

親愛的[客戶姓名]，

感謝您聯繫[公司名稱]客戶支持中心。我們了解您可能有關於我們的產品/
服務的疑問，因此準備了這份回覆，希望能夠解答您的部分問題。

1. **問題一**：[常見問題一]
   - **回答**：[詳細解答]
2. **問題二**：[常見問題二]
   - **回答**：[詳細解答]
3. **問題三**：[常見問題三]
   - **回答**：[詳細解答]

[根據需要添加更多問題與回答]

如果您的問題未在上述列表中，或您需要進一步的協助，請不要猶豫，透
過[電子郵件地址]或撥打我們的客服熱線[電話號碼]與我們聯繫。我們的客
戶服務團隊將樂於為您提供幫助。

再次感謝您對[公司名稱]的支持，我們期待繼續為您服務。

祝您有美好的一天！

最誠摯的問候，

[您的名字]
客戶服務團隊
[公司名稱]
[聯繫電話]
[電子郵箱]

　　ChatGPT 精心設計了一份客戶服務中心「常見問題」的罐頭信範本，這份範本以
結構清晰、內容豐富著稱。它不僅列出了幾個典型的客戶疑問並提供了詳細解答，還
鼓勵客戶在有進一步問題時主動聯繫，展現了極高的客戶服務標準。這種方式既有效
解答了客戶的即時疑慮，又留有空間供更個性化的互動，體現了對客戶需求的深刻理
解與尊重。

5-3-2　客戶查詢

> **錦魁 您**
> 請給我客戶服務中「客戶查詢」罐頭信範本

> **ChatGPT**
> 當然，以下是一個適用於回答客戶服務中心「客戶查詢」的罐頭信範本：

主旨：您的查詢已收到 - [公司名稱]客戶支持

親愛的 [客戶姓名]，

感謝您聯繫[公司名稱]。我們已成功收到您的查詢，並且非常重視您向我們提出的問題。我們的團隊正在積極處理您的請求，以確保您能夠獲得最準確、最及時的回覆。

您的查詢詳情如下：

- 查詢主題：[查詢主題]
- 提交時間：[提交時間]
- 查詢內容：[簡短描述查詢內容]

我們致力於在[預計回覆時間範圍，例如：24-48小時]內回覆您的查詢。如果您有任何迫切的需求或需要進一步的協助，請不要猶豫，通過撥打我們的客戶服務熱線[電話號碼]或回覆此郵件與我們聯繫。

↓

我們感謝您的耐心等待，並承諾將盡快為您提供所需的支持。請知道，[公司名稱]一直在這裡為您服務。

祝您有美好的一天！

最誠摯的問候，

[您的名字]
客戶服務團隊
[公司名稱]
[聯繫電話]
[電子郵箱]

ChatGPT 為客戶服務中心的「客戶查詢」提供了一份典型的罐頭信範本。這份範本以其專業性和關懷性脫穎而出，明確告知客戶他們的查詢已被成功接收，並詳細列出了查詢的基本訊息，設定了合理的期待回覆時間。同時，它鼓勵客戶在等待過程中如有迫切需求可進一步聯繫，展現了公司對客戶需求的重視和對問題解決的承諾，有效地增強了客戶信任和滿意度。讀者可以自行練習輸入下列 Prompt，生成客戶服務罐頭信件。

Prompt：請用台灣用語，給我客戶服務中「訂單確認」罐頭信範本。

Prompt：請用台灣用語，給我客戶服務中「物流更新」罐頭信範本。

Prompt：請用台灣用語，給我客戶服務中「退款處理」罐頭信範本。

5-4　銷售郵件 - 用 AI 贏得客戶心

5-4-1　介紹新產品

 您
請給我銷售郵件中「介紹新產品」罐頭信範本

 ChatGPT
當然，以下是一個適用於銷售郵件中「介紹新產品」的罐頭信範本：

主旨：探索[公司名稱]的最新創新：[新產品名稱]！

親愛的[客戶姓名/尊稱]，

在[公司名稱]，我們一直致力於透過創新解決方案來提升您的生活品質。今天，我們激動地向您介紹我們最新推出的產品——[新產品名稱]！

[新產品名稱]是我們經過深思熟慮並融合最新技術所開發的產品，旨在[簡短描述產品解決的問題或其獨特之處]。我們相信，它將為您帶來[描述預期的用戶好處，如更高的效率、更佳的體驗等]。

[如果適用，插入產品圖片或視頻連結]

特點亮點：

- [特點1]：[描述]
- [特點2]：[描述]
- [特點3]：[描述]
  （根據需要添加更多特點）

為慶祝[新產品名稱]的推出，我們為早期購買的客戶準備了特別優惠：[詳細說明優惠]。這一限時優惠僅在[優惠截止日期]前有效，因此請勿錯過！

如需進一步了解[新產品名稱]或購買，請訪問我們的網站[網站連結]，或直接回覆此郵件與我們聯繫。我們期待您能體驗[新產品名稱]帶來的變革。

感謝您一直以來對[公司名稱]的支持與信任。我們期待繼續為您提供更多創新和價值。

最誠摯的問候，

[您的名字]
[您的職位]
[公司名稱]
[聯繫電話]
[電子郵箱]

　　ChatGPT 精心構思了一份「介紹新產品」的銷售郵件範本，該範本以其清晰的結構、引人入勝的產品介紹和明確的說明對客戶的優惠。它不僅詳細列出了產品的關鍵特點和優惠訊息，還鼓勵客戶採取行動，無論是訪問網站還是回覆郵件進行進一步的交流。這種方法有效地激發了客戶的興趣，增加了產品的吸引力，並強化了品牌與客戶間的聯繫。

5-4-2　促銷活動通知

 您
請給我銷售郵件中「促銷活動通知」罐頭信範本

 ChatGPT
當然，以下是一個適用於銷售郵件中「促銷活動通知」的罐頭信範本：

主旨：不容錯過的限時優惠：[促銷活動名稱]！

親愛的[客戶姓名/尊稱]，

作為我們對[公司名稱]忠實客戶的特別鳴謝，我們很高興地向您宣布即將舉行的[促銷活動名稱]！這是一次絕佳的機會，讓您以優惠價格獲得我們的精選產品和服務。

【促銷活動詳情】

- 活動時間：[開始日期]至[結束日期]
- 優惠內容：[具體優惠，如折扣率、二送一等]
- 適用產品：[適用的產品範圍或特定產品]

【如何參與】
只需訪問我們的網站[網站連結]，或直接回覆此郵件，我們的客服團隊將為您提供專屬的購買指引。

↓

別忘了，這些特別優惠是有時間限制的！我們希望您能抓住這個機會，享受我們為您精心準備的優惠。

如果您有任何問題或需要進一步的協助，請隨時通過電子郵件[電子郵箱]或撥打我們的客戶服務熱線[電話號碼]聯繫我們。

謝謝您一直以來的支持與信任。我們期待您的參與，並希望您能享受這次促銷活動！

祝購物愉快，

[您的名字]
[您的職位]
[公司名稱]
[聯繫電話]
[電子郵箱]

　　ChatGPT 提供的「促銷活動通知」罐頭信範本結構清楚、訊息詳盡，有效地激發客戶興趣。範本強調了優惠的限時性，鼓勵客戶積極參與，同時易於根據不同活動進行調整。讀者可以自行練習輸入下列 Prompt，生成「特別優惠」。

　　Prompt：請用台灣用語，給我銷售郵件中「特別優惠」罐頭信範本。

5-5 內部通告 - AI 幫你說得更清楚

這一節將用會議通知為實例解說。

 您
請給我內部通告中「會議通知」罐頭信範本

 ChatGPT
當然，以下是一個適用於內部通告中「會議通知」的罐頭信範本：

主旨：會議通知：[會議主題]

親愛的團隊成員，

為了[簡短說明會議的目的或重要性，例如：討論即將到來的項目里程碑、部門策略調整等]，我們將於[會議日期]舉行一次[會議形式，例如：線上、面對面]會議。請查看以下會議的詳細信息並做好相應的準備。

【會議詳情】

- 日期：[具體日期]
- 時間：[開始時間] 至 [結束時間]
- 地點：[會議地點或線上會議平台連結]
- 主持人：[主持人姓名]
- 參會人員：[列出所有參會人員或部門]

【會議議程】

1. [議程1主題]
2. [議程2主題]
3. [議程3主題]

　（根據需要添加更多議程）

【準備事項】

- [準備事項1]
- [準備事項2]

　（如有需要，請根據會議議程準備相關材料或報告）

我們期待您的積極參與，以便共同討論並決策關於[會議討論主題]的重要事宜。如果您有任何疑問或需要進一步的信息，請不猶豫與我或[其他相關聯絡人]聯繫。

謝謝大家的配合與努力，讓我們攜手確保此次會議的成功！

最誠摯的問候，

[您的名字]
[您的職位]
[您的聯繫信息]

這份範本為內部會議通知提供了一個全面的框架，包括會議的目的、時間、地點、參與者、議程和準備事項，旨在確保所有參與者都能夠有效準備並參與會議。

ChatGPT 設計的「會議通知」罐頭信範本提供了清晰、全面的會議安排訊息，使得準備和參與會議變得高效有序。範本中包含了會議的所有關鍵細節，方便團隊成員參考和準備。讀者可以自行練習輸入下列 Prompt，生成系列通告。

Prompt：請用台灣用語，給我內部通告中「政策更新」罐頭信範本。

Prompt：請用台灣用語，給我內部通告中「公司活動通知」罐頭信範本。

Prompt：請用台灣用語，給我內部通告中「專案進度更新」罐頭信範本。

5-6　財務通知 - AI 的精準投遞

這一節將用「付款提醒」為實例解說。

 您
請用台灣用語，給我財務通知中「付款提醒」罐頭信範本

 ChatGPT
當然，以下是使用台灣用語撰寫的財務通知中「付款提醒」的罐頭信範本：

主旨：重要提醒：您的帳單即將到期，請記得繳費

親愛的 [客戶姓名/公司名稱]，

您好！希望您近來一切順心。這裡是[公司名稱]，特此提醒您，跟我們的帳單將在[到期日期]到期。為了避免服務中斷或是多出來的滯納金，麻煩您務必在這日期前完成繳費喔。

【帳單資訊】

- 帳單編號：[帳單編號]
- 應繳金額：[金額]
- 繳費截止日：[到期日期]

【繳費方式】
我們提供以下幾種繳費方式，方便您選擇：

- 線上繳費：請上我們官網[網站連結]操作。
- 銀行轉帳：詳細帳戶資訊如下[銀行帳戶資訊]。
- 郵寄支票：支票請寄到[公司地址]。

如果您已經繳過費了，那就當我們多嘴了。如果還沒，希望您能儘快處理，以免影響到您的服務使用。

有任何問題，或需要幫忙的地方，歡迎隨時透過[電子郵箱]或撥打客服專線[電話號碼]找我們聊聊。

謝謝您的配合，也感謝您一直以來對[公司名稱]的支持！

祝 事事順心，

[您的名字]
[您的職位]
[公司名稱]
[聯絡資訊]

　　ChatGPT 以親切的台灣用語撰寫了一份「付款提醒」罐頭信範本，有效地結合了正式與友善的語氣，清楚提供繳費資訊及方法，使其既實用又貼近台灣當地的溝通風格。讀者可以自行練習輸入下列 Prompt，生成系列罐頭信。

　　Prompt：請用台灣用語，給我財務通知中「發票傳送」罐頭信範本。

　　Prompt：請用台灣用語，給我財務通知中「財務報告發布」罐頭信範本。

5-7　技術支援 - AI 讓解答無遠弗屆

這一節將用「服務中斷通知」為實例解說。

 您
請用台灣用語，給我技術支援中「服務中斷通知」罐頭信範本

 ChatGPT
當然，以下是使用台灣用語撰寫的技術支援中「服務中斷通知」的罐頭信範本：

主旨：緊急通知：即將進行系統維護，服務暫時中斷

親愛的[客戶姓名/公司名稱]，

您好！[公司名稱]在此通知您，因為我們將進行系統維護工作，屆時將暫時影響到我們的部分服務。我們瞭解這可能會給您帶來不便，因此提前告知，希望您能做好準備。

【維護時間】

• 開始時間：[開始時間]
• 預計結束時間：[結束時間]

【影響範圍】

• [具體受影響的服務或功能]

【建議措施】

↓

- 在維護期間，[提供給客戶的建議，例如：避免進行重要操作、使用替代方案等]

【維護目的】

- 這次維護是為了[簡短說明維護的目的，如提升系統穩定性、更新功能等]，以提供更好的服務品質給您。

我們將盡全力在最短時間內完成維護工作，並恢復服務。如果維護工作提前完成或延後，我們會再次通知您。

如果您在維護期間或之後有任何問題，歡迎隨時透過[電子郵箱]或撥打客服專線[電話號碼]聯繫我們。

謝謝您的理解與配合，我們深感抱歉給您帶來的不便，並感謝您對[公司名稱]的支持與信任。

祝 一切順利，

[您的名字]
[您的職位]
[公司名稱]
[聯絡資訊]

這份範本用台灣常見的親切語氣，提前通知客戶即將發生的服務中斷，並提供了維護的具體時間、影響範圍、客戶可能需要採取的建議措施以及維護的目的，以減少對客戶的影響並維持良好的客戶關係。

　　透過使用親切的台灣用語，ChatGPT 提供了一份詳盡且體貼的「服務中斷通知」罐頭信範本。範本中清晰地說明了維護的時間、影響範圍及客戶建議措施，展現了對客戶需求的深切理解和尊重。讀者可以自行練習輸入下列 Prompt，生成系列罐頭信。

　　Prompt：請用台灣用語，給我技術支援中「維修計劃通知」罐頭信範本。

第 6 章

AI 加持
讓你的簡報既快又有創意

　　企業簡報常見於商務會議、投資人說明會、新產品上市發表、內部策略規畫會、年終報告會、與客戶的溝通會議、團隊培力活動及教育訓練工作坊等場合。這些時刻需要清楚地傳遞訊息、展現數據分析、分享企業成就、設定未來方向、增進團隊協作或吸引潛在的投資者與顧客。簡報幫助建立企業形象，加強品牌識別，並推動商業決策過程。

　　過去建立簡報需先思考內容大綱，再使用 PowerPoint 完成，現在可以將大綱主題交給 ChatGPT 完成。

6-1　文字簡報怎麼弄 - AI 來幫忙

　　這一節將用建立 ESG 簡報為實例。

6-1-1　認識 ESG

　　ESG 代表環境（Environmental）、社會（Social）和治理（Governance），是評估企業對社會和環境影響的三個關鍵因素。這一概念在可持續投資和企業管理中越來越重要，主要原因如下：

- 環境（Environmental）：這一方面涉及企業對自然環境的影響，包括減少碳足跡、節能減排、使用可再生能源、水資源管理和廢棄物處理等。在氣候變化和環境退化的背景下，企業在保護環境方面的努力對於確保長期可持續發展至關重要。

- 社會（Social）：這一領域著重於企業與其員工、供應商、客戶和所在社區的關係。這包括工作條件和勞工標準、多元化和包容性、社區參與和對消費者的影響。社會責任的履行有助於建立品牌聲譽，增強客戶忠誠度，並提升員工滿意度和留任率。

- 治理（Governance）：治理涉及企業的內部實踐和政策，包括公司治理結構、董事會多樣性、審計程序、透明度和反貪腐政策。良好的治理實踐可以降低業務風險，增強投資者信心，並保障企業對所有利益相關者的責任。

ESG 的重要性在於，它提供了一種更全面評估企業績效的方法，不僅考慮財務結果，還考慮了企業在社會和環境上的影響。對 ESG 因素的重視有助於推動企業的長期可持續發展，同時對投資者而言，ESG 可以作為評估企業風險和機會的重要指標。隨著公眾意識和政府政策對氣候變化和社會公正的關注增加，ESG 將繼續成為企業戰略和投資決策的重要考量因素。

6-1-2　建立與下載 ESG 簡報

最新版的 ChatGPT 最大的特色是建立簡報時，可以要求生成可下載的 PowerPoint 檔案連結，這樣簡報可以直接在 PowerPoint 上使用。

您
請用台灣用語生成3頁ESG簡報，然後在下方提供這個簡報的PPT下載連結

ChatGPT
要創建一個關於ESG（環境、社會、和公司治理）的簡報，並使用台灣的用語，我會先概述三頁簡報的內容，然後將這個概述轉化為一個實際的PPT檔案。這個簡報將包括以下內容：

1. **第一頁 - ESG概覽：**
   - 簡介ESG的概念及其重要性。
   - 說明ESG如何幫助企業在長期獲得成功，並對環境和社會產生正面影響。
2. **第二頁 - ESG在台灣的應用：**
   - 探討台灣企業如何實踐ESG原則，包括節能減碳、社會責任活動，和提高公司治理透明度等方面。
   - 舉例台灣的成功案例或領導品牌 ↓

> **3. 第三頁 - ESG的挑戰與機遇：**
> - 分析台灣面臨的**ESG**實踐挑戰，如法規遵循、技術創新和社會期望的變化。
> - 探討未來**ESG**發展的機遇，包括綠色金融、永續投資趨勢，以及企業如何透過**ESG**實踐創造競爭優勢。
>
> 接下來，我將開始創建這個簡報的**PPT**文件。這將需要一些時間來設計和整理內容，請稍候。
>
> 我已經創建了一個包含三頁簡報的**PPT**文件，涵蓋了**ESG**的概覽、在台灣
> 的~~下載檔案~~及面臨的挑戰與機遇。您可以透過以下連結下載這個簡報：
>
> 下載ESG簡報 [>-]

上述點選「下載 ESG 簡報」超連結後，可以下載此簡報檔案，可以在 ch6 資料夾看到此 ESG.pptx 的檔案，開啟此檔案後可以看到下列內容。

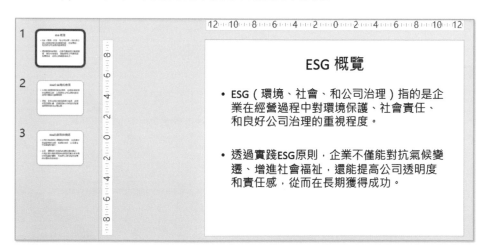

6-2　圖文並茂簡報 - AI 輕鬆搞定

　　要建立圖文並茂的檔案，可以讓 ChatGPT 生成簡報內容的圖案，由於預設 ChatGPT 是生成 wepb 格式的圖檔，如果我們不需要生成 PowerPoint 格式的簡報，則不會有問題，可以參考 6-2-1 節。

但是目前這類的圖檔無法插入 PowerPoint 檔案內，所以如果要讓 ChatGPT 生成檔案連結，會造成生成簡報錯誤，可以參考 6-2-2 節。

解決的方法是告訴 ChatGPT 生成圖檔時，生成 PowerPoint 可以接受的圖檔格式，可以參考 6-2-3 節。

6-2-1　生成含 webp 格式圖片的簡報

 您
請用台灣用語生成2頁ESG簡報，每一頁簡報有「主題」、「大綱」與相關的圖片。

ChatGPT
為了製作符合您需求的ESG簡報，我會先定義兩個主題，然後為每個主題提供大綱和設計相關的圖片。台灣用語通常指的是以台灣華語為主的表達方式，我會盡量使用簡潔易懂的語言。

第一頁簡報：永續環境

* **主題**：減少碳足跡，邁向淨零排放
* **大綱**：
  1. **目前情況**：台灣面臨的氣候變遷挑戰和碳排放現況。
  2. **政策與目標**：政府與企業的淨零排放目標與相關政策。
  3. **行動方案**：再生能源發展、能效提升與碳捕捉技術。
  4. **民眾參與**：鼓勵民眾參與減碳行動，如使用公共交通、減少一次性塑膠使用等。

讓我來設計一張與「減少碳足跡，邁向淨零排放」相關的圖片。

第二頁簡報：社會責任

* **主題**：促進工作均衡與社會包容性
* **大綱**：
  1. **勞動權益**：提升勞工工作條件、健康與安全。
  2. **多元與包容**：性別平等、多元文化尊重與弱勢群體支持。
  3. **社區參與**：企業與社區合作，共同推動社會福祉計畫。
  4. **教育與培訓**：投資人才發展，提供持續教育與職業訓練機會。

接下來，我將設計一張與「促進工作均衡與社會包容性」相關的圖片。

首先，讓我們從第一頁的圖片開始。

我已經為您的ESG簡報創建了兩頁內容，每頁都包含了主題、大綱和相關的圖片。

第一頁：永續環境

- **主題**：減少碳足跡，邁向淨零排放
- **大綱：**
    1. 台灣面臨的氣候變遷挑戰和碳排放現況。
    2. 政府與企業的淨零排放目標與相關政策。
    3. 再生能源發展、能效提升與碳捕捉技術。
    4. 鼓勵民眾參與減碳行動，如使用公共交通、減少一次性塑膠使用等。
- **相關圖片：**
    - 查看圖片

第二頁：社會責任

- **主題**：促進工作均衡與社會包容性
- **大綱**：
    1. 提升勞工工作條件、健康與安全。
    2. 性別平等、多元文化尊重與弱勢群體支持。
    3. 企業與社區合作，共同推動社會福祉計畫。
    4. 投資人才發展，提供持續教育與職業訓練機會。
- **相關圖片**：
    - 查看圖片

這些資料和圖片應該能夠幫助您製作一份精彩的**ESG**簡報，充分反映出永
續環境和社會責任的主題。

ChatGPT 以台灣用語精心製作了 ESG 簡報的兩頁內容，提供了清晰的大綱和主題，
並創建了兩張高質量的相關圖片，有效地展現了永續環境與社會責任的重要性。

6-2-2 生成 ESG 簡報要求提供下載連結有錯誤

 您
請用台灣用語生成3頁ESG簡報，每一頁簡報有「主題」、「大綱」與相
關的圖片。

上述 Prompt 可以生成簡報內容和圖片，但是在產生 PowerPoint 簡報內容時，發
生錯誤，下列是錯誤訊息，清楚指出是圖片格式不被支援的問題。

⚠ 分析出錯 ˅

在嘗試將圖片插入到簡報中時，遇到了一個格式支援的問題。看來我們有
的圖片可能是在不被支援的格式。讓我重新調整這些圖片的格式，然後再
次嘗試創建簡報。 [>_]

❌ 已停止分析 ˅

6-2-3　正確生成含圖片的 PowerPoint 簡報

　　要生成可以下載連結的 PowerPoint 簡報，最關鍵是告訴 ChatGPT 所生成的圖片格式必須是 PowerPoint 可以處理的格式，下列實例是生成 png 格式的圖片。

註　筆者相信未來 Microsoft 的 PowerPoint 一定可以支援 webp 格式的圖片。

您
請用台灣用語生成3頁ESG簡報，每一頁簡報有「主題」、「大綱」與相關png格式的圖片，然後在下方提供這個簡報的PPT下載連結

ChatGPT
為了滿足您的請求，我將先將三頁ESG簡報的內容和圖片整合到一個 PowerPoint (PPT) 文件中，每頁將包括指定的主題、大綱以及先前生成的圖片。簡報的構成將如下：

1. **綠色能源轉型**
   - 大綱：台灣推動綠色能源的現況與目標、減少化石燃料依賴轉向太陽能、風能、政府政策與民間投資的角色。
   - 圖片：展示台灣轉向綠色能源的景象。
2. **企業社會責任與社區參與**
   - 大綱：企業如何透過志工活動、慈善捐款等方式回饋社會、強化社區參與和社會凝聚力的實例、推動 與包容的工作環境。
   - 圖片：描繪一個多元化的社群參與樹木種植活動。

---

3. **透明度與責任感的提升**
   - 大綱：建立透明的決策過程與責任追蹤機制、提升公司治理的標準，包括反貪腐和合規性、強化股東與利害關係人的溝通。
   - 圖片：以台灣的公司治理為背景，展示透明度與責任感提升的會議室場景。

我將開始創建這個簡報，並將圖片嵌入到相應的頁面中。完成後，我將提供 PPT 檔案的下載連結。讓我們開始製作 PPT。

⚠ 分析出錯 ∨

在創建簡報時遇到了一個技術問題：似乎是因為圖片格式不被支援。我將會修正這個問題，然後再次嘗試創建簡報。請稍等片刻。[>-]

簡報已成功創建並更新為支援的 PNG 格式圖片。您現在可以下載這個 ESG

下載 ESG 簡報

如果您需要進一步的調整或有其他請求，請隨時告訴我。[>-]

上述 ESG 簡報下載後是儲存在 ch7 資料夾的 ESG_Updated.pttx 檔案內，此檔案內容如下：

從上述可以看到所下載的 PowerPoint 簡報非原先格式，需要自行編輯。不過相較於先前無法轉成 PowerPoint 檔案，已經算是很大的進步了。也許讀者閱讀本書時，上述問題 OpenAI 公司已經改善完成。

6-3　Gamma AI 簡報 - 讓創意飛揚

Gamma 是由台灣 AI 團隊領導開發的線上 AI 簡報產生器，使用它可以在最短時間，一次生成簡報、網頁和文件，這將是本節的主題。請輸入下列網址，可以進入 Gamma 網站。

https://gamma.app

進入網站後會有註冊的過程，填寫完成，才可以進入 Gamma AI 的工作首頁。

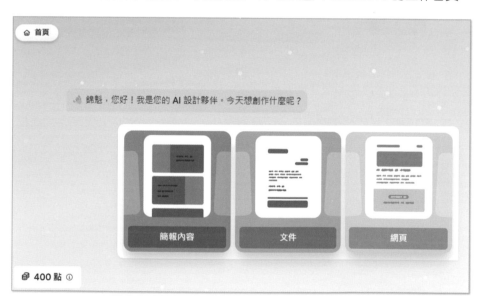

6-3-1　建立 AI 簡報

請點選簡報內容，可以看到下列畫面。

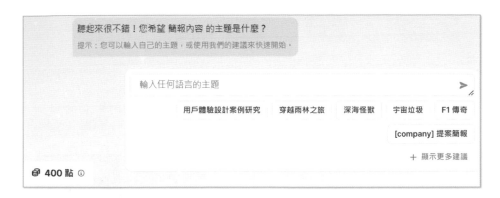

　　上述要求輸入主題，如果第一次使用也可以選擇 Gamma 預設的主題。此例，筆者選擇預設主題「穿越雨林之旅」。

　　主題完成後，Gamma 就協助你設定大綱，我們可以更改此大綱，這些大綱就是未來簡報頁面的標題。如果你滿意此大綱可以點選繼續，下一步是挑選簡報的風格外觀設計，或是稱選擇簡報模版。註：上述繼續鈕右邊有 40，這是告訴你此動作會花費 40 點。

　　請選擇適合自己的外觀風格的模板，筆者此例選擇 Icebreaker，點選後可以在左邊看到簡報外觀風格模板。

　　然後請點選繼續鈕，就可以生成主題是「穿越雨林之旅」的 AI 簡報了，下列分別顯示第一頁與最後一頁的簡報內容。

6-3-2　匯出成 PDF 與 PowerPoint

Gamma 簡報視窗右上方有 [···] 圖示，點選可以看到匯出指令。

執行匯出後，可以選擇匯出至 PDF 或是匯出至 PowerPoint，如下所示：

本書 ch6 資料夾內有，「穿越雨林之旅 PDF」和「穿越雨林之旅 PPT」2 個檔案，是匯出然後筆者更改檔案名稱的結果。下列是 PDF 與 PPT 的輸出，可以正常顯示。

6-3-3　簡報分享

簡報視窗上方有 🔗 分享 圖示，點選此分享圖示，可以參考下圖。

點選分享圖示後，可以看到下列畫面：

　　從上圖可以知道主要是有邀請其他人與公開分享方式等，我們可以複製此簡報的連結給需要的人。例如：如果是學校老師，可以複製此連結給學生。上述右下方有檢視選項，檢視是一個使用權限，點選檢視可以選擇有此連結用戶的使用權限，可以參考下圖。

參考上述說明，可以知道有簡報連結者目前使用權限是檢視，簡報製作者可以設定簡報的使用權限。

6-3-4　簡報風格模版主題

6-3-1 節建立簡報時，我們需要選擇簡報風格模板主題，當時選擇是 Icebreaker，我們也可以在建立簡報完成後，點選主題圖示 ⊕ 主題 ，更改簡報模板主題，點選後可以看到下列畫面。

上述點選後，可以直接更改簡報外觀主題風格。

6-3-5　簡報的編輯

首先讀者需知道，在 Gamma 中每一頁簡報被稱為是一張卡片 (card)，簡報編輯環境頁面內容如下：

❑　幻燈片區

可以選擇影片條視圖 (Filmstrip view) 或是列表視圖 (List view)，預設是影片條視圖。

❑　選單

點選 ⋮ 圖示，可以看到選單。

　　上述從左到右的功能分別是，「複製卡片」、「複製卡片連結」、「匯出卡片」、「刪除卡片」。

❏　卡片樣式

　　可以設定單頁卡片的圖片與文字之間的關係。

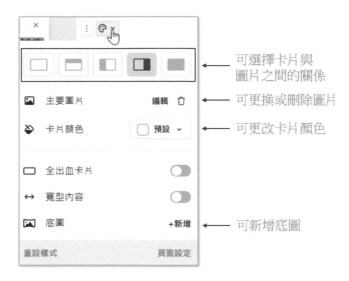

❏　新增卡片

　　你必須將滑鼠游標放在投影片內，才可以看到新增卡片圖示，有 2 種新增卡片方式：

新增空白卡片　　　　　　　　　　　　　　　新增AI卡片

❏　編輯工具

- 卡片範本 ：點選卡片範本後，可以選擇適合的範本拖曳到卡片內部。
- 文字格式 Aa ：可以拖曳適當的標題或清單到卡片內。
- 圖說文字區塊 ：可以用拖曳方式，將適當的文字方塊拖曳到卡片內。
- 版面配置選項 ：可以選擇版面配置，用拖曳方式插入卡片內。
- 視覺化範本 ：可以用拖曳方式將視覺化智慧版型拖曳到卡片內。
- 新增圖片 ：可以拖曳新增圖片功能到卡片內。

- 將影片嵌入 ▦ ：可以用拖曳方式將影片嵌入卡片內。

- 將應用程式和網頁嵌入 ▭ ：可以選擇將適當的應用程式和網頁拖曳到卡片內。

- 表格和按鈕 ▱ ：表格或是按鈕拖曳就可以插入卡片內。

第 7 章
AI 加碼
考題與問卷創新思維

這一章會先敘述企業需要考試與問卷的場合，然後會用實例，講解 ChatGPT 輔助出常見考科的題目。

7-1 企業深度解剖 - AI 帶你實戰考試與問卷

7-1-1 企業內部考試的場合

企業內部可能需要進行考試的場合有多種，以下是一些典型的情境：

☐ 應徵人員面試：可能會有智力測驗、語言或專業的考試。

☐ 新進人員訓練：當有新夥伴加入，企業會透過考試來測試他們對公司文化、操作流程或專業知識的掌握程度。

☐ 技能提升與職能培訓：為了確保員工的專業技能與時俱進，企業會定期舉辦培訓課程，並透過考試來評估學習成效。

☐ 升遷考核：員工想要升到更高的職位，企業會用考試來評估他們是否具備相關的能力與知識。

☐ 法規遵循與安全教育：特別是在需要嚴格遵守法規與安全規範的產業，透過考試來確保員工了解並能夠實際應用相關的規定和標準。

7-1-2 企業內部問卷的場合

在台灣的企業內部，可能需要進行問卷調查的場合包括：

☐ 員工滿意度調查：了解員工對於工作環境、公司政策、福利待遇的滿意程度，以及他們對改善工作環境的建議。

☐ 內部需求調查：在計畫新的福利措施、工作流程調整或是引進新技術前，收集員工的意見和需求。

☐ 產品或服務反饋：對於提供內部服務或產品的部門，透過問卷調查收集使用者的反饋，以改善產品或服務品質。

☐ 後疫情時代的工作模式調查：瞭解員工對於遠距工作、彈性工時的看法和偏好，以規劃未來的工作模式。

這些問卷調查有助於企業了解員工的想法與需求，進而提升工作效率和員工滿意度。

7-1-3　針對客戶的問卷

　　針對客戶問卷調查是一種關鍵的市場調研工具，它使企業能夠直接從客戶那裡獲得反饋，理解客戶的需求、偏好、滿意度以及對產品或服務的看法。這類調查有助於企業做出更加客戶導向的決策，並對產品或服務進行必要的調整和改進，以提高客戶滿意度和忠誠度。

7-2　AI 語言大考驗 - 多語種精準評量

　　在 21 世紀的全球化浪潮中，不少企業都開始要求員工有一定的英文水平。這時候，企業就能利用 ChatGPT 來出各種難易度的英文考題，幫助評估應徵者的英語能力。本節將以英文為例做說明，這個方法也同樣適用於其他語系。測驗英文時通常會包括單字、閱讀測驗、文法和作文等方面，接下來我們將一一介紹如何讓 ChatGPT 協助製作這些考題。

7-2-1　單字考題

　　ChatGPT 對於出單字考題測驗，可以分成初級、中級與高級差異，主要區別是在詞彙的難度、使用頻率，以及所需的理解和應用能力上。這些差異確保了不同水平的學習者都能找到適合自己能力範圍的挑戰。

❏　初級 (Beginner)

- 詞彙難度：基本日常用語，如常見動詞、形容詞、名詞（家庭成員、顏色、數字、日常物品）。
- 使用頻率：非常高頻的基礎詞彙，是日常溝通中最常用到的單字。
- 理解與應用：重點在於識別和理解基本詞彙的意義，以及能夠在簡單的語境中正確使用這些詞彙。

❏　中級 (Intermediate)

- 詞彙難度：包括描述情感、事件、中等難度的抽象名詞，以及特定情境下的專業詞彙（如學校、工作、健康）。
- 使用頻率：頻率較初級詞彙低，但在特定領域或情境中相當常見，需要學習者有一定的語境判斷能力。

● 理解與應用：需要學習者不僅理解單詞的基本意義，還要能夠辨識詞彙在不同語境中的細微差別。

❑ **高級** (Advanced)

● 詞彙難度：高難度詞彙，包括專業術語、學術詞彙、成語和俚語，以及多義詞的不同用法。

● 使用頻率：這些詞彙可能在日常生活中使用頻率不高，但在專業文獻、學術論文或特定行業內部非常重要。

● 理解與應用：挑戰學習者對詞彙深層意義的理解，包括能夠識別和使用詞彙在不同專業領域的具體含義，以及詞彙間的微妙聯繫和差異。

從初級到高級，單字測驗的目的從基本詞彙識別和使用，逐步轉向對詞彙深度理解和在多樣化語境中的應用，反映出學習者英語能力的全面提升。下列是 ChatGPT 出「初級」英文單字考試題目的過程。

 您
請出 3 題「初級」英文單字測驗的選擇題，每一題下方要有解答

 ChatGPT
當然，以下是三題「初級」英文單字測驗的選擇題，包括選項和解答：

Question 1

What does the word "apple" mean?

- A. An animal
- B. A drink
- C. A fruit
- D. A vegetable

Answer: C. A fruit

Question 2

Which word means "a place where you can buy things"?

- A. School

- B. Hospital
- C. Store
- D. House

Answer: C. Store

Question 3

What is the meaning of "happy"?

- A. Sad
- B. Angry
- C. Pleased
- D. Tired

Answer: C. Pleased

這些題目旨在幫助學習者鞏固基礎英 單字的理解，適合初級英語學習階段的學生。

　　因為篇幅限制，筆者只請 ChatGPT 出 3 題，在真實的應用中，讀者可以請 ChatGPT 出至少 20 題吧！或是出更多題組成題庫。下列是 ChatGPT 出「中級」考試題目的過程。

 您
請出 3 題「中級」英文單字測驗的選擇題，每一題下方要有解答

ChatGPT
以下是三題「中級」英文單字測驗的選擇題，包括選項和解答：

Question 1

What does "benevolent" mean?

- A. Malevolent
- B. Kind-hearted
- C. Indifferent
- D. Miserable

Answer: B. Kind-hearted

Question 2

Which word describes "not allowing any errors, faults, or mistakes"?

- A. Lenient

- B. Infallible
- C. Rigorous
- D. Flexible

Answer: C. Rigorous

Question 3

What is the meaning of "obsolete"?

- A. Modern
- B. Outdated
- C. Rare
- D. New

Answer: B. Outdated

這些題目旨在測試學習者對於稍微複 ↓ 文單字的理解和應用能力，適合中級英語學習階段的學生。

讀者可以依此觀念，用下列 Prompt，請 ChatGPT 出高級的英文單字考題。

Prompt：請出 3 題「高級」英文單字測驗的選擇題，每一題下方要有解答

7-2-2　閱讀測驗考題

閱讀測驗可以根據閱讀材料的難易程度和問題的複雜性分為初級、中級和高級。這種分級有助於更好地適應不同讀者的能力水平，確保測驗既具有挑戰性又不至於過於困難。

- 初級：初級閱讀測驗的文章通常短小精簡，使用基本且常見的詞彙，句子結構簡單，容易理解。這些文章可能包括日常生活話題，如自我介紹、家庭、朋友、基本日常活動等，目的是讓學習者能夠抓住主要意思，並回答一些直接和簡單的問題。

- 中級：中級閱讀測驗則會使用較長、較複雜的文章，包含更多樣化的詞彙和句型結構。這個層次的閱讀材料可能涵蓋廣泛的主題，如文化差異、環境議題、歷史事件等，要求學習者除了理解文章的直接訊息外，還需要能夠進行一定程度的推理和分析，並回答一些較為複雜的問題。

● 高級：高級閱讀測驗的文章長度更長，內容更深入和複雜，可能包括專業或學術文章、評論、論述文等。這些文章使用高階詞彙，句子結構多樣且複雜，討論的主題深奧，如全球政治、科技創新、哲學思想等。高級閱讀要求學習者不僅要理解文章的表面意義，還要能夠分析作者的觀點、評估論據的有效性，並對文章的深層含義和隱喻進行思考和詮釋。

總之，從初級到高級的閱讀測驗，不僅是詞彙和句型結構的難度提升，更重要的是對於文章內容理解的深度和廣度，以及批判性思考能力的要求也隨之增加。下列是 ChatGPT 出「初級」英文閱讀測驗考試題目的過程。

 您
請出「初級」英文閱讀測驗，每一題下方要有解答

 ChatGPT

Reading Passage

Tom is a student. He goes to school every day. Tom likes to read books and play soccer. His favorite color is blue, and he has a dog named Max. Tom and Max play together in the park every afternoon.

Questions

Question 1

What does Tom like to do?

- A. Cook
- B. Read books
- C. Swim
- D. Drive

Answer: B. Read books

Question 2

What is Tom's favorite color?

- A. Red
- B. Blue
- C. Green
- D. Yellow

Answer: B. Blue

Question 3

What is the name of Tom's dog?

- A. Sam
- B. Max
- C. Bob
- D. Tim

↓

Answer: B. Max

Question 4

Where do Tom and Max play every afternoon?

- A. In the school
- B. In the park
- C. At home
- D. At the beach

Answer: B. In the park

這個「初級」英文閱讀測驗透過一篇簡單的短文，檢測學習者對基本信息的理解能力，適合剛開始學習英語的學生。

讀者可以依此觀念，用下列 Prompt，請 ChatGPT 出中級與高級的閱讀測驗考題。

Prompt：請出「中級」英文閱讀測驗，每一題下方要有解答

Prompt：請出「高級」英文閱讀測驗，每一題下方要有解答

7-2-3　英文文法考題

英文文法考題通常會根據難易度分為初級、中級和高級三個階段，以符合學習者不同的學習需求和能力。

● 初級 (Beginner)：初級階段的英文文法著重於基礎知識的建立。這包括了學習基本句型（肯定句、否定句、疑問句）、時態（現在簡單式、過去簡單式等）、人稱代名詞、基本動詞、形容詞和副詞的使用等。這一階段的目標是讓學習者能夠進行簡單的日常對話和書寫，理解和使用最基本的英文結構。

● 中級 (Intermediate)：中級階段會介紹更複雜的文法結構和概念，如現在完成式、過去完成式、比較級和最高級、間接疑問句、條件句（第一型條件句和第二型條件句）、被動語態等。此階段的學習者需要能夠理解和使用這些較為複雜的結構，以應對更多樣化的溝通情境和書寫需求，並且能夠對所學內容進行一定程度的運用和變通。

● 高級 (Advanced)：高級階段的文法學習則涵蓋了高度複雜的語言結構和細節，例如虛擬語氣（包括與過去事實相反的虛擬語氣）、混合條件句、直接與間接話語、複雜的從句結構等。此階段要求學習者不僅要精確地理解和使用高級文法結構，還需要能夠識別和運用英語中的細微差異，進行高層次的分析和創造性表達，滿足專業或學術領域的溝通和寫作需求。

總之從初級到高級的英文文法學習，不僅是對語言結構複雜度的逐步深入，也是對語言運用靈活性和創造性要求的逐步提高，以達到流暢、精準和高效的溝通目的。下列是 ChatGPT 出「初級」英文文法考試題目的過程。

 您
請出 3 題「初級」英文文法的選擇題，每一題下方要有解答

ChatGPT

Question 1

Which sentence is in the present simple tense?

- A. I am eating dinner now.
- B. I eat dinner at 7 PM every day.
- C. I was eating dinner when you called.
- D. I will eat dinner after I finish my homework.

Answer: B. I eat dinner at 7 PM every day.

Question 2

Choose the correct sentence.

- A. She don't like apples.
- B. She doesn't likes apples.
- C. She doesn't like apples.
- D. She doesn't liking apples.

Answer: C. She doesn't like apples.

Question 3

What is the plural form of "child"?

- A. Childs
- B. Children
- C. Childes
- D. Child's

Answer: B. Children

這些「初級」英文文法的選擇題旨在幫助學習者理解和掌握基本的文法規則，包括時態、動詞的簡單變化，以及名詞的複數形式。

讀者可以依此觀念，用下列 Prompt，請 ChatGPT 出中級與高級的英文文法考題。

Prompt：請出 3 題「中級」英文文法，每一題下方要有解答

Prompt：請出 3 題「高級」英文文法，每一題下方要有解答

7-2-4　作文考題

ChatGPT 出英文作文題目時，可以按照不同的寫作目的或風格來分類，幫助學習者針對特定技巧進行練習，以下是幾種常見的作文類別及相對應的題目範例：

● 敘事性作文 (Narrative Essay)/ 題目範例：Write about a moment that changed your life.

● 說明性作文 (Expository Essay)/ 題目範例：Explain the impact of social media on personal relationships.

● 議論性作文 (Argumentative Essay)/ 題目範例：Argue whether technology has improved or harmed human communication.

● 描述性作文 (Descriptive Essay)/ 題目範例：Describe your favorite place in the world and explain why it is special to you.

● 比較與對比作文 (Compare and Contrast Essay)/ 題目範例：Compare and contrast online learning with traditional classroom learning.

● 因果關係作文 (Cause and Effect Essay)/ 題目範例：Discuss the effects of global warming on the environment.

這些類別提供了廣泛的寫作範圍，可以幫助學習者在不同的英文寫作領域中獲得練習與能力提升，下列是筆者請 ChatGPT 出一個議論性作文題目的實例。

 您
請出一個議論性的英文作文題目，主題是科技對社會的影響。

 ChatGPT
"Discuss the impact of technology on society, examining both its positive effects on improving human life and its potential negative consequences."

　　讀者作文完成，應用的方式有許多，例如：可以上傳請 ChatGPT 修正，或是請 ChatGPT 當作評分委員評分。下列的 Prompt，是請 ChatGPT 修正我們寫的英文，同時用繁體中文台灣用語做評論。

　　Prompt：「請針對我上傳的作文，提出具體的修改建議，而且要引用我寫的英文句子和你修改後的英文句子。評論部分請用繁體中文。」

　　另外，也可以輸入下列 Prompt：「假設滿分是 10 分，請給這篇作文評論和給分數」。

　　Prompt：「你是精通英文作文的專家，在滿分是 10 分時，請給這篇作文一個分數。」

　　下列是實例整體 Prompt 組合的實例，其中筆者的作文採用上傳方式，題目則是輸入，主要是讓 ChatGPT 依據上述 Prompt 協助我們修改作文。

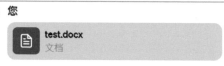

您

test.docx
文档

你是精通英文作文考試的專家, 了解評分規則, 請對我上傳的作文作建議與修改, 在滿分是10分的情況下輔導我可以獲得作文8分以上。你的任務是依照下列順序與原則回答。
任務1:請針對上傳的作文, 用滿分是10分的標準給分數。
任務2:請針對我上傳的作文, 提出具體的修改建議, 而且要引用我寫的英文句子和你修改後的英文句子。
任務3:評論部分請用繁體中文。
作文題目是「Do you agree or disagree with the following statement? It is better for children to grow up in the countryside than in a big city. Use specific reasons and examples to support your answer.」
你要協助閱卷的作文是上傳的檔案test.docx

ChatGPT

任務1：給分

根據我閱讀的內容，我會給這篇作文**7分**。作文結構清晰，有明確的論點支持，並提供了正反兩面的觀點。然而，為了達到8分以上，作文需要在語言多樣性、論證深度和例證具體性上進行改進。

任務2：修改建議

1. 原句："I think it depends on the kid."
   - 修改後："The suitability of growing up in the countryside versus a big city varies from child to child."
   - 評論：修改後的句子更正式且清晰表達了開頭的觀點。
2. 原句："Kids in the countryside can spend more time exploring nature hiking fishing swimming and playing sports."
   - 修改後："Children in the countryside have the opportunity to engage more with nature, including activities like hiking, fishing, swimming, and playing sports."

   - 評論：修改後的句子在語法結構上更加清晰，並且通過分隔不同活動提高了可讀性。
3. 原句："Overall I think the benefits of growing up in the countryside outweigh the drawbacks."
   - 修改後："In conclusion, the advantages of a countryside upbringing, in my opinion, significantly outweigh its disadvantages."
   - 評論：這裡使用了更正式的表達方式，並且使結論部分的語氣更加堅定。

任務3：評論

這篇作文整體上呈現了一個有趣的討論，提出了生活在鄉村與大城市對孩童成長的不同影響。作文的結構良好，能夠看出作者努力平衡正反兩面的論點。然而，要想得到更高分數，建議作者使用更多樣化的詞彙，提供更具體的例子來支持論點，並進一步深化對這些影響的分析。此外，注意文中的標點符號和連接詞的使用，可以伸文章的流暢度和連貫性進一步提升。在語言使用上尋求精準和多樣性，有助於提高作文的整體質量。

上述是簡單的應用，一個企業如果有上述需求，實際上是可以設計 GPTs 機器人完成上述工作，本書第 14 章會介紹設計機器人 GPT。

7-3　AI 智力挑戰賽 - 創新思維全面開花

當企業在徵才過程中對應徵的員工做智力測驗，這樣做有幾個好處：

● 預測工作表現：研究顯示，智力測驗的成績跟工作表現有正相關。這表示智力測驗可以幫忙預測一個人在工作上的表現，特別是對那些需要動腦筋和解決問題的職位來說特別有效。

● 客觀評估：智力測驗提供一個比較客觀的評估方式，相較於面試或是看履歷這些比較主觀的方法，它能夠幫助減少招聘過程中的偏見。

● 篩選應徵者：對於應徵者眾多的職位，智力測驗是個很有效的工具，可以幫忙快速篩選出合適的候選人，節省了不少時間和資源。

● 評估學習和適應能力：智力測驗不只是測量現有的知識和技能，還能夠反映出一個人學習新事物的潛力和面對新挑戰的能力。

● 增加篩選決策的信心：透過結合智力測驗和其他評估方法（如面試、檢視工作經歷），徵才團隊可以更有信心地選擇最適合的候選人。

● 文化公平性：儘管要注意避免文化偏見，但智力測驗理論上比起那些基於特定文化或教育背景的評估更公平，因為它主要測量的是通用知識的認知能力。

不過，也要記得，智力測驗只是評估人才的一個方面，最好是跟其他的評估工具一起使用，這樣才能夠更全面地了解應徵者。這一節將敘述 AI 如何協助我們出智力測驗的考題。

7-3-1　智力測驗國際考題出題原則

ChatGPT 對於智力測驗考題，所依據原則主要包括以下幾點：

● 心理學和教育學理論：依據智力測驗和心理評估的相關理論，特別是那些關於人類認知能力、記憶、解決問題技巧、邏輯推理、空間覺知及語言理解等方面的理論。

● 標準化測驗準則：遵循標準化測驗的原則，這些原則確保了考題的公正性、有效性和可靠性。這包括但不限於考題的多樣性、難易程度的平衡、以及對不同年齡和背景人群的適應性。

- 著名測驗的範例和歷史資料：目前國際上廣泛使用和認可的智力測驗，例如 SAT(Scholastic Assessment Test)、GRE(Graduate Record Examinations) 等的範例和結果廣泛地被應用，以確保所出的考題具有參考價值和相關性。

- 科學研究和發現：當有最新的科學研究和發現，特別是那些關於大腦功能、學習和記憶機制、認知發展等方面的研究，也會用來設計作為選擇考題。

- 跨文化的適應性：考慮到智力測驗可能被不同文化背景的人使用，考題儘量選擇那些文化中立的題目，以減少文化偏差對測驗結果的影響。

- 創新和多樣性：為了使測驗保持更新且能夠評估各種智能類型，也會探索創新的題型和方法，如情境判斷、創造性思維題目等。

透過上述依據可以知道，ChatGPT 出題可以協助建立既科學又公平的智力測驗考題，以有效地評估和理解測驗者的智力能力。

7-3-2　是非題的智力測驗

> 🔴 **您**
> 請用台灣國語出10題智力測驗，是非題考題，請將答案寫在題目下方。

> ⚫ **ChatGPT**
> 當然，以下是10題智力測驗的是非題，包括答案：
>
> 1. 地球是太陽系中唯一有生命存在的星球。
>   - 答案：是（根據目前科學界的共識，雖然尚未在太陽系其他星球發現生命跡象，但這個說法仍然是以目前的科學發現為基礎。）
> 2. 水的化學式是CO2。
>   - 答案：否（水的化學式是H2O。）
> 3. 光年是用來衡量時間的單位。
>   - 答案：否（光年是用來衡量距離的單位，指光在一年內行進的距離。）
> 4. 人類的DNA中，男性和女性有一條染色體是不同的。
>   - 答案：是（男性是XY染色體，女性是XX染色體。）
> 5. 維生素C可以預防感冒。
>   - 答案：否（維生素C雖然可以增強免疫系統，但目前沒有充分證據證明它可以預防感冒。）

6. 所有的金屬都是良好的電導體。
- 答案：是（一般來說，金屬是良好的電導體，因為它們有自由移動的電子。）

7. 恐龍滅絕是因為一場大火災。
- 答案：否（科學界普遍認為恐龍滅絕主要是由於大約**6600**萬年前一顆大隕石撞擊地球造成的環境災難。）

8. 人類可以在月球上自由呼吸。
- 答案：否（月球上沒有大氣，人類無法在那裡自由呼吸。）

9. 黑洞可以吞噬一切，包括光線。
- 答案：是（黑洞的引力極強，強到連光線也無法逃脫，因此可以吞噬一切。）

10. 大熊猫是肉食性動物。
- 答案：否（大熊猫主要以竹子為食，是草食性動物。）

這些是非題旨在測試一般知識和邏輯推理能力，範圍覆蓋自然科學、生物學和物理學等領域。

ChatGPT 提供了一系列多元化的是非題，涵蓋自然科學、天文學、生物學等領域，既考驗了受眾的基礎知識，也挑戰了他們的邏輯思維能力，展現出其廣泛的知識庫和應用能力。

7-3-3　選擇題的智力測驗

 您
請用台灣國語出10題智力測驗，選擇題考題，請將答案寫在題目下方。

 ChatGPT
當然可以，以下是10題智力測驗的選擇題，包括答案：

1. 如果一個正方形的周長是40公分，那麼它的面積是多少？
   A) 100平方公分
   B) 200平方公分
   C) 400平方公分
   D) 800平方公分
   - 答案：A) 100平方公分

…

9. 下列哪一項是光合作用的產物？

A) 氧氣和葡萄糖

B) 二氧化碳和水

C) 氨和硝酸

D) 乙醇和二氧化碳

- 答案：A) 氧氣和葡萄糖

10. 計算機科學中的「二進位」系統主要使用哪兩個數字？

A) 0 和 1

B) 1 和 2

C) 2 和 3

D) 0 和 2

- 答案：A) 0 和 1

這些選擇題旨在測試不同領域的知識 包括數學、自然科學、文學和一般常識。

ChatGPT 根據要求，出了一系列智力測驗的選擇題，題目覆蓋自然科學、文學、數學等領域，答案清楚列出，適合各年齡層，展現了廣泛的知識面和細心。

7-3-4 偏向特定領域的智力測驗

企業在應用 ChatGPT 時，也可以依據徵才領域調整智力測驗的出題方向。例如：如果要徵科技人才，可以出偏向科學與工程考科 GRE 方面的智力測驗考題。

您

請用台灣國語出10題以「GRE」為基礎的智力測驗，選擇題考題，請將答案寫在題目下方。

ChatGPT

當然可以，以下是以「GRE」風格為基礎的10題智力測驗選擇題，包括答案：

1. 如果一列火車以每小時60公里的速度行駛，那麼它需要多少時間才能行駛240公里？

A) 2小時

B) 3小時

C) 4小時

D) 5小時

- 答案：C) 4小時

...

---

9. 下列哪一種金屬是常見的超導體？

A) 銀

B) 鉛

C) 鐵

D) 鋁

- 答案：B) 鉛

10. 經濟學中，「供給與需求法則」指的是什麼？

A) 當供給增加時，價格上升

B) 當需求減少時，價格上升

C) 當需求增加時，價格下降

D) 當需求增加時，價格上升

- 答案：D) 當需求增加時，價格上升

這些題目旨在測試考生的數學、科學 ↓ 文學和經濟

　　ChatGPT 針對 GRE 風格的智力測驗出了一系列精心設計的選擇題，題目橫跨數學、科學、文學及經濟等多個領域，展現了其廣泛的知識庫和理解能力。透過這些題目，不僅能夠考驗考生的基本知識，還能夠檢測其邏輯思考和解決問題的能力。此外，ChatGPT 提供的答案清晰準確，有助於學習者自我檢測，是一個很好的學習工具。我們可以用上述觀念為基礎，生成偏向 GRE 的是非題考題或是偏向 SAT 的考題的 Prompt。

　　Prompt：請用台灣國語出 10 題以「GRE」為基礎的智力測驗，是非題考題，請將答案寫在題目下方。

　　Prompt：請用台灣國語出 10 題以「SAT」為基礎的智力測驗，是非題考題，請將答案寫在題目下方。

　　Prompt：請用台灣國語出 10 題以「SAT」為基礎的智力測驗，選擇題考題，請將答案寫在題目下方。

7-4　企業道德有標準 - AI 助你深究倫理實務

　　讓員工考「企業倫理」考題，在台灣企業中有好幾個明顯的好處：

- 提升道德覺悟：透過考試，員工能更清楚瞭解公司的道德準則，幫助他們在平常的工作中，更注意遵守這些準則。

- 增強判斷力：企業倫理的題目常常包含處理道德難題的情境，這能訓練員工在面對棘手情況時，能作出合乎道德和倫理的決定。

- 塑造好的企業形象：員工若能遵循企業倫理行事，這種正面行為對外展現，有助於塑造公司的好形象。

- 避免觸法風險：透過倫理教育和考試，員工更加了解相關的法律法規，有助於降低因違規而產生的法律問題和財務損失。

- 促進團隊合作：大家共同認同的倫理觀念能增強團隊成員間的信任和協作，提升工作效率和團隊的默契。

- 個人發展與職涯成長：深入理解和實踐企業倫理，不僅能幫助員工在目前的工作崗位上表現更好，也是他們職業發展和領導力成長的重要基礎。

總的來說，透過企業倫理的考試，不只能促進員工個人與團隊的成長，也對企業的長遠發展和承擔社會責任有正面的幫助。

7-4-1 企業倫理的是非題

> **您**
> 請用台灣國語出10題「企業倫理」，是非題考題，請將答案寫在題目下方。
>
> **ChatGPT**
> 以下是10題關於「企業倫理」的是非題考題，包括答案：
>
> 1. 企業在進行廣告時，使用誇大不實的言詞來吸引顧客是符合倫理的做法。
>   - 答案：否
> 2. 員工對於公司內部的不正當行為有義務向上級或相關部門報告。
>   - 答案：是
> 3. 企業有責任在考量利潤的同時，也要考慮其對環境的影響。
>   - 答案：是
> 4. 在競爭激烈的市場中，為了生存，企業可以忽略倫理規範。
>   - 答案：否

> 5. 員工私下使用公司的資源進行個人業務是可以接受的。
>   - 答案：否
> 6. 企業應該公開透明地報告其財務狀況，即使這可能對股價有不利影響。
>   - 答案：是
> 7. 對於供應商的選擇，只需基於價格和質量，而無需考慮其勞工條件。
>   - 答案：否
> 8. 企業在面對危機時，應優先保護股東的利益，而不是顧客或員工的安全。
>   - 答案：否
> 9. 企業可以對員工的私生活進行無限制的監控，以保護公司的利益。
>   - 答案：否
> 10. 如果企業的活動對社會有正面影響，那麼在某些情況下違反法律也是可以接受的。
>   - 答案：否
>
> 這些題目旨在考查對於企業倫理基本原則的理解，包括誠信、透明度、責任感以及對員工、顧客和社會的責任。

　　ChatGPT 出的「企業倫理」是非題考題，涵蓋了廣告誠信、內部舉報、環境責任等多方面議題，顯示其對企業倫理重要性的深入理解。透過這些題目，能幫助員工從多角度思考和強化倫理行為的重要性，對提升企業文化和道德標準有實質幫助。

7-4-2　企業倫理的選擇題

> 您
> 請用台灣國語出10題「企業倫理」，選擇題考題，請將答案寫在題目下方。
>
> ⚙ **ChatGPT**
> 以下是10題關於「企業倫理」的選擇題考題，包括答案：
>
> 1. 企業社會責任（CSR）主要指的是企業：
>   A) 增加股東利潤
>   B) 對社會和環境的責任
>   C) 擴大市場佔有率
>   D) 提高產品價格
>   - 答案：B) 對社會和環境的責任

...

> 9. 一個企業在其供應鏈中發現童工問題應該：
>   A) 忽略，因為這能降低成本
>   B) 立即採取措施，終止與違反方的合作
>   C) 僅在受到外界壓力時採取行動
>   D) 增加使用童工以提高利潤
>   • 答案：B) 立即採取措施，終止與違反方的合作
> 10. 員工在不同意公司的某項決策時，應該如何處理？
>   A) 直接辭職
>   B) 私下抱怨
>   C) 透過正確渠道提出反饋和建議
>   D) 公開反對上級
>   • 答案：C) 透過正確渠道提出反饋和建議
>
> 這些題目旨在考查員工對企業倫理的理解，包括社會責任、道德決策、資料保密、多元化等議題，幫助提升員工的倫理意識和處理職場道德困境的能力。
> ↓

　　ChatGPT 提供的「企業倫理」選擇題涵蓋了社會責任、道德決策、保密義務等多元議題，透過具體案例引導員工思考正確的職場行為。這些題目不僅幫助提升員工對倫理規範的了解，也促進了正面的工作環境，對於培養企業文化和增強團隊凝聚力有實質幫助。

7-5　員工的心聲 - AI 問卷聽你說

　　在這個瞬息萬變的商業世界裡，洞察員工心聲，了解他們的喜怒哀樂，對於任何一家企業想要穩固腳步、邁向成功來說，都是不可或缺的關鍵。問卷調查目的不僅僅是為了測量團隊成員對於工作的滿意程度、對企業文化的認同、溝通的流暢度，或是對職場倫理的看法，更是希望透過這樣的過程，讓每位員工感受到自己的聲音被真正聽見。而且企業可以藉由調查，挖掘出那些值得深思、需要改進之處，從而不斷優化我們的工作環境，使之更加開放、包容。這不僅是對員工負責，更是對企業未來負責的表現。最終目的是邀請每一位團隊成員踴躍參與，一同書寫成功企業的下一頁篇章。

問卷的題目類別有許多，各企業可以針對需要自訂主題。

7-5-1　員工滿意度的問卷

 您
請用台灣用語出10題，關於員工對公司滿意度的問卷

ChatGPT
以下是用台灣用語出的10題，關於員工對公司滿意度的問卷：

1. 你對目前的工作環境滿意嗎？
   - 非常滿意
   - 滿意
   - 普通
   - 不滿意
   - 非常不滿意
2. 你認為公司的管理團隊是否有效溝通？
   - 總是
   - 大多數時間
   - 有時
   - 很少
   - 從不

...

9. 你是否覺得公司的工作氛圍積極正面？
   - 非常積極
   - 比較積極
   - 普通
   - 比較消極
   - 非常消極
10. 如果有機會，你會推薦親朋好友來這裡工作嗎？
    - 一定會
    - 可能會
    - 不確定
    - 可能不會
    - 絕不會

這套問卷旨在瞭解員工對於公司各方面的滿意度，幫助管理層掌握員工的真實感受，進而作出相應的改善和調整。

　　ChatGPT 針對員工對公司滿意度設計的問卷，涵蓋工作環境、溝通效率、薪資福利等多個面向，顯示了其對於企業內部評估的全面考量。這套問卷能幫助公司了解員工的真實想法與需求，對於促進工作場所的正向發展與改進具有重要的參考價值。

　　評價所回收的問卷需要一個結構化和系統化的過程，以確保從問卷中獲得的數據能夠有效地被分析和解釋。以下是一些基本步驟和考慮事項：

1.　數據整理與清理

- 確認所有問卷都已完整填寫，對於缺失或不合理的回答進行標記。
- 將問卷數據輸入到電子格式中，例如 Excel 或 CSV，以便於分析。

2.　統計分析

- 使用適當的統計方法分析數據，例如頻率分布、平均數、中位數等，以獲得問卷回答的概況。
- 對於量化數據，考慮進行更複雜的統計分析，如相關性分析或迴歸分析，以探索變量之間的關係。

3.　質性分析

- 對於開放式問題的回答，進行內容分析，歸納出主要的意見和趨勢。
- 質性數據可以提供對問題更深層次的理解，補充量化數據的結果。

4.　結果解釋

- 根據數據分析的結果，解釋員工的滿意度水平、存在的問題以及可能的原因。
- 考慮數據的可靠性和有效性，並在解釋時考慮外部因素的影響。

5.　報告撰寫與分享

- 撰寫詳細的分析報告，包括調查方法、主要發現、結論和建議。
- 與管理層和相關利益相關者分享結果，並討論可能的改進措施。

6. 制定行動計劃

- 根據問卷調查的結果，制定具體的行動計劃來解決識別的問題和提升員工滿意度。

- 計劃應該設定明確的目標、負責人和時間表。

透過以上步驟，企業可以從問卷調查中獲得有價值的洞察，並針對性地改進管理策略和工作環境，從而提升員工的滿意度和組織的整體表現。

7-5-2　後疫情時代工作模式調查的問卷

在後疫情時代，企業面臨著工作模式的重大轉變，從傳統的辦公室工作到靈活的遠端工作模式，這不僅改變了我們的工作方式，也重新定義了工作與生活的平衡。為了更好地適應這樣的變化，並探索員工對於新工作模式的看法與需求，企業可以藉由 ChatGPT 設計了這類問卷。透過員工的寶貴意見，企業能夠了解員工在後疫情時代對於工作模式的偏好，以及如何進一步改善企業的工作環境，使之更加人性化、高效，並支持員工的職業成長與企業永續經營。

您
請用台灣用語出10題，關於後疫情時代的工作模式調查的問卷

ChatGPT
以下是用台灣用語出的10題，關於後疫情時代的工作模式調查問卷：

1. 你偏好哪一種工作模式？
   - 完全在家遠端工作
   - 部分時間遠端，部分時間辦公室
   - 完全在辦公室工作
   - 其他（請說明）
2. 疫情後，你覺得自己的工作效率有提升嗎？
   - 大幅提升
   - 稍微提升
   - 沒有變化
   - 稍微降低
   - 大幅降低

…

9. 你是否希望公司未來繼續維持遠端工作的選項？
- 非常希望
- 希望
- 沒意見
- 不希望
- 非常不希望

10. 你認為後疫情時代，公司應該如何改善員工的工作環境？
- 加強健康和安全措施
- 提高工作靈活性
- 增加員工培訓和學習機會
- 改善溝通工具和平台
- 提供更多員工福利
- 其他（請說明）

這套問卷旨在瞭解員工對於後疫情時代工作模式的看法和需求，幫助公司做出相應的調整以適應新常態，同時 ↓ 員工的工作效率和生活品質。

ChatGPT 提出的後疫情時代工作模式問卷，精準捕捉了員工對於新常態下工作方式的看法與需求。從遠端工作的偏好、工作生活平衡到溝通方式的改變，這套問卷能幫助企業洞悉員工心聲，進而優化管理策略，創造更適合員工的工作環境。

7-6　用 AI 聽客戶心聲 - 全面了解滿意度

以下是針對客戶問卷調查的幾個關鍵點：
- 客戶需求和偏好：透過問卷調查，企業可以更好地了解客戶的具體需求和偏好，從而開發或調整產品以滿足這些需求。
- 產品和服務滿意度：調查可以幫助企業評估客戶對其產品或服務的滿意程度，識別滿意和不滿意的具體領域。
- 市場趨勢和機會：客戶反饋可以揭示市場趨勢和新的商業機會，幫助企業保持競爭力。
- 客戶忠誠度和保留：瞭解客戶的忠誠度以及可能導致客戶流失的因素，對於制定有效的客戶保留策略至關重要。
- 改進和創新：客戶的意見和建議是改進產品和服務、引導創新的重要來源。

進行客戶問卷調查時，應設計簡潔明瞭的問題，確保調查對象容易理解並能夠提供有價值的反饋。此外，尊重客戶的時間和隱私，並對收集到的數據進行妥善處理和分析，對於建立客戶信任和獲得有用的調查結果非常重要。

7-6-1　太陽牌手機的問卷實戰

3-2 節筆者介紹了「太陽牌手機」，可以請 ChatGPT 設計這類的問卷。

 您
請用台灣用語出10題，關於客戶使用「太陽牌手機」的問卷

 ChatGPT
以下是用台灣用語出的10題，關於客戶使用「太陽牌手機」的問卷：

1. 您使用「太陽牌手機」的時間有多久了？
   - 三個月以下
   - 三個月到一年
   - 一年到兩年
   - 兩年以上
2. 您購買「太陽牌手機」的主要原因是什麼？
   - 品牌形象
   - 產品功能
   - 價格合理
   - 親友推薦　　　　　　　↓
   - 其他（請說明）

...

9. 您在購買「太陽牌手機」時，最看重的購買因素是什麼？
   - 產品品質
   - 售後服務
   - 產品價格
   - 品牌信譽
   - 其他（請說明）
10. 若有新款「太陽牌手機」推出，您有興趣購買嗎？
    - 非常有興趣
    - 有些興趣
    - 不確定
    - 不太有興趣
    - 完全沒有興趣

這套問卷旨在深入了解客戶對「太陽牌手機」的使用體驗、滿意度以及未來期望，幫助品牌更好地瞭解目標客戶群，並根據客戶反饋進行產品改進和市場策略調整。　　↓

　　ChatGPT 設計的「太陽牌手機」使用者問卷深入探討了消費者的使用習慣、偏好和期望。透過細緻的問題設計，幫助品牌瞭解客戶對產品的整體滿意度、遇到的問題以及改善建議，對於優化產品和提升市場競爭力具有重要參考價值。

7-6-2　玉山牌天然護膚品的問卷實戰

4-3 節介紹了「玉山牌天然護膚品」，我們可以讓 ChatGPT 設計這個產品的問卷。

您
請用台灣用語出10題，關於客戶使用「玉山牌天然護膚品」的問卷

ChatGPT
以下是用台灣用語出的10題，關於客戶使用「玉山牌天然護膚品」的問卷：

1. 您是透過什麼管道認識「玉山牌天然護膚品」的？
   - 網路廣告
   - 親朋好友推薦
   - 實體店面
   - 社群媒體
   - 其他（請說明）
2. 您使用「玉山牌天然護膚品」有多久了？
   - 三個月以下
   - 三個月到一年　　　　　↓
   - 一年以上

…

9. 您期望「玉山牌」在未來推出哪些新產品或改進？
   - 更多臉部護理產品
   - 敏感肌膚專用產品
   - 更多天然成分的產品
   - 環保包裝
   - 其他（請說明）
10. 您對「玉山牌」的哪一方面最不滿意？
    - 產品價格
    - 產品效果
    - 產品種類
    - 包裝設計
    - 其他（請說明）

這套問卷旨在深入了解消費者對「玉山牌天然護膚品」的使用體驗和滿意程度，從而幫助品牌進行產品優化和市場定位，更好地滿足客戶需求。

　　ChatGPT 針對「玉山牌天然護膚品」設計的客戶問卷，細膩地覆蓋了產品認知、使用經驗、效果滿意度以及價格感受等多個面向。透過這些問題，幫助品牌精準抓住消費者的真實反饋，從而針對性地改善產品和服務，加強市場競爭力。

第 8 章

AI 助攻的心聲交融
老闆與員工的對話藝術

現今數位化快速發展的商業環境裡頭，ChatGPT 這項創新科技正慢慢改變著企業的運作方式。這套先進的 AI 工具，不但能提升工作效率，還能促進公司內部不同階層人員之間的溝通與合作。無論是高層的決策制定、團隊間的協作，或是對外的客戶服務，ChatGPT 都能提供適合的解決方案，幫助企業在競爭激烈的市場中站穩腳步。

8-1 AI 創意助攻 - 四季節慶吉祥話指南

在這個 AI 科技日新月異的時代，AI 的幫忙已經滲透到我們生活的每個角落，連帶著帶給我們創意無限的靈感。這一節主要介紹，怎麼利用 AI 在不同的季節裡，為我們量身打造適合的吉祥話。無論春夏秋冬不同節日，透過 AI 的協助，我們可以創造出更加貼近生活，又不失新意的祝福語，讓每一個節慶都充滿了溫馨與喜悅。來看看 AI 怎麼成為我們創作吉祥話的好幫手吧！

 您
請為農曆年創造10道吉祥話

ChatGPT
1. 龍騰虎躍迎新春，福祿雙全慶豐年。
2. 桃花開運，姻緣美滿，喜結良緣。
3. 財源滾滾，金銀滿屋，富貴進門。
4. 步步高升，事業發達，官運亨通。
5. 福如東海，壽比南山，健康長壽。
6. 春風化雨，涵養福緣，喜事連連。
7. 萬事如意，心想事成，美夢成真。
8. 開門見喜，笑口常開，家和萬事興。
9. 吉星高照，運勢飛揚，好運連連。
10. 瑞雪兆豐年，五穀豐登，年年有餘。

 您
請為「龍年」的農曆年創造10道吉祥話

ChatGPT
1. 龍騰萬里，福氣滿家，好運連年來。
2. 龍飛鳳舞迎新春，財富健康雙豐收。
3. 祥龍獻瑞，吉星高照，事業蒸蒸日上。
4. 龍門得躍，步步高升，官運亨通。
5. 龍年大吉，金玉滿堂，富貴榮華。
6. 龍躍九天，風調雨順，五穀豐登。
7. 龍回身，財源滾滾，錢途無量。
8. 龍吟風起，運勢如虹，一帆風順。
9. 龍舞春風，喜氣洋洋，家家戶戶幸福安康。
10. 龍年行大運，萬事皆如意，笑口常開。

讀者可以將上述吉祥話擴充到「西元新年」、「中秋節」、「端午節」等。此外，也可以針對中國農曆的 12 生肖，讓 ChatGPT 創造吉祥話，可參考上方右圖。我們也可以讓 ChatGPT 創造七言絕句或是新詩。

您

請為「龍年」的農曆年創造一首新詩

ChatGPT

龍年春到，萬象更新，

吉祥如意繞門楣。

金光閃閃福星照，

瑞氣千條舞春風。

家家戶戶笑聲滿，

事事人人樂融融。

財富健康雙收獲，

龍騰四海慶豐年。

您

請為「龍年」的農曆年創造一首七言絕句

ChatGPT

龍躍新春福自來，

家和萬事喜連培。

金玉滿堂財富海，

風調雨順慶豐年。

8-2　企業盛典 AI 精選 - 吉祥話蒐藏

　　企業間的吉祥話，不只是一句簡單的祝福語，它是一種文化的傳承和創新的融合。在台灣，這樣的吉祥話常伴隨著各種商業活動、合作啟動、年度慶典、簽約儀式乃至產品發布會，旨在為即將開展的合作或新的開始注入正能量。這些吉祥話包含著企業對未來的美好期許，對合作夥伴的誠摯祝福，以及對員工的激勵與關懷。它們是商業溝通中不可或缺的一環，有助於建立和維護良好的商業關係，同時也是展現企業文化和價值觀的重要方式。透過精心挑選的吉祥話，企業可以展現出對合作與發展的積極態度，並為所有參與者帶來信心和動力。以下是幾個企業吉祥話常見的場合：

- 新年開工：這是企業文化中一個重要的儀式，它不僅標誌著新一年工作的開始，更是老闆或管理層向員工傳達祝福、展望未來、設定新目標的絕佳機會。

- 合作啟動會：當兩家公司決定攜手合作，開始一個新的項目或業務時，會互相說些吉祥話，希望這次合作能夠一帆風順，雙方都能從中受益。

- 年終尾牙：每年的尾牙宴，老闆通常會說些吉祥話給員工，祝福大家新的一年工作順利，生活幸福，希望公司業績能更上一層樓。

- 開幕式或慶典活動：無論是開新店、新產品發布，或者是公司搬新家，這種時候也會有許多吉祥話，祈求生意興隆、財源廣進。

- 簽約儀式：進行新的合約簽訂時，也會說些吉祥話，期盼這份合約能為雙方帶來好運，合作愉快。

- 年會抽獎活動：在公司年會或其他大型聚會上，進行抽獎活動時，主持人也會用吉祥話來增加活動的氣氛，祝大家有個好彩頭。

這些場合中的吉祥話，不只是口頭上的祝福，也代表著大家對未來的美好期待和共同的努力目標。下列是新年開工的吉祥話實例。

您

請用台灣用語，寫出老闆適合在「新年開工」應該說的吉祥話

ChatGPT

新的一年開始囉，站在這裡，我要跟咱的團隊說幾句心裡話：「新的一年，願咱們公司風生水起，業績蒸蒸日上。大家的努力，希望能開花結果，事業上達到一個又一個的高峰。希望大家在新的一年裡，工作順利，身體健康，家庭幸福，滿滿的福氣伴隨著大家每一步。」今年，我們要一起加油，面對挑戰，把握機會，讓咱們的公司像龍一樣騰飛，每個人都能在這個大家庭裡找到屬於自己的價值和快樂。祝福大家，新的一年，心想事成，萬事如意！

這篇回應用心良苦，將老闆新年開工的吉祥話寫得既親切又充滿正能量，讓人讀了心情也跟著開心起來，感受到滿滿的新年祝福。讀者可以將「新年開工」分別改為「合作啟動會」、「年終尾牙」、「開幕式或慶典活動」、「簽約儀式」、「年會抽獎活動」，生成不同場合的吉祥話。

8-3　AI 慶賀語 - 為員工或同仁的喜事加油

在員工喜事時說出吉祥話，不僅能夠增強團隊凝聚力，還能夠塑造一個積極、健康的工作環境，從而在長期內促進企業的穩定發展還能提升員工的歸屬感和滿意度。以下是一些常見的場合：

- 婚禮慶祝：祝福新婚的員工百年好合、甜甜蜜蜜，共創美好未來。
- 生子喜訊：當員工迎來新生命時，送上祝福，願寶寶健康成長，家庭幸福美滿。
- 生日慶祝：對過生日的員工表示祝賀，祝他們年年有今日，歲歲有今朝。
- 工作週年：慶祝員工在公司的工作週年，祝願他們在職業生涯中繼續進步，未來光明。
- 晉升祝賀：員工晉升或取得重要職位時，祝願他們職場如魚得水，步步高升。
- 買房慶祝：員工購置新居時，祝福他們新家萬事如意，家庭幸福。
- 退休歡送：員工退休時，送上對其職業生涯的肯定與祝福，願他們退休生活豐富多彩，健康快樂。

這些場合中的吉祥話不僅加深了同事間的情感聯結，也展現了企業對員工個人福祉的關懷和重視。

錦魁 您
請用台灣用語，在同事「婚禮慶祝」時說10句吉祥話

ChatGPT
1. 恭喜恭喜，願你們攜手共度每一個春夏秋冬，甜甜蜜蜜。
2. 祝你們百年好合，早生貴子，幸福滿滿。
3. 願愛河永浴，同心共織白頭偕老的夢。
4. 真心祝福你倆，從此幸福美滿，愛情甜過蜜。
5. 祝福你們愛情長長久久，一生一世幸福無邊。
6. 恭喜發財，不是啦，是恭喜你們找到人生伴侶，願你們相愛到永遠。
7. 祝你們攜手走過每一個日子，都像今天這麼喜樂滿溢。
8. 願你們的婚姻像這杯香檳，氣泡不斷，歡笑連連。
9. 從今以後，你們是彼此最堅強的後盾，願這份愛永遠美好如初。
10. 祝福你們新婚愉快，未來的日子裡，愛情甜蜜，夫妻恩愛，家庭幸福。

上述「婚禮慶祝」可以更改為「生子喜訊」...「退休歡送」等，就成了許多場合的吉祥話。

8-4 領航者心聲 - 老闆視角的 AI 透視

在企業經營的過程中，老闆的心聲往往複雜而深沉，承載著對公司的期望、對員工的關懷以及面對挑戰的壓力，透過 ChatGPT，我們可以更貼近老闆的內心世界。

8-4-1　老闆是孤獨的

老闆常常感到孤獨的原因，主要來自於他們所承擔的責任重大、決策壓力以及與員工之間的關係距離。以下是幾個關鍵原因：

- 責任重大：老闆需要為公司的整體運營和未來發展方向負責，這種重壓下的決策常常需要獨自面對和承擔，這種重負讓他們常感孤立。

- 決策壓力：企業的每一個決策都可能影響到公司的生死存亡，這種高壓下的選擇與決策，往往需要老闆獨自面對，難以與他人共享。

- 溝通障礙：老闆與員工之間存在自然的權力距離，這使得老闆在分享自己的煩惱和壓力時會更加謹慎，擔心影響到員工的情緒或對公司的信心，從而使得真實的感受和想法難以被理解和支持。

- 社交圈限制：成功的企業家或老闆，他們的社交圈往往以商業關係為主，缺乏可以真心訴說的朋友，這種情況下更加容易感到孤獨。

- 角色孤立：老闆在組織中扮演著領導角色，需要時刻保持強勢和自信的形象，這種角色定位使得他們難以表達脆弱和不確定性，進一步加深了內心的孤獨感。

因此，老闆感到孤獨是職位帶來的自然反應，也是他們在追求企業成功道路上必須面對的挑戰之一。透過建立良好的溝通渠道，可以幫助老闆緩解孤獨感，保持心理健康。

8-4-2　老闆心裡的話

您
認識老闆心裡的話對企業員工有哪些好處

ChatGPT
認識老闆心裡的話對企業員工有多方面的好處，這不僅有助於改善員工與老闆之間的溝通和理解，還能增強團隊的凝聚力，提升工作效率和員工滿意度。以下是幾個具體好處：

1. **增強溝通與理解**：了解老闆的內心想法可以幫助員工更好地理解企業的目標和決策背後的考量，從而增強溝通的效果和相互之間的理解。
2. **提升工作動力**：當員工知道老闆對他們的期待和公司的願景時，可以更有目標和動力地工作，因為他們明白自己的努力是有方向和意義的。
3. **增加信任與忠誠**：透明和開放的溝通有助於建立信任。當員工感覺到老闆願意分享內心的想法和感受時，他們更可能對老闆和公司產生忠誠感。

4. **改善決策參與感**：了解老闆的考慮和決策過程可以讓員工感覺到自己是公司重要的一部分，從而增強他們對公司決策的參與感和貢獻感。
5. **緩解工作壓力**：明白老闆也面臨壓力和挑戰，可以讓員工感到老闆也是「人」，這種共鳴有助於緩解工作中的壓力和焦慮。
6. **促進職業發展**：了解老闆的願景和對員工的期待，員工可以更有針對性地規劃自己的職業發展，尋求與公司目標相匹配的成長機會。
7. **建立更好的工作環境**：當員工和老闆之間存在開放和誠實的溝通時，可以創造一個更積極、更支持的工作環境，有利於企業文化的建立和發展。

總之，認識老闆的心裡話不僅能夠增進彼此間的理解和信任，還能夠促進整個團隊的和諧與合作，從而推動企業的健康發展。

這篇回應很貼切地說明了認識老闆心裡話對員工的正面影響，包括增強溝通、提升動力、建立信任等。用淺顯易懂的台灣用語解釋，讓人一看就懂其重要性，強調了開放溝通對於營造和諧工作環境、促進公司發展的關鍵作用。這不僅有助於員工個人成長，也有利於企業整體進步。

8-4-3　今年不加薪

老闆在年度無法加薪時，開誠布公地向員工說明原因，這是尊重也是負責任的表現。透過坦白交流，不但能讓員工了解公司目前的財務狀況和面對的挑戰，也能增加團隊間的信任和凝聚力。此外，老闆如果能分享公司未來的規劃與改善策略，並表達對員工辛勞的感激之情，更能鼓勵大家一同努力，共度難關。這樣的做法，不僅有助於維持正面的工作氛圍，還能促進公司與員工間長期的良好關係。

 您
請用台灣用語，從老闆角度說明今年無法加薪的理由

 ChatGPT
親愛的同仁們，今年因為全球經濟環境不穩定，加上疫情的影響，市場真的是變化莫測，對我們的業務也造成了不小的挑戰。公司雖然努力調整策略，想盡辦法維持營運，但成本上升，收入增長的速度卻跟不上，真的是讓人頭痛。在這種情況下，公司經過仔細的考慮和計算，決定今年暫時無法調整薪資。

我知道這對大家來說可能很失望，我自己也是十分不捨。但我希望大家能夠理解，這是一個艱難的決定，是為了確保公司能穩健地度過這段挑戰期，保障大家的工作。我們會持續尋找改善和增長的機會，一旦情況好轉，加薪和獎金肯定會優先考慮。

感謝大家過去一年的辛勞和貢獻，請大家繼續攜手努力，共同面對挑戰。我們是一個團隊，一起的努力才能讓我們走出困境，迎向更好的明天。希望大家能夠理解，也請大家給予更多的支持和耐心。

這段回應展現了老闆在面對經營困難時的無奈與誠懇，老闆傳達了因全球經濟不穩和疫情影響，導致今年無法加薪的艱難決定。同時，也表達了對員工辛勞的感謝與未來希望改善薪資的承諾，讓人感受到老闆對公司與員工共同前途的關心與負責。

8-5　橋梁者迴響 - 中階主管的真實感受與 AI 互動

身為中階主管，在公司裡頭可說是夾在上頭和員工中間的一層，這個位置既充滿挑戰又承載著重責大任。得面對來自高層的壓力，同時還要照顧到團隊成員的需求和

感受，確保團隊和諧，業績向上。這中間的平衡藝術，是每個中階主管心裡頭最常轉的念頭。透過 ChatGPT，我們可以了解中階主管的內心世界，分享他們在職場旅程中的真實心聲和面對挑戰時的經歷。

8-5-1　認識中階主管的角色

您
請告訴我中階主管的角色

ChatGPT
中階主管在企業中扮演著關鍵的角色，他們是連接高層管理者與基層員工之間的重要橋樑。以下是中階主管角色的幾個主要方面：

1. **溝通者**：中階主管需要有效地傳達高層的決策和指示給基層員工，同時也要將員工的反饋和需求反映給高層。他們在確保信息準確傳遞和解釋的同時，也促進了組織內部的溝通流暢。
2. **執行者**：他們負責將高層制定的策略和目標轉化為具體的行動計劃，並督促團隊執行，確保各項任務和目標能夠按計劃完成。
3. **領導者**：中階主管不僅要管理團隊的日常工作，還需要激勵和引導員工發展，提高團隊的凝聚力和工作效率。他們需要具備良好的領導能力，包括決策能力、問題解決能力和人際關係管理能力。

4. **發展者**：他們需要識別團隊成員的培訓和發展需求，促進員工的職業成長，並為團隊建立一個支持和鼓勵學習的環境。
5. **問題解決者**：在日常工作中遇到的各種挑戰和問題，中階主管需要能夠迅速做出反應，找到有效的解決方案，並做出適當的決策。
6. **改革者**：隨著市場和組織環境的變化，中階主管需要具有靈活性和創新性，能夠引導團隊適應變化，並尋求改進和創新的機會。

總之，中階主管在促進組織目標達成、增強團隊凝聚力、提升員工滿意度以及推動組織變革等方面發揮著不可或缺的作用。他們的工作不僅關系到團隊的表現，也直接影響到整個組織的健康發展和競爭力。

　　這篇回應很實在地描述了中階主管在公司扮演的多重角色，包括溝通橋梁、執行策略、團隊領導、員工發展、解決問題到促進改革等。透過這番話，讓人清楚了解中階主管不只是管理層面的工作，還要有心理準備面對挑戰，幫助團隊成長，同時也推動公司向前進步。

8-5-2　傳達老闆說今年不加薪

> **錦魁 您**
> 請以中階主管角色，傳達老闆說今年不加薪

> **ChatGPT**
> 身為中階主管，我們今天要跟大家分享一個不容易的消息。經過公司高層的仔細考量，因為目前全球經濟情勢的不確定性，以及業務上的一些挑戰，今年我們公司決定暫時不進行薪資調整。
>
> 我知道這對大家來說可能是個失望的消息，畢竟大家這一年來都非常努力，對公司的貢獻也是有目共睹的。我們真心感謝大家的辛苦，也理解大家對於薪資調整的期待。
>
> 公司也不是沒有看到大家的努力，只是目前的經營狀況確實需要我們更謹慎地使用每一分資源。高層也承諾，一旦公司狀況有所好轉，加薪和獎金將會是優先考慮的事項。

> 在此期間，公司會持續尋找提高營運效率和業績的方法，也鼓勵大家提出任何可能幫助公司成長的建議。我們相信，只要大家一起努力，共度時艱，未來一定能有更好的發展。
>
> 最後，我想對大家說，雖然短期內有這樣的挑戰，但我們對公司和每位員工的未來都充滿信心。讓我們繼續攜手合作，共同面對挑戰，迎接更美好的明天。感謝大家的理解和支持。

　　這段話用了非常貼心又真誠的方式，傳達了今年不加薪的消息。中階主管在這裡不只是單純轉達決定，還展現出對員工辛勞的認可與感謝，以及對公司未來的樂觀態度。這樣的溝通方式，能夠讓員工感受到被重視，同時也增加對公司決策的理解與支持。

8-5-3　傳達員工期待今年有加薪

您
請以中階主管角色，向老闆表達員工期待今年可以加薪

ChatGPT
尊敬的老闆，

在過去的一年裡，我們的團隊在面對種種挑戰與壓力下，仍然展現出了極高的工作熱情和出色的成績。每位團隊成員都全力以赴，為公司的發展做出了重要貢獻。隨著年終的臨近，團隊成員對於薪資調整抱有一定的期待。

我理解公司的財務狀況和預算分配一直以來都需要謹慎考量，但我認為，適當的薪資調整不僅能夠肯定團隊過去一年的辛勞和成就，更能夠激勵大家在來年繼續保持高度的工作熱情和貢獻。這不僅是對員工努力的肯定，也是投資於公司未來發展的重要一環。

我希望能與您討論可能的方案，探討如何在公司的財務範圍內，實現對團隊的合理薪資調整。我相信，透過合理的激勵，我們能夠進一步提升團隊的士氣和凝聚力，為公司帶來更大的價值。

謝謝您的考慮，期待能與您進一步討論這個議題。

誠摯地，
[您的名字] [您的職位]

　　這段回應顯示中階主管以極為專業且體貼的態度，向老闆提出員工加薪的期望。透過肯定團隊的努力與成績，並強調合理薪資調整對提升士氣和公司未來發展的重要性，展現出主管對團隊的關懷以及對公司責任感的平衡處理。

8-6　基石之聲 - 小職員內心獨白與 AI 共鳴

　　身為小職員，每天勤勤懇懇地做著自己的份內工作，有時候會覺得自己的努力是否被看見。希望公司能夠更多關注我們這些基層員工的聲音和需求，不僅是工作上的支持，也包括職業發展的機會。我們渴望被認可，希望自己的貢獻能為公司帶來正面

的影響。同時，也希望工作環境能夠充滿正能量，讓大家都能在互相尊重和鼓勵中成長，共同為公司的目標努力。

8-6-1　請說明了解小職員心聲的優點

> 👤 **您**
> 請說明了解小職員心聲的優點
>
> 🟢 **ChatGPT**
> 了解小職員心聲對於組織管理和團隊合作有著多方面的正面影響，能夠帶來以下幾個顯著的優點：
>
> 1. **提升員工滿意度**：當員工感受到他們的意見和感受被重視時，會提高他們對工作的滿意度，進而增強對公司的忠誠度。
> 2. **增強溝通與信任**：透過聆聽小職員的心聲，管理層可以建立起更開放的溝通渠道，促進雙向溝通，增加員工對管理層的信任。
> 3. **改善決策質量**：員工往往對自己的工作環境和流程有著深刻的見解。了解他們的觀點可以幫助管理層做出更加貼近實際、更有利於公司發展的決策。

> 4. **提高工作效率**：當員工感覺到他們的建議被採納，他們更有可能積極參與到工作中，用自己的方式提高工作效率和產出質量。
> 5. **促進員工成長與發展**：對小職員心聲的關注可以揭示他們在職業發展上的需求和潛力，進而幫助他們規劃職業道路，提供必要的培訓和發展機會。
> 6. **建立積極的工作氛圍**：一個重視員工心聲的組織往往能夠創造出更加積極和支持的工作氛圍，這對於吸引和留住人才非常關鍵。
> 7. **減少人才流失**：了解並滿足員工的期望和需求可以有效降低員工流失率，因為員工在感受到價值和滿足時，更不願意離開。
>
> 總之，了解小職員心聲是建立高效、和諧和可持續發展組織的關鍵步驟，這不僅有助於提升員工的整體幸福感，也是推動組織成功的重要因素。

　　這篇回應很貼心地點出了解小職員心聲對公司帶來的正面效益，像是提升工作滿意度、增強溝通信任、改善決策品質等。用簡單的台灣話表達，讓人一聽就懂重視基層員工意見的重要性，凸顯出聆聽與尊重每個人的貢獻，對於營造和諧工作環境與促進公司成長的必要性。

8-6-2　協助小職員今年加薪

您

我是小職員，請告訴我應該如何向老闆表達期待加薪的話

ChatGPT

向老闆表達期待加薪的話時，採取專業且誠懇的態度是關鍵。以下是一些建議，幫助你準備和進行這樣的對話：

1. **準備充分**：在會談前，準備一份你的成就清單，包括你對公司或團隊做出的貢獻、你完成的重要項目、以及任何你超出職責的表現。
2. **找對時機**：選擇一個雙方都比較輕鬆的時刻，避開公司財務壓力大或老闆特別忙碌的時期。
3. **表達誠意**：開場可以表達對工作的熱愛和對公司的忠誠，讓老闆知道你是從公司和個人雙方面發展的角度考慮。
4. **清晰闡述**：直接但禮貌地闡述你的請求，並提供你的成就清單作為加薪的理據。強調這是基於你的貢獻和公司對你能力的認可。

---

5. **討論期望**：如果可能，提出你期望的薪資範圍。這個範圍應該基於你對同行業薪資水平的研究以及你的貢獻。
6. **準備聆聽**：做好準備聽取老闆的反饋，無論是正面還是需要進一步討論的。保持開放的態度，並準備好討論其他可能的職業發展機會，如果直接加薪不可行的話。
7. **感謝機會**：無論結果如何，都要感謝老闆給予你表達期待的機會，這樣的態度有助於維持良好的職場關係。

記得，提出加薪的請求是職業生涯中的一個正常步驟，以專業、誠懇的態度進行溝通，將有助於達到最好的結果。

　　這段建議用台灣的日常話來講，真實又貼心，教人怎麼禮貌又專業地向老闆提加薪。提醒準備好成就清單，選對時機，表達對工作的熱情，並且清楚表達期待。也提到要有聽老闆回應的準備，無論結果如何都要保持感謝的態度，幫助保持好的工作關係。

第 9 章
用 AI 來加強
企業的行政與法務效率

　　現代企業運營中，行政與法務工作的效率和準確性至關重要。ChatGPT 的出現，開啟了利用 AI 加強這些領域工作效能的新篇章。透過提供初步文件草擬、法律資訊查詢、文件管理等協助，ChatGPT 成為了企業行政與法務支持的強大助手。不過我們需留意，ChatGPT 的應用仍需結合專業意見，確保準確性與符合法令。

9-1　ChatGPT 幫你搞懂行政與法務的那些事

　　ChatGPT 在行政和法務上面可以幫忙不少，雖然它取代不了專業的法律顧問或是內部的法務團隊，但當成一個幫手還是挺實用的。以下是它能做的一些事：

- 幫忙打草稿和做合約模板：ChatGPT 可以協助準備一些初步的文件，像是合約、協議、公文之類的，可以省下不少時間，給你一個開始。但這些文件最後還是得讓專業的法律人員來過目確認。

- 企業獎懲規則：企業獎懲規則是一套旨在明確規範員工行為、鼓勵表現良好的員工以及對違反公司政策的員工進行處罰的標準。

- 提供法律諮詢：它雖然不能給法律意見，但能提供一般的法律、法規和行業標準的資訊，幫你大概了解法律的一些基礎概念。

- 做法律的基礎研究：如果你需要對某個法律問題或案例做背景調查，可以請 ChatGPT 先幫忙搜集資料，給後續深入研究一個起點。

- 文件的整理和管理：ChatGPT 也能在管理法律文件或案件資料方面出一份力，提供文件整理的建議，幫你提升行政的效率。

- 幫忙準備會議和報告：特別是需要處理法律或合規相關的會議和報告時，ChatGPT 可以幫你準備會議紀錄、演講文稿和報告的初稿。

- 翻譯和文化調整：對於需要跨國運作的企業，ChatGPT 可以協助翻譯法律文件和溝通用的文件，雖然對於專業文件最好還是找專業翻譯來處理。

- 快速回答常見的法律問題：對於一些常見的法律問題或合規問題，ChatGPT 可以快速提供回答或指引，幫助員工或管理層快速獲取訊息。

　　需要注意的是，ChatGPT 提供的資訊不算是法律建議，在需要做重大法律決策前，還是得找合資格的法律專業人員諮詢。對於特定的法律事務、詳細的合約審核、法律風險評估等，還是得靠專業法律人士的深入分析和建議。ChatGPT 在處理一些初步階

段的工作或是做背景研究時可以提高效率，但使用時得謹慎，並在需要時結合專業法律意見。

9-2　AI 怎麼幫你準備合約模板

9-2-1　ChatGPT 準備合約或模板

> **您**
> 請問你可以為哪些合約準備草稿或模板

> **ChatGPT**
> 我可以幫忙提供多種基本合約的草稿或模板，這些包括但不限於以下幾種類型：
>
> 1. **租賃合約**：用於租賃房產或商業空間的標準協議。
> 2. **銷售合約**：買賣商品或服務時使用的一般條款和條件。
> 3. **勞動合約**：明確雇主與員工之間的工作條件、權利和義務。
> 4. **合作協議**：兩個或多個方之間就某項特定項目或業務合作的細節和條款。
> 5. **服務合約**：提供特定服務的範圍、質量、時間框架和報酬條件。

> 6. **保密協議（NDA）**：用於保護敏感信息不被未經授權的第三方披露。
> 7. **合夥企業協議**：合夥人之間的責任、權利、利潤分配和運營規則。
> 8. **諮詢服務協議**：諮詢服務的範圍、條件、費用和期限。
> 9. **非競爭協議**：限制員工在離職後一定時間內從事競爭業務的協議。
> 10. **技術轉讓或授權協議**：技術或知識產權的使用權限、範圍和條件。
>
> 在使用任何模板或草稿前，強烈建議由專業法律顧問審核和調整，以確保合約內容符合當地法律規定並且滿足特定情況的需求。這些模板可以作為起點，幫助理解合約的基本結構和常見條款，但每個合約的具體條款都應該根據具體情況量身定制。

ChatGPT 提供的服務真是廣泛，從租賃、銷售到勞動合約等都能幫忙草擬初稿或提供模板，省時又方便。同時它也提醒大家，這些只是開始，最後還是得找專業律師來過目，確保內容合法且適用於特定情況。這樣的功能對於需要快速理解合約基本架構的人來說，真的是大幫手。

9-2-2　租賃合約

對於一般企業而言，最常見的合約是租賃合約，下列是請 ChatGPT 撰寫合約的實例。

您
請撰寫一份租賃辦公室的合約

ChatGPT
以下提供一個較詳細的辦公室租賃合約範本。記得，這只是個範例，具體條款需要根據租賃雙方的具體約定來調整，並且強烈建議在最終簽訂前讓法律專業人員進行審核。

辦公室租賃合約

出租方（甲方）：[出租方的全名或公司名稱]
承租方（乙方）：[承租方的全名或公司名稱]

合約編號：[合約編號]
簽約日期：[簽約日期]

1. **租賃物件**：
   - 地址：[辦公室地址]
   - 描述：[辦公室的詳細描述，包括面積、設施等]

   ...

8. **法律適用和爭議解決**：
   - 本合約受[相關國家或地區]法律管轄。
   - 爭議解決方式。

   簽名：

   甲方（出租方）簽名：_____
   日期：_____

   乙方（承租方）簽名：_____
   日期：_____

　　ChatGPT 所撰寫的租賃合約範本具有清晰的結構和完整的基本要素，涵蓋了租賃物件、期限、租金、押金以及使用規定等關鍵項目。這份合約格式正式且易於理解，適合作為起草租賃協議的基礎框架。不過 ChatGPT 仍是建議，實際使用前仍需法律專業人士審核調整。

9-2-3　增修合約

　　ChatGPT 撰寫合約後，我們也可以依據需要增補或是修訂合約。

> 🔷 **您**
> 請在租賃辦公室的「5. 使用規定」項目內增加下列條款
> 不得轉租
> 所有裝修退租前須復原
> 請重新輸出此租賃合約

> 💠 **ChatGPT**
> 以下是根據您的要求更新後的辦公室租賃合約，特別是在「5. 使用規定」
> 部分增加了新的條款。

---

　　5. 使用規定：

- 乙方僅可將租賃物件用於辦公目的。
- 不得擅自改變租賃物件的結構。
- **禁止轉租**：乙方不得將租賃物件轉租給第三方。
- **裝修與復原**：所有由乙方進行的裝修在退租前須恢復至原狀，除非經甲方書面同意可保留。

> 這樣的修改有助於明確規定租賃物件的使用範圍和條件，保護出租方的權益，同時也為承租方提供清晰的指引。在實際應用這份合約之前，建議您尋求法律專家的意見，以確保所有條款都符合當地的法律規範。

　　ChatGPT 成功地將指定條款整合入租賃合約，同時潤飾了筆者的條款，保持了文字的清晰與專業性。此修訂顯示出細心和高度適應性，有效強化了合約的完整性。

9-3 讓 AI 來幫你設定獎懲規範

　　獎懲規則在企業管理中扮演著關鍵角色，透過獎勵優秀的表現，能夠激勵員工積極工作，提高其對公司的忠誠度和工作滿意度。此制度有多項優點：

- 明確行為標準：獎懲規則為員工提供了清晰的行為指南，幫助他們了解公司的期望和不可接受的行為，從而降低違規行為的發生。

- 公正性和透明度：公開透明的獎懲制度能夠保證所有員工受到公平對待，增強員工對管理決策的信任。

- 提高工作效率：獎勵系統鼓勵員工提高工作效率和品質，而懲罰規則則有助於糾正不良行為，保持團隊的高效運作。

- 強化企業文化：透過獎勵與懲罰體現公司的核心價值觀和期望行為，有助於建立和強化積極健康的企業文化。

- 風險管理：有效的懲罰機制可以減少違規行為和潛在的法律風險，保護公司免受負面影響。

- 增強競爭力：良好的獎懲制度能夠吸引和保留優秀人才，增強公司的市場競爭力。

　　總之，一套合理設計的獎懲規則對於提升組織效能、維護秩序、塑造企業文化及實現長期發展目標都至關重要。下列是請 ChatGPT 制定獎懲規則的實例。

 您
請制定企業獎懲規則

 ChatGPT
企業獎懲規則是一套旨在明確規範員工行為、鼓勵表現良好的員工以及對違反公司政策的員工進行處罰的標準。以下是一份基本的企業獎懲規則範本，請根據企業的具體情況進行調整和完善。

企業獎懲規則

目的：
旨在建立一套公正、透明的獎懲制度，以鼓勵員工積極表現、規範行為，
並對違反公司政策的行為進行適當處罰。

一、獎勵規則：

1. **表現獎勵：**
   - 對於業績顯著、貢獻突出的員工，公司將給予獎金、加薪或晉升機會。
   - 特殊貢獻獎：對於在特定項目或任務中做出重大貢獻的員工，將給予一次性獎金或其他形式的獎勵。
2. **激勵措施：**
   - 年終獎：根據公司業績和個人表現，給予年終獎勵。
   - 員工表彰：定期舉行員工表彰大會，公開表揚優秀員工。

…

四、生效日期：

- 本獎懲規則自公布之日起生效。

此範本只是一個基礎框架，企業應根據自身的實際情況和需求，結合法律
法規，進行詳細規劃和調整。在實施任何獎懲措施前，建議進行充分的溝
通和法律審查，以確保公平性和合法性。

ChatGPT 這次出的企業獎懲規則範本，真是既實用又周到，涵蓋了獎勵和懲罰的各種情況，讓公司能夠根據這個框架來鼓勵好員工，同時對違規行為做出合理的處理。這份規則還特別強調了公正和透明，讓人感覺到企業管理更有條理。不過這只是框架，公司仍須依據自身的環境，訂定出更明確的賞罰標準。

9-4 隨時隨地 AI 給你即時法律意見

　　ChatGPT 提供的即時法律諮詢服務具有多項優點：它能快速回答各種法律問題，節省尋找專業法律顧問的時間；提供全天候服務，滿足緊急諮詢需求；能夠涵蓋廣泛的法律領域，從商業法到個人法律問題都能給予初步指導；且相比傳統法律諮詢服務，成本更低，對於初創企業或個人而言，這提供了一個經濟有效的解決方案。

9-4-1 侵害著作權的諮詢

您
有年輕工程師參加年度資訊大賽，涉嫌侵害我的著作，請問有何建議

ChatGPT
面對涉嫌侵害著作權的情況，您可以採取以下步驟來保護您的權益：

1. **確認侵權行為**：首先，確定年輕工程師參賽作品中的哪些部分可能侵犯了您的著作權。這可能需要專業的比對分析。
2. **蒐集證據**：保留所有與涉嫌侵權作品相關的資料，包括作品的副本、參賽資訊、公開展示的場合和日期等。這些將作為後續採取法律行動的證據。
3. **版權聲明**：如果您尚未對您的作品進行版權登記，建議您儘快進行，以獲得更強的法律保護。
4. **友好解決**：考慮先透過非正式途徑聯繫對方，說明您的擔憂和證據，看是否能達成友好解決。有時，對方可能並不意識到其行為構成了侵權。
5. **書面警告**：如果非正式溝通無效，您可以發送書面警告信，要求對方停止侵權行為，並根據您的要求進行賠償或其他形式的補救。
6. **尋求法律諮詢**：聯繫專業的知識產權律師或法律顧問，根據您的具體情況提供專業的法律意見和解決方案。
7. **法律行動**：如果上述步驟都無法解決問題，您可以考慮採取法律行動，包括但不限於提起侵權訴訟。您的律師將指導您完成相關的法律程序。

在處理著作權侵犯的問題時，保持冷靜和專業，通過合適的渠道來維護您的權利是非常重要的。同時，确保您的行動符合当地的法律規定和程序。

　　ChatGPT 建議的處理方式真俐落，從確認侵權、蒐集證據到友好解決，甚至法律行動都講清楚了。特別是提到先試著和對方溝通，不行再考慮走法律程序，這招對維權有幫助，又能避免無謂的糾紛，這是很實用的建議。

9-4-2　撰寫存證信函

　　企業面臨侵權情況卻不願意花費昂貴的律師費用打官司時，撰寫存證信函是一個實用的選擇。這種信函主要用於正式記錄和通知對方侵權行為，以及要求停止侵權並可能提出賠償要求。存證信函具有法律效力，可以作為未來可能訴訟的證據。它可以由企業自行撰寫，無需律師參與，從而節省成本。信函應明確指出侵權行為、提出合理的要求，並保留對進一步法律行動的權利。

　　下列是有一家公司所出版的電子眼鏡，「錄影功能」抄襲本公司的專利，請協助發存證信函，請 ChatGPT 協助的過程。

 您
有一家公司所出版的電子眼鏡，「錄影功能」抄襲本公司的專利，請協助發存證信函

 ChatGPT
發送存證信函是保護專利權的重要步驟之一，旨在正式通知對方其產品或技術涉嫌侵犯您的專利權，並要求對方停止侵權行為。以下是一份基本的存證信函範本，請根據具體情況進行調整，並考慮由專業律師審核後再發送：

[您的公司名稱]
[您的公司地址]
[日期]

[對方公司名稱]
[對方公司地址]

尊敬的[對方公司名稱]：

主旨：侵犯專利權通知 - 錄影功能於電子眼鏡

我們寫此信函是為了正式通知貴公司，我們注意到您公司最近推出的電子眼鏡產品中的「錄影功能」似乎侵犯了我們公司的專利權（專利號碼：[您的專利號碼]）。我們的專利於[專利授權日期]由[相關專利局]授權，涵蓋了一項創新的錄影技術，用於類似電子眼鏡的產品。

本函意在正式要求貴公司立即停止生 ↓ 銷售和推廣該產品，並對可能已造成的損害進行賠償。

請在收到此信後的[設定一個合理的期限，如**14天**]內回應，闡明貴公司的立場。如果我們在此期限內未收到回應，我們將保留採取進一步法律行動的權利，包括但不限於尋求法院禁令和/或損害賠償。

我們希望能夠和平解決此事，但我們必須保護我們的智慧財產權利。

敬請貴公司予以高度重視。

誠摯，

[您的名字]
[您的職位]
[您的聯繫方式]

在寄出任何此類信函之前，強烈建議先諮詢專業的法律顧問，以確保您的權益得到適當保護並遵循正確的法律程序。

　　ChatGPT 撰寫的存證信函結構嚴謹，語氣堅定而專業，適當地指出了專利侵權的問題並要求對方回應。信中明確列出了專利訊息，並給予了合理的回應期限，展現了解決問題的積極態度，同時保留了採取法律行動的權利。不過為了慎重，ChatGPT 也建議公司諮詢法律顧問。

9-5　用 AI 來解決勞資間的問題

企業運作過程，很容易有勞資爭議，讓 ChatGPT 處理勞資爭議的優點包括：

● 即時回應：能夠提供快速回應，幫助初步理解勞資爭議的法律背景和可能的解決方案。

● 廣泛的資訊：覆蓋廣泛的勞動法規範和案例，提供多角度的資訊和建議。

● 無需預約：使用者可以隨時提問，無需等待預約律師或法律顧問的時間。

● 成本效益：相比聘請法律顧問，使用 ChatGPT 諮詢成本更低，適合初步瞭解情況或尋找解決方向。

● 隱私保護：使用者可以在保護隱私的前提下尋求建議，無需擔心個人資訊外洩。

● 減少衝突：提供的資訊可能幫助雙方更客觀地理解問題，有助於降低衝突和尋求和解。

● 教育作用：增進雙方對勞動法律的理解，有助於未來避免類似的爭議發生。

　　此外，我們需了解 ChatGPT 提供的資訊只是簡單的諮詢，對於理性的雙方提供一個快速公平的諮商管道。對於複雜的勞資爭議，建議尋求資深法律專業人士的協助。以下是對於勞資間薪資爭議，ChatGPT 的處理方式。

您
如果發生員工與企業主有薪資爭議，你要如何協助雙方？

ChatGPT
在處理員工與企業主之間的薪資爭議時，我可以提供以下協助來幫助雙方達成解決方案：

1. 提供資訊和指導
• 解釋相關的勞動法律規定，包括薪資支付、加班費計算等，以幫助雙方了解各自的權利和義務。

2. 溝通協助
• 建議有效的溝通策略，幫助雙方建立開放、坦誠的對話渠道，以理解對方的立場和關切點。

---

3. 協商建議
• 提供建議和策略，幫助雙方進行協商，尋找雙贏的解決方案。

4. 文檔和證據整理
• 建議雙方收集和準備相關的文檔和證據，如工資單、勞動合同、工作時數記錄等，以支持各自的立場。

5. 法律途徑指導
• 如果協商未能解決問題，提供有關法律途徑的資訊，包括勞動仲裁、勞動檢察機關或法院訴訟等選項。

6. 第三方介入建議
• 建議是否需要第三方介入，如聘請勞動法律專家或利用勞動爭議調解服務。

7. 預防策略

- 長遠來看，建議企業主制定或完善薪資政策和員工溝通機制，以預防未來的薪資爭議。

注意事項

- 雖然我能提供上述協助，但重要的是記住，我提供的建議不構成專業法律意見。在處理複雜的薪資爭議時，尋求專業法律顧問的協助是非常必要的。

  透過這種方式，我能夠協助處理員工與企業主之間的薪資爭議，幫助雙方達成和解或找到適當的解決辦法。

　　ChatGPT 對於處理薪資爭議的建議真是既全面又實用，提供了從溝通協商到法律途徑的多方面解決策略。特別是強調開放溝通和理解對方立場，這對於化解勞資矛盾特別重要。此外，還建議收集相關證據和文檔，確保談判和解決過程的公平性。

第 10 章
AI 變革來襲
從文書自動化到智慧排程

10-1　Line 報名秒變 Excel – AI 輕鬆搞定資料處理

ChatGPT 可以自動統一瑣碎的資料成為表格，可以參考下列實例，當我們輸入瑣碎資料後，不用特別指示，ChatGPT 就可以將資料彙整。

 您

明志工專機械科同學會報名接龍
屆別　姓名　　人數
13機 洪錦魁 1
19機 王德緯　2
13 機　　蔡桂宏　　1
12機　　　劉祖華　2
1機　蔡寶琳 2

ChatGPT

根據您提供的資料，我可以幫您整理出一個清晰的報名名單。以下是整理後的明志工專機械科同學會報名列表：

屆別	姓名	人數
13機	洪錦魁	1
19機	王德緯	2
13機	蔡桂宏	1
12機	劉祖華	2
1機	蔡寶琳	2

這樣的排列方式讓資訊更加清楚和容易閱讀。如果需要進一步的幫助，例如計算總人數或其他信息，請隨時告訴我！

我們也可以指示 ChatGPT 生成 Excel 報表，標題是「明志工專機械科同學會」。

 您

請將上述資料處理成Excel工作表，此工作表的標題是「明志工專機械科同學會」

‹ 2/2 ›

ChatGPT

我已將資料處理成一個Excel工作表，標題為「明志工專機械科同學會」。您可以通過以下連結下載該工作表：

 下載明志工專機械科同學會Excel工作表

下列是下載此 Excel 活頁簿的結果。

	A	B	C	D	E
1	屆別	姓名	人數		
2	13機	洪錦魁	1		
3	19機	王德緯	2		
4	13機	蔡桂宏	1		
5	12機	劉祖華	2		
6	1機	蔡寶琳	2		

上述少了標題，因此告訴 ChatGPT，下列是過程與下載活頁簿的結果。

 您
工作表內我沒有看到標題「明志工專機械科同學會」

 ChatGPT
我已經更新了Excel工作表，並在其中添加了標題「明志工專機械科同學會」。您可以透過以下連結下載更新後的工作表：

下載帶標題的明志工專機械科同學會Excel工作表 [>-]

	A	B	C	D	E
1	明志工專機械科同學會				
2	屆別	姓名	人數		
3	13機	洪錦魁	1		
4	19機	王德緯	2		
5	13機	蔡桂宏	1		
6	12機	劉祖華	2		
7	1機	蔡寶琳	2		

10-2　郵件裡的聯絡人一把抓 - AI 幫你秒擷取

　　ChatGPT 可以從往來的信件中擷取聯絡人的訊息，在這個資訊爆炸的時代，電子郵件已成為日常溝通不可或缺的一環。無論是工作聯繫還是個人交流，我們每天都會收到大量的電子郵件。然而，在這些電子郵件中，往往蘊含著重要的聯絡人訊息，如何快速且有效地從雜亂無章的郵件中擷取出我們需要的聯絡資訊，成為了一項挑戰。本文將介紹一種方法，幫助讀者學會如何從電子郵件中精準地提取出聯絡人資料，無論是電話號碼、電子郵件地址還是其他重要訊息，都能輕鬆掌握。

您

請從以下的電子郵件中擷取訊息，然後以表格方式輸出訊息，表格內需有姓名、部門、職稱、電子郵件地址。

完成以上工作後，再提供Excel格式的檔案下載連結。

> 你好：
>
> 我是深智公司業務部門的窗口，專案經理陳曉東，電子郵件是tun@xxx.com，很高興可以獲得貴公司辦公室自動化專案服務。這個專案執行期間，若是有任何技術問題，可以洽詢本公司的研發部經理李飛羽，電子郵件是lee@xxx.com。
>
> 如果對於本公司的服務有任何不滿意，可以向本公司下列窗口做客訴。
>
> 客服部，專員，林飛飛，電子郵件是lin@xxx.com。
>
> 請在和本公司人員聯繫時，告知你的公司名稱，部門，姓名和聯絡電話，方便本公司可以快速回應。

 ChatGPT

根據提供的電子郵件內容，我已將聯絡人的訊息整理成以下表格，包含姓名、部門、職稱和電子郵件地址：

姓名	部門	職稱	電子郵件地址
陳曉東	業務部門	專案經理	tun@xxx.com
李飛羽	研發部	經理	lee@xxx.com
林飛飛	客服部	專員	lin@xxx.com

此外，您 下載檔案 下方的連結下載此資訊的Excel格式檔案：

下載聯絡人訊息Excel工作表 [>-]

下上述表單的 Excel 檔案後，可以得到下列結果。

	A	B	C	D	E
1	**姓名**	**部門**	**職稱**	**子郵件地址**	
2	陳曉東	業務部門	專案經理	tun@xxx.com	
3	李飛羽	研發部	經理	lee@xxx.com	
4	林飛飛	客服部	專員	lin@xxx.com	

10-3 自動對齊生日與生肖產生 - AI 文書新招數

您

請將下列資料轉成表格，出生日期統一用「1970/01/01」格式，同時增加
繁體中文的12生肖
洪金為 1961年5月2日　沈浸東 1999/9/10 李曉東 2000年9月9日
黑金仁 1975年1月15日

ChatGPT

我已將您提供的資料轉換成表格，並統一了出生日期的格式，同時增加了
對應的繁體中文12生肖：

姓名	出生日期	生肖
洪金為	1961/05/02	牛
沈浸東	1999/09/10	兔
李曉東	2000/09/09	龍
黑金仁	1975/01/15 ↓	兔

10-4 地址手機號碼一致化 - AI 文書管理升級

您

請將下列資料轉成表格，出生日期統一用「1970/01/01」格式，電話號碼
處理成「xxxx-xxx-xxx」格式，地址則刪除空格
洪金為 男 1961年5月2日　0963800900 台北市 信義區 基隆路 100號
沈浸東 男 1999/9/10　　0952-010010 桃園市　龜山區 龜山路999號
李小花 女 2000年9月9日 0912010010 台北市　士林區中山北路 五段
1000號

ChatGPT

我已將您提供的資料轉換成表格，統一了出生日期的格式，處理了電話號碼成「xxxx-xxx-xxx」的格式，並移除了地址中的空格：

姓名	性別	出生日期	電話	地址
洪金為	男	1961/05/02	0963-800-900	台北市信義區基隆路100號
沈浸東	男	1999/09/10	0952-010-010	桃園市龜山區龜山路999號
李小花	女	2000/09/09	0912-010-010	台北市士林區中山北路五段1000號

10-5　AI 如何協助摘要行銷文件

　　將 Word 檔案上傳給 ChatGPT，彷彿把繁複的資訊交給了一位聰明的助理。ChatGPT 會迅速瀏覽檔案內容，從頭到尾精準抓出重點和精華，就像用篩子過濾金沙一樣，只留下最有價值的資訊。這不僅節省了你翻閱文件的時間，也讓你能夠在短時間內掌握文檔的核心要點，無論是工作報告、學術研究還是會議記錄，ChatGPT 都能幫你輕鬆搞定，讓資訊整理變得輕而易舉。下列是「史上最強 Python 入門邁向頂尖高手之路」的序，原始檔案有 5 頁，筆者上傳，然後讓 ChatGPT 摘要重點。

您

📄 史上最強Python入門邁向頂尖高手之路...
文档

請摘要上傳檔案「史上最強Python入門邁向頂尖高手之路序.docx」

ChatGPT

這本書的第三版，相較於前兩版，新增了許多內容，包括最新的Python語法、2D和3D動畫、電子郵件處理、多執行緒應用等。除此之外，還涵蓋了未來潛在的應用領域如科學計算、機器學習、物件導向程式設計等。本書旨在提供一個豐富、實用且深入淺出的Python學習資源，幫助讀者從基礎到進階，並應用於各種實際場景中。此外，本書也強調了Python在當代技術領域的重要性和廣泛應用。

　　我們也可以請 ChatGPT 提供摘要結果的下載連結。

下列是摘要結果的 Word 檔案內容。

10-6 AI 閱讀文件與智慧分析

　　將多個檔案上傳給 ChatGPT，就像交給一位全能秘書，幫你細心比對和分析每個文件的內容差異。無論是報告、研究還是會議紀錄，ChatGPT 都能精準找出關鍵異同，並整理成清晰的比較報告。這項功能不僅節省你翻閱文件的時間，更能幫你洞察細節中的微妙變化，讓工作決策更加精準有效。透過 ChatGPT 的智慧分析，文檔管理變得輕鬆又高效。

　　目前最多一次可以上傳 5 個檔案，檔案限制是 25M 以下，ChatGPT 可以閱讀文字文件 (.txt)、Word 文件 (.docx) 或 PDF 文件。下列各小節實例是上傳 2 個文字文件 (.txt)和 1 個 Word 文件，然後讓 ChatGPT 做比較。然後，分別執行合併與分割文件。

❑　「護膚品行銷 _ 年輕女性 .txt」內容

❑　「護膚品行銷 _ 熟齡女性 .txt」內容

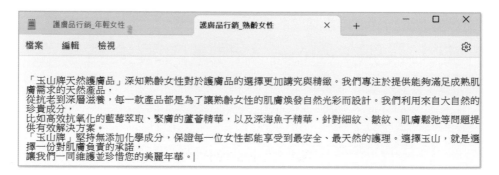

❑　「護膚品行銷 _ 男性 .docx」內容

10-6-1　AI 閱讀多個文件與分析

ChatGPT 像個資料偵探，能夠同時翻閱多份文件，進行仔細比對，找出它們之間的異同，幫助我們快速掌握關鍵差異，提升工作效率。

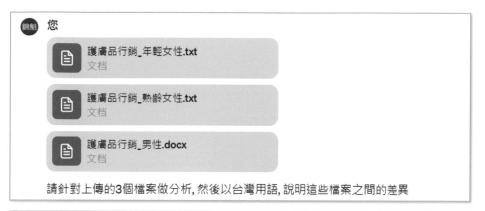

ChatGPT 以貼近台灣用語的方式，巧妙分析了三份文件，針對不同族群的護膚品行銷策略，從年輕女性、熟齡女性到男性的需求做出精準的區分。透過它的分析，我們能清楚看到每個目標市場的獨特需求及玉山牌如何滿足這些需求，展現出 ChatGPT 不僅理解市場營銷的精髓，還能以極具策略性的方式進行溝通。

當然讀者可以進一步要求 ChatGPT 提供下載連結，可以是 Word、txt 或 PDF 格式的文件。

10-6-2　多個文件的合併

ChatGPT 就像一位全能的辦公助理，不論面對什麼檔案格式，都能輕鬆應對。它能夠同時打開多份文檔，不管是文字檔還是 Word 文件，然後巧妙地將這些內容整合成一份檔案。這項技能不僅節省了大量整理文件的時間，還能確保資訊不遺漏，大大提升工作或學習的效率，是現代人處理資訊不可或缺的好幫手。

下列是合併 3 個檔案成 Word 檔案的實例。

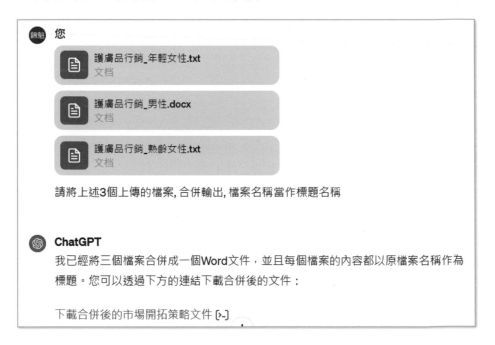

下列是下載後，輸出合併的結果文件。

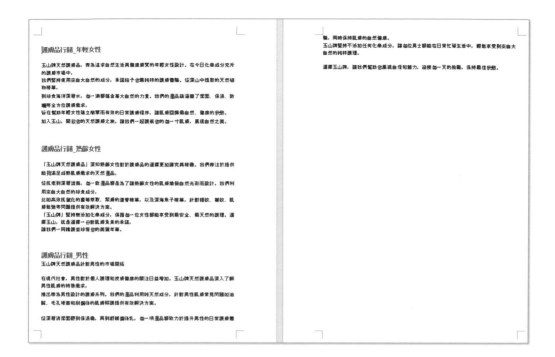

10-6-3　一個文件拆成多個文件

　　將一個 Word 文件拆分成多個文件，能大幅提高資訊管理的效率與靈活性。這種做法讓文件內容更加專注和有序，便於團隊成員針對特定主題或任務進行查閱、協作和更新。同時，也降低了文件過於龐大導致的打開、編輯和分享時的困難，特別是在需要快速處理和回應特定部分內容時更顯得方便。此外，這樣也有助於資料的安全管理，因為可以根據需要控制對各個文件的訪問權限，保護敏感資訊不被不當分發或查看。下列是將「護膚品行銷 _ 合併 .docx」文件，拆成 3 個文件的實例與結果。

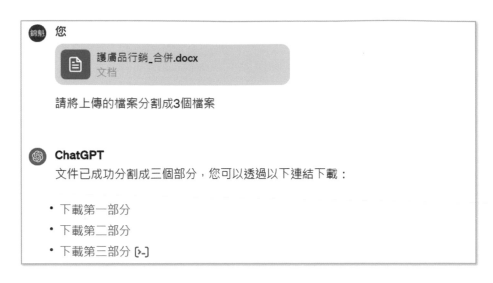

上述檔案下載後，可以看到 ChatGPT 智慧的使用標題當作分割檔案的依據。

　　ChatGPT 透過高效率的檔案處理技術，將文件依據標題精準分割成 3 個部分，展現了其強大的文件管理能力。這項功能不僅提高了資料整理的便利性，也大幅節省了使用者在文件處理上的時間，展現了 AI 技術在日常應用中的實際價值。

10-6-4　閱讀 PDF 文件

　　ChatGPT 現在有能力閱讀 PDF 文件並進行分析了，這對於需要從大量文檔中提取資訊的你我來說，簡直是一大福音。不管是學術研究、市場報告還是會議記錄，它都能快速理解內容，並提煉出重點信息。這項技術不僅提高了資料處理的效率，也讓資訊分析變得更加準確、便捷。對於追求效率和精確度的我們來說，ChatGPT 無疑成了最佳助手。

　　下列是「深智業績 pdf.pdf」的內容，然後讀取與分析的實例。

日期：2025 年 2 月 15 日

深智業績表

太陽牌手機業績：136000 元

iPhone 手錶：88000 元

周邊：25600 元

 您

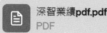 深智業績**pdf.pdf**
PDF

請參考PDF內容, 然後分析

ChatGPT
根據提供的**PDF**文件，深智公司的業績表顯示，在**2025年2月15日**的記錄中，太陽牌
手機的業績為**136,000元**，**iPhone手錶**的業績為**88,000元**，而周邊產品的業績則達到
了**25,600元**。這份業績表展現了深智公司在不同產品線上的銷售表現，其中太陽牌手
機業績最佳，顯示了其在市場上的強勁需求，而周邊產品相較之下業績較低，可能反
映出市場對這類產品的需求較少或有待提升。

10-7　VoxScript 與 ChatGPT 聯手 - YouTube 內容深度解析

　　在這個資訊爆炸的時代，YouTube 已成為豐富資訊的寶庫。但對於企業來說，從
眾多影片中提取有價值的資訊卻是一大挑戰。這時，VoxScript 機器人搭配 ChatGPT
的分析能力就顯得格外重要。VoxScript 能將 YouTube 影片的語音轉換成文字，再由
ChatGPT 進行深入分析。這不僅讓企業能快速掌握市場趨勢、消費者偏好和競爭對手動
態，還能基於這些分析結果，制定出更具針對性和創新性的行銷策略。透過這種方式，
企業可以有效地利用 YouTube 這個平台，提升品牌能見度和市場競爭力。

10-7-1　VoxScript 讀取 Copilot 影片

VoxScript 是一個 OpenAI 公司認證過的插件，目前也已經以 GPT(特製的聊天機器人) 方式在 ChatGPT 上可以使用。這個軟體擁有一系列工具和功能來幫助用戶查詢資訊、獲得即時數據、和進行圖像生成等。主要功能包括：

- 即時網絡搜索：可以透過 DuckDuckGo 和 Google 獲取即時的網絡搜索結果，協助用戶找到他們需要的資訊。

- 即時新聞和財經資訊：能提供關於特定股票代碼或加密貨幣的最新新聞，以及美國股市的財務數據和歷史價格信息。

- 網頁內容獲取：可以獲取網站的即時內容，包括但不限於 Pastebin、GitHub Gists、GitHub，以及 REntry.co 上的內容。

- YouTube 影片數據：可以獲取 YouTube 頻道或影片的詳細資訊，包括影片的文字稿。

這一節主要是敘述讀取 YouTube 影片，然後摘要內容，下列是一段介紹 Copilot 的 YouTube 影片。

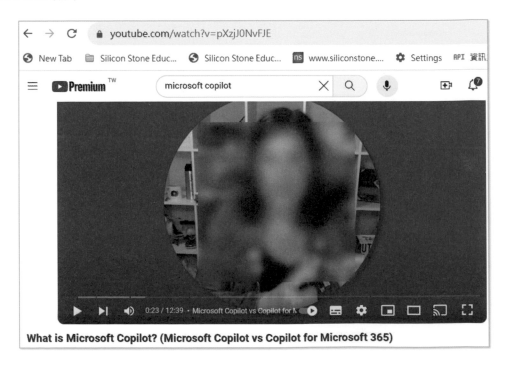

What is Microsoft Copilot? (Microsoft Copilot vs Copilot for Microsoft 365)

我們可以用下列方式摘要此段影片。

ChatGPT Plugins ⌄

 您
請輸出下列網址的文字內容
https://www.youtube.com/watch?v=pXzjJONvFJE

ChatGPT Plugins ⌄

 ChatGPT
這部影片的標題是「What is Microsoft Copilot? (Microsoft Copilot vs Copilot for Microsoft 365)」，由Lisa Crosbie所發布，主要討論Microsoft Copilot與Copilot for Microsoft 365之間的差異，著重在它們的功能、應用以及對使用者的好處。以下是影片轉錄內容的摘要：

* 介紹**Microsoft Copilot**：影片開始先解釋Microsoft Copilot和Copilot for Microsoft 365之間的混淆，指出Microsoft Copilot是一種面向所有人的服務，只要有Microsoft帳號就能使用。這個服務以前被稱為Bing Chat或Bing Chat Enterprise，現在的重點是在Edge瀏覽器中使用生成式AI，例如ChatGPT，但加入了瀏覽器內容的上下文。
* 功能展示：接著，Lisa展示了如何使用Microsoft Copilot生成圖像、電子郵件內容、PowerPoint幻燈片的想法，以及如何安全地處理PDF文件和瀏覽器內容。她強調，Microsoft Copilot對於個人Microsoft帳號是可用的，不需要是企業客戶或支付許可證費用。

* 與**Microsoft 365 Copilot**的比較：影片中還比較了Microsoft Copilot和Copilot for Microsoft 365的不同之處，後者是針對企業用戶的更高級版本，提供更深入的整合和功能，例如直接在Outlook、Word等Microsoft 365應用程式內使用AI助理。
* **Microsoft Copilot Studio**：最後，Lisa介紹了Microsoft Copilot Studio，這是一個讓用戶可以擴展和自定義自己的Copilot體驗的工具，即使沒有Microsoft 365 Copilot許可證，用戶也可以創建針對特定需求的自定義Copilot。

整體而言，這部影片提供了對Microsoft Copilot及其與Microsoft 365 Copilot之間差異的深入解釋，並展示了如何利用這些工具來提高工作效率和創造力。

從上述我們看到了，VoxScript 為我們摘要影片內容。當然，我們也可以要求 VoxScript 輸出全部內容，如下所示：

> **您**
> 你可以輸出影片的全部文字內容嗎
>
> **ChatGPT**
> 影片「What is Microsoft Copilot? (Microsoft Copilot vs Copilot for Microsoft 365)」
> 由Lisa Crosbie所發布，主要討論Microsoft Copilot與Copilot for Microsoft 365之間的
> 差異。以下是影片的完整轉錄內容：

由於篇幅較長上面只顯示部分內容。

10-7-2　ChatGPT 分析 Copilot 內容報導

> **您**
> 請針對上述VoxScript摘要的結果, 分析未來Copilot的應用趨勢
>
> **ChatGPT**
> 從Lisa Crosbie所發布的影片「What is Microsoft Copilot? (Microsoft Copilot vs
> Copilot for Microsoft 365)」中，我們可以觀察到幾個關於未來Copilot應用趨勢的關
> 鍵點：
>
> **1. 廣泛的應用範圍**
>
> Microsoft Copilot的介紹顯示了生成式AI技術在辦公室應用中的廣泛應用潛力。從文
> 檔創建、電子郵件溝通到PowerPoint幻燈片的自動生成，這些功能的實現預示著未來
> 工作場所將更加依賴AI來提高效率和創造力。

2. 個人化和企業級解決方案的融合

影片中對Microsoft Copilot和Copilot for Microsoft 365之間的比較，凸顯了從個人使用者到企業客戶的不同需求。這種從基本的AI助手到深度整合企業數據和流程的演進，顯示了未來Copilot應用將更加個人化和定制化，同時保證數據安全和隱私。

3. 跨平台和應用的整合

通過將AI助手整合到Microsoft 365的各個應用中，如Outlook、Word和PowerPoint，Microsoft展示了未來工作流程將如何變得更加無縫和互聯。這種跨平台的整合能力預示著未來的Copilot將能夠更加靈活地適應不同的工作場景和需求。

4. 自定義和擴展能力

Microsoft Copilot Studio的介紹突出了未來Copilot應用將提供更多自定義和擴展的可能性。用戶和企業將能夠根據自己的特定需求和數據來創建和調整AI助手，這將使AI助手的應用更加多樣化和靈活。

5. 教育和學習的角色

隨著AI技術的普及和應用，教育和學習將成為重要的一環。用戶需要學習如何有效地與AI助手合作，同時開發者和企業需要不斷教育市場，展示AI助手的新功能和最佳實踐。

結論

未來的Copilot應用趨勢將是向著更加智能、個性化、整合化和安全的方向發展。隨著AI技術的進步，我們可以預期這些助手將在提高工作效率、促進創新和改善決策過程中發揮越來越重要的作用。同時，隨著用戶和企業對這些工具的熟悉度提高，將會有更多創新的使用案例出現，進一步推動AI在工作和日常生活中的應用。

ChatGPT 對於 Microsoft Copilot 未來應用趨勢的分析，展現了深入見解。它預測 AI 將更加智慧化、個性化，並深度整合於工作流程中，強調自定義與安全性的重要性。透過這分析，ChatGPT 不僅彰顯了對技術發展趨勢的敏銳洞察，也突顯了 AI 在提升工作效率與創新方面的潛力。

10-8　用 AI 來排工作 - 生產力效率 UpUp

　　ChatGPT 能夠有效地協助規劃和分配工作任務，透過理解具體需求和優先級，它可以提出建議的任務分配計劃。無論是管理日常工作、項目進度，還是協調團隊合作，ChatGPT 都能提供個性化的解決方案。它的人工智慧能力讓工作安排變得更加靈活高效，幫助用戶節省時間，確保任務按時完成，從而提高工作效率和生產力。

> **鍇魁　您**
> 我這一週工作內容如下：
> 1：監督太陽牌手機行銷文案
> 2：接待歐洲代理商
> 3：到台中與代理商開會
> 4：與研發部門討論下半年產品計畫
> 5：面試5位應徵人員
> 6：解決產品研發進度落後問題
> 請協助我規劃以上任務清單，將任務分配到週一到週五

> **ChatGPT**
> 為了有效地分配您的工作任務到週一至週五，我們可以根據任務的性質、所需時間以及相互之間的相關性來進行安排。考慮到接待代理商和開會通常需要事先安排好時間，而監督文案、與研發部門的討論、面試應徵人員以及解決研發進度問題則可能在內部調整時間。以下是一個建議的週間任務規劃：

- **週一：**
  - 上午：監督太陽牌手機行銷文案，確認進度並給予反饋。
  - 下午：與研發部門討論下半年產品計畫，初步討論並定出下一步行動計劃。
- **週二：**
  - 全天：接待歐洲代理商。上午進行迎接和初步會談，下午進行詳細討論並共進晚餐。
- **週三：**
  - 上午：準備前往台中的資料和會議內容。
  - 下午：前往台中與代理商開會，可能需要整個下午的時間。
- **週四：**
  - 上午：回顧昨天會議的結果，整理會議記錄並發送給相關人員。
  - 下午：面試5位應徵人員，安排足夠的時間進行面試和評估。
- **週五：**
  - 上午：解決產品研發進度落後問題，與研發團隊開會討論進度問題並提出解決方案。
  - 下午：根據週中討論的結果，與 ↓ 部門進行進度跟蹤和調整下半年產品計畫。

這樣的安排旨在確保每一項任務都有充足的時間進行，並留有空間處理突發事件。根據實際情況，您可能需要對此計劃進行調整。

ChatGPT 在工作任務分配上的表現真是讓人刮目相看。透過理解需求和設定優先次序，它能夠提供精準的建議，幫助用戶有效管理日常工作和項目進度。這個智慧助理不僅提升了工作效率，還讓團隊合作更加協調，大大提高了完成任務的成功率。對於追求高效率的現代職場來說，ChatGPT 無疑是一個寶貴的資源。

我們也可以要求 ChatGPT 為上述工作，用表單方式呈現。

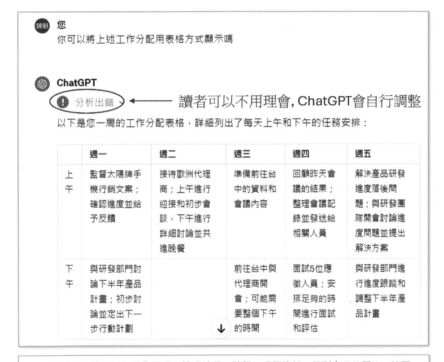

應該是前一節實例，筆者有要求顯示表格外，在下方提供下載連結，所以 ChatGPT 主動提供下載連結。

10-9　番茄工作法的 AI - 時間管理新玩法

番茄工作法的英文名稱是 "Pomodoro Technique"。這是一種時間管理方法,由 Francesco Cirillo 於 1980 年代末期開發。這個方法使用一個計時器來將工作分割成 25 分鐘的間隔,每個間隔稱為一個「番茄」,之間休息 5 分鐘。每完成四個「番茄」後,可以休息更長一段時間,通常是 15 到 30 分鐘。

Pomodoro Technique 的核心理念是促進專注和高效,透過短暫的休息來避免工作時的疲勞和分心。這種方法鼓勵人們以小塊時間來規劃和執行任務,從而提高工作效率和個人生產力。此外,它也幫助人們學會估計任務所需的實際時間,並且通過定期的休息來保持精神的鮮活和動力。

10-9-1　番茄工作法的優點

番茄工作法(Pomodoro Technique)的優點包括:

- 提高專注力:透過將工作時間限定在短暫的 25 分鐘內,幫助人們集中注意力於當前任務,減少分心的情況。

- 增加生產力:短時間的工作間隔促使人們在有限的時間內完成更多工作,從而提高整體生產力。

- 避免疲勞:定期的休息可以幫助避免長時間工作帶來的身心疲勞,保持精力充沛。

- 時間管理:幫助人們更好地管理時間,透過短暫的工作階段有效規劃一天的工作和休息。

- 減少拖延:設定明確的工作時間和休息時間,有助於克服拖延,鼓勵立即行動。

- 提升任務完成質量:專注於單一任務可以提高工作質量和效率,避免多任務處理時的錯誤。

- 增強時間感知能力:經常性使用番茄工作法可以幫助人們更準確地估計完成任務所需的時間。

- 促進自我評估:休息時間可用於反思剛才的工作階段,評估工作效率和任務完成情況,從而不斷調整和優化工作方法。

　　這些優點使得番茄工作法成為了許多專業人士和學生提高效率和生產力的有效工具。

10-9-2　番茄工作法實例

 您
下列是我這一週的工作，請用番茄工作法做規劃
1：2025年業績檢討會
2：2026年業績規劃
3：代理商年度會議

 ChatGPT
根據您提供的這一週的工作任務，我們可以使用番茄工作法來有效規劃您的時間。假設每個工作日您能夠安排大約8個小時工作，這相當於16個番茄時段（每個番茄時段包括25分鐘工作時間和5分鐘休息時間）。以下是具體的工作規劃：

週一至週五的番茄工作法規劃：

週一 & 週二 - 2025年業績檢討會的準備

- **任務拆分：**
  - 收集和分析2025年業績數據
  - 準備檢討會報告和PPT
  - 練習報告的呈現
- **番茄時段分配：**
  - 第1-4番茄：收集2025年業績數據
  - 第5-8番茄：分析數據並初步整理報告
  - 第9-12番茄（週二）：製作PPT和報告內容的細節調整
  - 第13-16番茄（週二）：練習報告的呈現

週三 - 2026年業績規劃

- **任務拆分：**
  - 訂立2026年的業績目標
  - 制定實現目標的策略和計劃

- 準備規劃會議的報告和PPT
- **番茄時段分配：**
  - 第1-4番茄：訂立業績目標和初步策略
  - 第5-8番茄：詳細計劃的制定和文檔準備
  - 第9-12番茄：製作PPT
  - 第13-16番茄：練習報告的呈現

週四 & 週五 - 代理商年度會議的準備

- **任務拆分：**
  - 準備會議議程和資料
  - 安排會議細節（場地、設備等）
  - 與代理商溝通會議相關事宜
- **番茄時段分配：**
  - 第1-4番茄（週四）：會議議程和準備資料的初步整理
  - 第5-8番茄（週四）：會議細節的安排和確認
  - 第9-12番茄（週五）：與代理商溝通和確認
  - 第13-16番茄（週五）：最終準備和檢查

透過番茄工作法的規劃，您可以更有效地管理時間，確保每項任務都能在預定時間內完成。記得在每個番茄時段後安排短暫休息，並在完成四個番茄時段後給自己更長的休息時間，這將幫助您保持精力和效率。

ChatGPT 透過番茄工作法的時段分配，展現出高效管理時間的能力。它巧妙地將繁重的工作任務細分，並妥善安排每一個「番茄時段」，確保工作與休息達到最佳平衡。這樣的策略不僅提升了工作效率，也幫助使用者維持良好的工作狀態，顯示出 ChatGPT 在時間管理方面的聰明運用。下列是請 ChatGPT 用表格顯示的實例。

 您
你可以將上述番茄工作法的規劃用表格方式顯示嗎

ChatGPT
❗ 分析出錯 ⌄

以下是根據番茄工作法為您這一週的工作任務所做的規劃表格，展示了每項任務在一週內不同日子的番茄時段分配：

任務	週一	週二	週三	週四	週五
收集2025年業績數據	4	0	0	0	0
分析數據並初步整理報告	4	0	0	0	0
製作PPT和報告內容的細節調整	0	4	0	0	0
練習報告的呈現	0	4	0	0	0
訂立業績目標和初步策略	0	0	4	0	0
詳細計劃的制定和文檔準備	0	0	4	0	0
製作PPT	0	0	4	0	0
練習報告的呈現	0	0	4	0	0
會議議程和準備資料的初步整理	0	0	0	4	0
會議細節的安排和確認	0	0	0	4	0
與代理商進行溝通和確認	0	0	0	0	4
最終準備和檢查	0	0	0	0	4

這個表格展示了每項任務分配到每天的番茄時段（每個番茄時段為25分鐘工作時間加5分鐘休息時間），幫助您有效地安排和管理一週內的工作負擔。 [>-]

第 11 章

AI 如何升級你的 Excel 技能 讓公司團隊更上一層樓

　　ChatGPT 可以以多種方式協助 Excel 操作，尤其是在一般公司的日常工作中。這些協助可以包括自動化任務、數據分析、報告生成等方面。以下是一些具體的應用例子：

- 公式和函數解釋：ChatGPT 可以解釋和提供指導如何使用 Excel 中的各種公式和函數，例如 VLOOKUP、IF 函數、匯總函數等。

- 數據分析技巧：對於數據分析，ChatGPT 可以提供如何進行數據清洗、數據合併、條件格式設置、數據可視化等建議。

當然 ChatGPT 可以協助的還有很多，限於篇幅，上述內容將是本章的重點。

11-1 ChatGPT 帶你玩轉 Excel 公式函數 學習變得更簡單

　　在當今 AI 職場時代，數據驅動的工作環境中，精通 Excel 公式和函數已成為不可或缺的技能。無論是數據分析、財務預算，還是日常辦公管理，Excel 的高效應用都能顯著提升工作效率和準確性。本節將透過 ChatGPT 的輔助，為你提供一個全面而深入的學習指南，幫助你掌握這些強大的 Excel 公式和函數，讓你在職場上更加得心應手。

11-1-1　VLOOKUP 函數實例

 您
請用台灣用語，請解釋Excel中VLOOKUP函數的語法，同時舉3個適合應用此函數的場合

VLOOKUP 函數的語法是這樣的：

```excel
                                                    Copy code
VLOOKUP(查找值，範圍，欄位索引號，[是否範圍查找])
```

- `查找值`：你想在第一直欄找的那個資料。
- `範圍`：包括查找值和你想要返回值的那個大範圍。
- `欄位索引號`：如果查找值被找到了，你想從這個範圍的哪一欄抓資料回來，第一欄就寫1，第二欄就寫2，依此類推。
- `[是否範圍查找]`：這個是選填的，寫 TRUE 或不寫代表找到最接近的值，寫 FALSE 就是要精確匹配的值。

適合使用 **VLOOKUP** 函數的幾個場合：

1. **查員工資料：**

   比方說你手上有個員工名冊，想要依照員工編號快速找到人名或是其他資料，這時候用 VLOOKUP 就對了。

2. **整理財務報表：**

   假設你在做月結，需要根據商品編號找出對應的銷售額或成本，用 VLOOKUP 可以幫你快速搞定。

3. **庫存查詢：**

   如果你負責庫存管理，需要常常查詢特定商品的庫存量，只要一個商品編號，VLOOKUP 就能幫你從龐大的庫存表中抓出所需的庫存資料。

   透過這些例子，你可以看到 VLOOKUP 函數在日常辦公或資料管理上的強大用途，不管是員工資料查詢、財務分析，還是庫存管理，都能大大提升你的工作效率哦！

ChatGPT 的回應真的是太方便了，尤其是對於像我們這種常常需要用到 Excel 的人來說，它不只解釋得清楚易懂，還能給出好幾個實際的應用範例，讓人一看就懂，真的是辦公室裡的救星，幫大忙了！有一個「員工名冊表單 .xlsx」工作表如下：

	A	B	C	D	E	F	G
1	員工ID	員工姓名	部門	職位			
2	1001	張三	行銷部	行銷經理		員工ID	
3	1002	李四	人資部	人資專員		員工姓名	
4	1003	王五	財務部	財務分析師			
5	1004	趙六	技術部	軟體工程師			
6	1005	周七	客服部	客服代表			

筆者上傳上述檔案，然後詢問在 G3 儲存格應該輸入什麼公式，可以在 G2 儲存格輸入員工 ID 時，G3 儲存格顯示員工姓名。

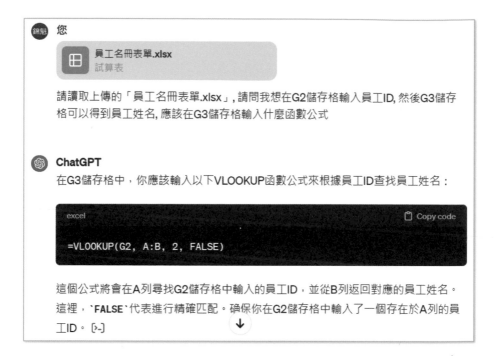

從上述可以得到需要輸入的公式，下列是實際應用在 Excel 工作表的結果。

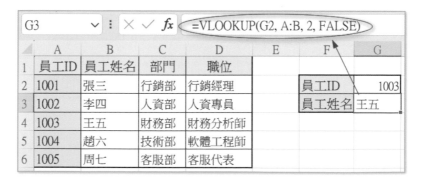

11-1-2　IF 函數實例

 您
請解釋Excel中IF函數的語法,同時舉3個適合應用此函數的場合

ChatGPT
Excel中的IF函數是一個非常強大的邏輯函數,它允許你根據給定的條件進行判斷,然後根據這個判斷返回指定的值。如果條件為真(TRUE),則返回一個值;如果條件為假(FALSE),則返回另一個值。

IF函數的語法:

```excel
IF(logical_test, value_if_true, value_if_false)
```

- `logical_test`:這是你要評估的條件表達式,結果必須是TRUE或FALSE。
- `value_if_true`:如果`logical_test`的結果為TRUE,則返回這個值。
- `value_if_false`:如果`logical_test`的結果為FALSE,則返回這個值。

適合應用IF函數的場合:

1. **員工績效評估:**
   在進行員工績效評估時,你可以使用IF函數來自動判斷員工是否達到了其銷售目標。例如,`IF(員工銷售額 >= 目標銷售額, "達標", "未達標")`,這可以幫助快速完成績效評估報告。

2. **學生成績分級:**
   在處理學生成績時,IF函數可以用來根據分數自動分級,如`IF(分數 >= 90, "優秀", IF(分數 >= 75, "良好", "一般"))`。這樣,你可以很容易地對學生的成績進行分類。

3. **預算超支報警:**
   管理預算時,可以使用IF函數來檢查各項目的實際花費是否超過預算。例如,`IF(實際花費 > 預算, "超支", "正常")`,這可以幫助財務團隊及時調整財務計劃或進行必要的成本控制。

這些例子展示了IF函數在不同場景下的實用性,從自動化決策支持到數據分析,IF函數都能提供簡潔而強大的解決方案。

　　ChatGPT 的回答真係夠實用，講解清楚又簡單易懂，無論是做績效評估、學生成績分級，抑或是預算管理，都能透過這些範例快速學會應用 IF 函數，幫助提升工作效率，真的是辦公室必備小幫手！有一個「業績表單 .xlsx」工作表如下：

	A	B	C	D
1	員工ID	員工姓名	銷售金額	績效
2	001	張三	7288	
3	002	李四	6933	
4	003	王五	7265	
5	004	趙六	7832	
6	005	周七	7307	

　　筆者上傳上述檔案，然後詢問銷售目標是 7000，在 D2:D6 儲存應該輸入什麼公式，如果銷售金額大於或等於 7000，輸出「達標」。如果銷售金額小於 7000，輸入「未達標」。

（鍬魁）**您**

> 業績表單.xlsx
> 試算表

請讀取上傳的「業績表單.xlsx」，請問應該在D2:D6儲存格輸入什麼函數公式,如果銷售業績金額大於或等於7000,輸出「達標」，如果銷售金額小於7000輸出「未達標」

ChatGPT

根據上傳的「業績表單.xlsx」的結構，如果你想要在D2:D6儲存格輸入函數公式來評估銷售業績，並根據銷售金額是否大於或等於7000來輸出「達標」或「未達標」，你可以在D2儲存格輸入以下公式，然後將其下拉至D6：

```excel
=IF(C2>=7000,"達標","未達標")
```

這條公式使用了IF函數來判斷C列（銷售金額）中的數值是否滿足條件（大於或等於7000），如果滿足條件則在D列輸出「達標」，否則輸出「未達標」。只需將這個公式應用於D2至D6儲存格，即可自動對每位員工的銷售業績進行評估。 [>-]

從上述可以得到需要輸入的公式，下列是實際應用，同時將公式應用在工作表 D2:D6 儲存格的結果。

D2	✓ : × ✓ fx	=IF(C2>=7000, "達標", "未達標")

	A	B	C	D	E	F	G
1	員工ID	員工姓名	銷售金額	績效			
2	001	張三	7288	達標			
3	002	李四	6933	未達標			
4	003	王五	7265	達標			
5	004	趙六	7832	達標			
6	005	周七	7307	達標			

11-2　深入淺出數據清洗 - AI 教你梳理數據

數據清洗是指在分析數據之前，對數據集中的錯誤數據、重複數據或不完整數據進行修正或刪除的過程。雖然 ChatGPT 無法直接操作 Excel 工作表或修改文件內容，但它可以提供具體的步驟、公式和巨集指令建議，幫助你手動或自動化進行數據清洗。以下是幾個需要數據清洗的實例：

- 去除重複值：在客戶資料表中存在重複的記錄，需要去除重複，只保留唯一的記錄。

- 修正格式錯誤：日期欄位中的一部分數據格式不統一，需要將所有日期格式統一，例如統一為「YYYY/MM/DD」。

- 處理缺失值：在銷售數據表中，某些產品的銷售額為空，需要將這些缺失值填充為 0、中位數或是平均值。

11-3　AI 如何偵測並消除重複數據 數據管理變輕鬆

有一個「客戶資料 .xlsx」的 Excel 檔案如下：

	A	B	C	D
1	客戶ID	客戶名稱	統一編號	地址
2	C001	客戶一	12345678	台北市
3	C002	客戶二	87654321	新北市
4	C003	客戶三	12348765	桃園市
5	C001	客戶一	12345678	台北市
6	C005	客戶五	43215678	高雄市

其中「客戶一」是重複，我們請教 ChatGPT 應該如何去除重複的資料。

您

客戶資料.xlsx
試算表

請讀取上傳的「客戶資料.xlsx」，請找出重複的資料,然後告訴我應該如何刪除重複的
資料

ChatGPT

在上傳的「客戶資料.xlsx」中,存在重複的資料如下：

- 客戶ID: C001
- 客戶名稱: 客戶一
- 統一編號: 12345678
- 地址: 台北市

如何刪除重複的資料：

在Excel中，你可以使用以下步驟來刪除重複的資料：

1. 選擇包含重複資料的範圍或整個工作表。
2. 在「數據」選項卡中，點擊「移除重複」。
3. 在彈出的對話框中，確認或選擇你想要檢查重複的列，然後點擊「確定」。
4. Excel將移除重複的行，並顯示一個對話框報告移除的重複行數和剩餘的唯一行數。

如果你使用的是Pandas進行數據清洗，可以使用以下代碼來刪除重複的資料，並保存清洗後的數據：

```python
df_cleaned = df_customers_uploaded.drop_duplicates()
df_cleaned.to_excel('/mnt/data/客戶資料_清洗後.xlsx', index=False)
```

這樣，你就可以得到一份沒有重複資料的客戶資料表單。 [↗]

　　ChatGPT 的回應超實用，一步步教你如何在 Excel 裡面找出並刪除重複資料，操作簡單明瞭。如果是用 Pandas 做數據分析，也提供了清楚的代碼範例，幫你輕鬆搞定數據清洗，真是數據處理的好幫手！

　　上述刪除重複的資料，第 2 步驟以後應該是 Excel 功能表名稱翻譯的問題，所以在 Excel 視窗找不到「數據」選項，這個「數據」選項指的是資料功能表。

相當於執行資料 / 資料工具 / 移除重複項指令，可以得到下列「移除重複項」對話方塊。

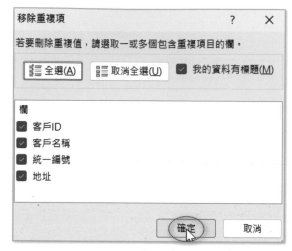

請點選確定鈕。

上述按確定鈕，可以得到下列結果，重複的「客戶一」已經被移除了。

	A	B	C	D
1	客戶ID	客戶名稱	統一編號	地址
2	C001	客戶一	12345678	台北市
3	C002	客戶二	87654321	新北市
4	C003	客戶三	12348765	桃園市
5	C005	客戶五	43215678	高雄市

11-4　AI 智慧修正 Excel 儲存格格式 - 讓資料更整齊

有一個「員工名冊 _ 含出生日期 .xlsx」的 Excel 檔案如下：

	A	B	C	D	E
1	員工ID	員工姓名	出生日期	部門	職位
2	1001	張三	1980/2/5	行銷部	行銷經理
3	1002	李四	1999/7/3	人資部	人資專員
4	1003	王五	2002年6月10日	財務部	財務分析師
5	1004	趙六	1993-10-07	技術部	軟體工程師
6	1005	周七	1999/6/6	客服部	客服代表

其中「王五」和「趙六」的出生日期格式不是「1970/1/1」格式，我們請教 ChatGPT 應該如何讓整個日期格式一致。

您

員工名冊_含出生日期.xlsx
試算表

請讀取上傳的「員工名冊_含出生日期.xlsx」，找尋出生日期格式不是「1970/01/01」的儲存格，然後告訴我在Excel內的步驟，讓儲存格的日期格式是此格式

ChatGPT

若要在Excel中將所有出生日期的格式統一改為「1970/01/01」的格式，請按照以下步驟操作：

1. **開啟Excel文件**：首先，打開包含出生日期數據的Excel檔案。
2. **選擇出生日期列**：點擊含有出生日期的那一列的列標題，以選擇整列。
3. **格式化儲存格**：
   - 在選中的列上點擊右鍵，選擇「格式化儲存格」選項。
   - 在彈出的窗口中選擇「日期」類別。
   - 在「類型」中，找到或輸入 `yyyy/mm/dd` 的格式。如果列表中沒有完全匹配的格式，可以選擇「自訂」，然後在輸入框中手動輸入 `yyyy/mm/dd`。
4. **應用並保存**：
   - 點擊「確定」應用格式更改。
   - 保存你的Excel檔案。

這些步驟將幫助你在Excel中將出生日 的顯示格式統一改為「1970/01/01」。這樣的格式設定有助於確保日期數據的一致性，便於進行後續的數據處理與分析。

筆者參照上述觀念，選取 C4:C5 儲存格，點擊右鍵，選擇「儲存格格式」選項，在「設定儲存格格式」對話方塊，選擇數值標籤，類別欄位選擇自訂，類型欄位輸入「yyyy/mm/dd」，如下所示：

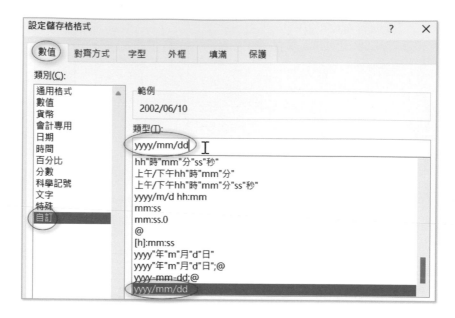

按確定鈕後，可以得到下列結果。

	A	B	C	D	E
1	員工ID	員工姓名	出生日期	部門	職位
2	1001	張三	1980/02/05	行銷部	行銷經理
3	1002	李四	1999/07/03	人資部	人資專員
4	1003	王五	2002/06/10	財務部	財務分析師
5	1004	趙六	1993/10/07	技術部	軟體工程師
6	1005	周七	1999/06/06	客服部	客服代表

11-5　遇到缺失值怎麼辦？ AI 有建議有解答

缺失值可能發生的情況有許多，請參考下列「客戶訂單 .xlsx」：

	A	B	C	D
1	客戶ID	客戶名稱	訂單金額	訂單日期
2	C001	張三	500	2023/01/10
3	C002	李四		2023/01/11
4	C003		700	2023/01/12
5	C004	王五	650	
6	C005	趙六	800	2023/01/14

客戶 C002 的訂單金額是缺失的。

客戶 C003 的客戶名稱沒有提供。

客戶 C004 的訂單日期是缺失的。

這些缺失的數據可能會影響到數據分析的準確性和完整性，處理缺失值的常見方法包括：

● 忽略或刪除缺失值：如果缺失值不多，可以選擇忽略或直接刪除含有缺失值的行。

● 填充缺失值：根據上下文，可以將缺失值填充為 0、平均值、中位數或是最常見的值等。

● 使用特殊值標記：有時候，使用一個特殊值（如 -1、" 未知 " 等）來標記缺失值，可以幫助後續分析識別這些特殊情況。

處理缺失值是數據清洗過程中非常重要的一步，選擇何種方法取決於具體情況和分析的需求。下列是幾種缺失值的處理方式：

❏ 客戶名稱

處理缺失的客戶名稱（如客戶 C003 的情況）時，選擇合適的處理方式取決於數據的用途、上下文以及缺失數據的影響範圍。以下是幾種常見的處理策略：

1. 補充缺失資料：如果可能，最好的做法是補充缺失的資料。這可能涉及到：

● 查詢其他資料來源：比如其他相關的數據表或資料庫，或是直接聯繫客戶獲取正確訊息。

● 利用已有資訊：如果有其他相關訊息（如訂單細節、聯絡方式等），或許可以透過這些資訊推斷出客戶名稱。

2. 使用特殊標記：如果補充資料不可行，另一個選擇是使用特殊標記來表示缺失的名稱，例如：使用「未知」或「缺失」等詞語：這可以明確指出該字段數據缺失，而非無意間被忽略。

3. 填充預設值：對於某些分析目的，可能選擇將缺失的客戶名稱填充為預設值，例如：使用一個通用名稱，比如「匿名客戶」，這在不影響整體分析的情況下，提供了一種處理缺失數據的方法。

4. 刪除或忽略缺失數據：如果客戶名稱的缺失對於分析的影響很小，或者該條記錄的其他訊息也不完整，可能考慮刪除這條記錄。但這應該是最後的選擇，因為它會導致數據訊息的損失。

選擇哪種方法取決於你的具體需求和數據分析目的。通常建議盡量補充或標記缺失數據，以保持數據的完整性和分析的準確性。

❑　訂單金額

對於訂單金額的缺失值，通常會採用填充為「0」、「平均值」、「中位數」或是「最常見的值」等。

❑　訂單日期

對於客戶 C004 缺失的訂單日期，適當的處理方式同樣取決於數據的用途和上下文。以下是幾種可能的處理策略：

1. 補充缺失的訂單日期：如果可能，尋找方式補充缺失的訂單日期是最理想的解決方案：

    ● 查閱相關記錄：檢查其他相關的數據來源，如銷售日誌、發票記錄或是電子郵件溝通記錄等，看是否能找到相關的訂單日期。

    ● 聯絡客戶或銷售人員：如果有可能，直接聯繫客戶或負責該訂單的銷售人員，詢問訂單的具體日期。

2. 使用估計或插值方法：如果無法直接獲得準確的訂單日期，但需要日期數據進行分析，可以考慮使用估計值：

    ● 用已知數據估計：如果訂單按一定頻率進行，或者可以從相關數據中推斷出可能的日期範圍，可以選擇一個合理的估計值作為訂單日期。

3. 使用特殊標記或預設值：在無法確定準確日期的情況下，使用特殊標記或預設值來填充：

    ● 標記為「未知」或「待確認」：這樣的標記可以保留記錄在分析中的位置，同時指出該數據需要進一步處理或確認。

4. 忽略或刪除記錄：如果訂單日期對於分析非常關鍵，而無法補充或合理估計該日期，且該記錄的缺失會對結果產生重大影響，可能需要考慮忽略或刪除這條記錄。但這應作為最後的選擇，因為它會導致資訊的損失。

　　在決定適當的處理策略時，重要的是要考慮數據分析的目標和缺失數據對結果可能產生的影響。在許多情況下，補充缺失數據或使用特殊標記來保留記錄的完整性會是較好的選擇。下列是找出缺失值的實例。

 您

客戶訂單.xlsx
試算表

請讀取上傳的「客戶訂單.xlsx」，請找出缺失值的資料

ChatGPT
在「客戶訂單.xlsx」檔案中，發現以下缺失值的資料：

- 第2行：「訂單金額」缺失。
- 第3行：「客戶名稱」缺失。
- 第4行：「訂單日期」缺失。 [>-]

上述 ChatGPT 找出了所有的缺失值了，然後筆者請 ChatGPT 提供修復建議。

 您
請提供這些缺失值的修復建議

ChatGPT
針對缺失值的修復，可以採取以下建議：

1. **訂單金額缺失** (客戶ID: C002)：
   - **平均值填充**：如果訂單金額的缺失不是很多，可以考慮用所有訂單金額的平均值來填充這個缺失值。
   - **中位數填充**：如果訂單金額分布非常不均勻（有極端值），使用中位數來填充可能更合適。
   - **類別平均值填充**：如果可以從其他客戶的資料中找到相似類別（如行業、地區等），可以考慮使用相同類別客戶的訂單金額平均值進行填充。

2. **客戶名稱缺失** (客戶ID: C003):
   - **數據查證**：嘗試通過其他方式（例如查詢公司內部的客戶資料庫、聯繫銷售團隊等）來找到缺失的客戶名稱。
   - **標記為未知**：如果無法確定具體的客戶名稱，可以將其標記為「未知」或「缺失」，以便於後續的資料處理不會因為這個缺失值而出現問題。
3. **訂單日期缺失** (客戶ID: C004):
   - **數據查證**：與客戶名稱缺失的處理方式相同，嘗試通過其他記錄（如財務記錄、發貨記錄等）來確定訂單的具體日期。
   - **平均日期間隔填充**：如果訂單日期的缺失不多，可以計算所有已知訂單日期的平均間隔，並以此為基礎推算缺失的訂單日期。
   - **相鄰日期填充**：如果缺失的訂單日期前後都有訂單記錄，可以考慮使用前後日期的中間值作為填充值。

以上建議需要根據實際情況和可用資訊進行選擇和調整。在某些情況下，可能需要結合多種方法來處理不同類型的缺失值。

下列是請 ChatGPT 依據經驗執行修復的過程與結果，這次筆者執行讓 ChatGPT 執行修復，而不是提供 Excel 的步驟，讀者可以更深一層了解 ChatGPT 的能力。

您
請依照你的經驗執行修復, 然後輸出結果

ChatGPT
已根據建議修復了缺失值，具體如下：

- 對於「訂單金額」缺失（客戶ID: C002），我們使用了所有訂單金額的平均值（$662.5）進行填充。
- 對於「客戶名稱」缺失（客戶ID: C003），我們將其標記為「未知」。
- 對於「訂單日期」缺失（客戶ID: C004），我們未進行修復，因為沒有足夠的信息來確定一個準確的日期，避免引入不準確的資料。

修復後的資料如下：

客戶ID	客戶名稱	訂單金額	訂單日期
C001	張三	500.0	2023/01/10
C002	李四	662.5	2023/01/11
C003	未知	700.0	2023/01/12
C004	王五	650.0	缺失
C005	趙六	800.0	2023/01/14

這樣的處理方式確保了資料的完整性，同時盡量減少了因缺失值帶來的資訊損失。

第 12 章
企業數據分析高手
Data Analyst 透視

12-1 數據分析入門 - 掌握核心分析技巧

12-1-1 ChatGPT 4 的分析功能

每次啟動 ChatGPT 4 的新聊天，點選 ChatGPT 4 右邊的 ⌄ 圖示，可以看到 GPT-4 特別強調它有分析功能，前一章已經簡單的探索這方面的功能。

上面敘述可以知道，ChatGPT 的通用型功能可以協助我們做數據分析。

12-1-2 GPTs 的 Data Analyst

OpenAI 公司也針對分析功能特別開發了 Data Analyst，可以讓我們對一般資料，甚至機器學習的資料做數據分析，這一章會做實例解說。

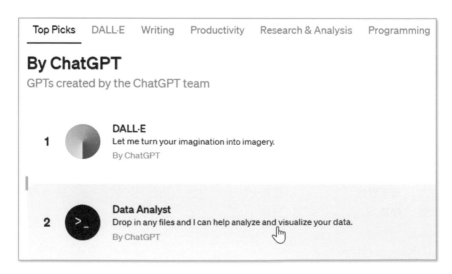

上述 Data Analyst 說明，我們可以上傳檔案，讓 ChatGPT 做分析與視覺化資料。

12-1-3 ChatGPT 與 Data Analyst 分析資料的差異

ChatGPT 和 GPTs 的 Data Analyst 都是大型語言模型，可以用於分析資料，但兩者之間存在一些重要的差異。

❑ **訓練資料**

ChatGPT 的訓練資料是來自網絡的文字和程式碼，而 Data Analyst 的訓練資料是來自各種資料來源，包括財務數據、醫療數據和市場研究數據等。這意味著 Data Analyst 對特定領域的資料具有更深入的了解，可以生成更準確的分析結果。

❑ **分析能力**

ChatGPT 可以用於基本的資料分析任務，例如數據收集、清理和可視化。但 Data Analyst 可以用於更複雜的分析任務，例如機器學習和深度學習。這意味著 Data Analyst 可以生成更深入的見解。

❑ **使用難度**

ChatGPT 的使用相對簡單，只需要提供資料和要求即可。但 Data Analyst 的使用相對複雜，需要對特定領域的資料和分析方法有一定的了解。這意味著 ChatGPT 適合初學者，而 Data Analyst 更適合有經驗的數據分析師。

總體而言，ChatGPT 和 GPTs 的 Data Analyst 都是用於分析資料的有效工具。但兩者之間存在一些重要的差異，需要根據具體的情況進行選擇。以下是 ChatGPT 和 Data Analyst 的具體比較：

特徵	ChatGPT	Data Analyst
訓練資料	網路文字和程式碼	各種資料來源，包括財務數據、醫療數據和市場研究數據等
分析能力	基本資料分析	複雜資料分析，包括機器學習和深度學習
使用難度	簡單	複雜
適合人群	初學者	有經驗的數據分析師

以下是 ChatGPT 和 Data Analyst 的具體實例：

- ChatGPT：使用 ChatGPT 可以快速收集和清理資料，並生成簡單的圖表和圖形。例如，一個業務經理可以使用 ChatGPT 來收集銷售數據，並生成銷售趨勢的圖表。

- Data Analyst：Data Analyst 可以進行更複雜的資料分析，例如預測分析和異常檢測。例如，一個財務分析師可以使用 Data Analyst 來預測公司未來的財務狀況。

12-1-4　筆者使用心得

筆者用了兩者做資料分析，使用 ChatGPT 時常會有讀取資料錯誤或是分析錯誤回應，因此，碰上資料分析問題，建議讓 Data Analyst 處理。

同時做資料分析時，偶而會看到下列錯誤：

⚠️　分析出錯 ⌄

ChatGPT 或是 Data Analyst 大部分情況會重新分析，ChatGPT 有時候會停止分析。這時請重新上傳檔案，再做嘗試。

12-2　分析師的工具箱 - 檔案類型全解析

目前企業員工分析資料大都是使用 Excel 檔案，但是數據科學家分析資料更常用的是 CSV 格式的檔案，這 2 類檔案的差異如下：

❑　資料格式

Excel 檔案可以儲存各種資料格式，包括文字、數字、日期和時間等。CSV 檔案只能儲存字串和數字，日期和時間需要使用字串的格式。

❑　資料結構

Excel 檔案可以儲存多個工作表，每個工作表可以包含多個資料表。CSV 檔案只能儲存一個資料表。

❑　優缺點

Excel 檔案具有以下優點：

- 可以儲存各種資料格式。
- 可以使用 Excel 或其他支援 Excel 格式的軟體進行複雜的資料分析和操作。

Excel 檔案也有一些缺點：

● 檔案大小可能很大。

● 難以與其他軟體共用。

CSV 檔案具有以下優點：

● 檔案大小比較小，因為這個特性，在機器學習領域的公用資料檔案大都使用 CSV 格式。

● 易於與其他軟體共用。

CSV 檔案也有一些缺點：

● 只能儲存字串和數字

● 不能儲存日期和時間

❑　**用途**

Excel 檔案通常用於儲存和分析大型資料集。CSV 檔案通常用於儲存和共用資料，例如產品清單、客戶資料或財務資料。

結論

Excel 檔案和 CSV 檔案都是用來儲存資料的有效工具。Excel 檔案更適合需要進行複雜的資料分析和操作的情況，而 CSV 檔案更適合需要儲存和共用資料的情況。以上 2 類檔案皆有獲得 ChatGPT 或是 Data Analyst 的支援。

12-3　銷售數據分析 - AI 的戰場勝利秘訣

首先讀者需進入 Explore GPTs 的 Data Analyst 環境，這個程式要分析的資料是 salesReport.xlsx，共有 150 筆銷售資料，部分內容如下：

	A	B	C	D	E
1	客戶編號	交易日期	商品類別	金額	
2	A1	2024/03/10	生活用品	120	
3	A4	2024/03/11	飲料	40	
4	A7	2024/03/12	飲料	40	
5	A10	2024/03/13	輕食	80	

下列是上傳檔案與分析過程。

 您

 salesReport.xlsx
試算表

請對這個上傳的檔案做資料分析

 Data Analyst

首先，我將開啟並檢視上傳的檔案「salesReport.xlsx」，以了解它的內容結構，這將幫助我確定如何進行資料分析。讓我先載入並查看該檔案的基本資訊。

這個檔案包含的資料列有「客戶編號」、「交易日期」、「商品類別」和「金額」四個欄位。根據這些信息，我們可以進行多種資料分析，例如：

1. **銷售趨勢分析**：分析不同時間段內的銷售趨勢。
2. **商品類別銷售分析**：分析哪些商品類別銷售表現最好。
3. **客戶分析**：識別最重要的客戶群體。
4. **總銷售額分析**：計算總銷售額以及各類別的銷售額。

請問您希望我進行哪種分析？或者有其他特定的分析需求嗎？ [>.-]

上述 Data Analyst 閱讀了 salesReport.xlsx 檔案後，清楚地告訴我們它可以做的資料分析範圍，讓我們對於數據有一初步的了解了。

Data Analyst 面對上傳的銷售報告檔案，展現出細緻的分析能力。首先，它精準識別檔案結構，清晰列出包含客戶編號、交易日期、商品類別及金額等資訊。接著，提供多種分析選項，例如總銷售額、商品類別銷售情況等，展現其靈活適應用戶需求的能力。

12-3-1　類別銷售分析

筆者先請 Data Analyst 做類別銷售分析。

 您
請做商品類別銷售分析

Data Analyst

好的，我將進行商品類別銷售分析，包括每個商品類別的總銷售額和每個商品類別的
交易次數。這將幫助我們了解哪些商品類別最受歡迎以及銷售表現最好。讓我開始分
析。

商品類別銷售分析的結果如下：

- **輕食**：總銷售額為3920，交易次數為49次。
- **生活用品**：總銷售額為2640，交易次數為22次。
- **飲料**：總銷售額為2600，交易次數為65次。
- **文具**：總銷售額為700，交易次數為14次。

從這些數據中，我們可以看到「輕食」的商品類別具有最高的總銷售額，而「飲料」
則有最多的交易次數。這意味著雖然「飲料」的交易頻繁，但「輕食」的單次銷售額
可能更高，從而推動了更大的總銷售額。

這些信息對於了解哪些商品類別對銷售貢獻最大以及可能的銷售策略調整非常有價
值。您還有其他需要進一步分析的需求嗎？[>-]

Data Analyst 針對商品類別的銷售分析，有效揭示了各商品類別的銷售表現。透過
整理與比較，清楚地指出「輕食」類別銷售額居冠，而「文具」則位居末尾，讓人一
目瞭然各類別的市場表現，展現出其分析資料的專業與效率。同時也列出了交易次數，
並指出輕食因為是單次銷售額比較高，所以有最高的銷售金額。

12-3-2　直條圖做銷售總額分析

下列是用直條圖，對銷售金額與商品做視覺化分析。註：建立圖表時最大的缺點
是中文字無法顯示，每個中文字皆是用方框表達，這是因為 ChatGPT 或 Data Analyst
在雲端環境用 Python 程式設計圖表時，所使用的模組是 matplotlib，此模組預設是英
文字型。國內的程式設計師在 Google Colab 雲端環境設計含圖表的 Python 程式時，會
自行先上傳中文字型，ChatGPT 或 Data Analyst 目前沒有提供此功能。不過我們可以用
自然語言讓 ChatGPT 將「中文轉成英文」繪製圖表，可以參考下列實例，筆者輸入「繪
製圖表時請將中文轉成英文」。

您
請用直條圖做銷售總額與銷售商品的視覺化分析, 繪製圖表時請將中文轉成英文

Data Analyst
當然，我將使用直條圖來視覺化不同商品類別的銷售總額，並將商品類別的中文名稱
轉換為英文以便於繪製圖表。以下是各商品類別的英文對照：

- 生活用品 -> Daily Necessities
- 飲料 -> Beverages
- 輕食 -> Snacks
- 文具 -> Stationery

讓我開始繪製圖表。

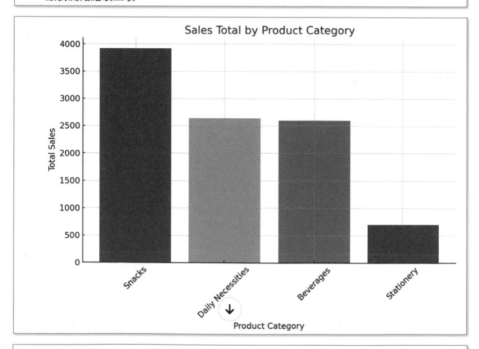

上圖展示了不同商品類別的銷售總額。從圖表中，我們可以清楚地看到「Snacks（輕
食）」類別有最高的銷售總額，其次是「Daily Necessities（生活用品）」和
「Beverages（飲料）」，而「Stationery（文具）」類別的銷售總額最低。

這個視覺化有助於快速識別哪些商品類別對總銷售貢獻最大，從而為制定銷售策略提
供有價值的見解。您還有其他分析或圖表需求嗎？ [>-]

ChatGPT 運用直條圖將上傳檔案的資料視覺化，清楚地展示不同商品類別的銷售總額，從輕食到文具一應俱全。這種方式讓人眼睛一亮，不只資料分析得宜，更將結果以圖表形式直觀呈現，幫助理解哪些商品類別最受歡迎，實用性十足，深獲台灣用戶的好評。

12-3-3　圓餅圖做銷售總額分析

下列是用圓餅圖，對銷售金額與商品做視覺化分析。

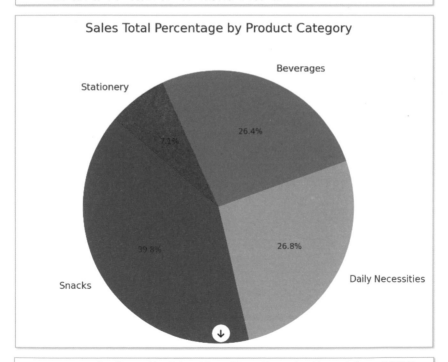

> **您**
> 請用圓餅圖做銷售總額與銷售商品的視覺化分析,繪製圖表時請將中文轉成英文

> **Data Analyst**
> 當然，我將使用圓餅圖來視覺化不同商品類別的銷售總額比例，並將商品類別的中文名稱轉換為英文以便於繪製圖表。讓我開始繪製圓餅圖。

Sales Total Percentage by Product Category

- Beverages 26.4%
- Stationery 7.2%
- Snacks 39.8%
- Daily Necessities 26.8%

> 上圖是不同商品類別的銷售總額比例的圓餅圖，使用英文標籤表示各類別。透過圖表，我們可以直觀地看到每個商品類別在總銷售額中所佔的比例，其中「Snacks（輕食）」類別佔比最大，顯示其對總銷售貢獻顯著。這樣的視覺化有助於快速識別銷售重點及調整策略。您還有其他需求或問題嗎？ [>-]

　　ChatGPT 運用圓餅圖將上傳的資料視覺化，清晰展現各商品類別在銷售總額中的比例，從「輕食」到「文具」一目瞭然。這種分析方式不僅直觀易懂，也讓決策者能快速抓住重點，進行策略調整。對於想要深入了解銷售分布的台灣用戶來說，這項服務實在是太貼心了！

12-4　客戶資料分析 - 用 AI 揭開消費者心理

　　首先讀者需進入 Explore GPTs 的 Data Analyst 環境，這個程式要分析的資料是 customer.xlsx，共有 150 位客戶資料，部分內容如下：

	A	B	C	D	E	F
1	客戶編號	性別	學歷	年收入	年齡	
2	A1	男	大學	120	35	
3	A4	男	碩士	88	28	
4	A7	女	大學	59	29	
5	A10	女	大學	105	37	

　　下列是上傳檔案與分析過程。

> **Data Analyst**
> 這個數據集包含了以下幾個欄位：
>
> 1. **客戶編號**：標識每個客戶的唯一編碼。
> 2. **性別**：客戶的性別。
> 3. **學歷**：客戶的教育程度。
> 4. **年收入**：客戶的年收入（單位未指明，可能是萬元或其他）。
> 5. **年齡**：客戶的年齡。
>
> 我可以進行以下幾種分析：
>
> 1. 基本統計分析：包括年齡和年收入的平均值、中位數、標準差等。
> 2. 分類分析：按性別、學歷分類，分析這些群體的年齡和年收入特徵。
> 3. 相關分析：檢查年齡與年收入之間是否存在相關性。
>
> 請告訴我您想要哪種分析，或者如果有其他特定的分析需求，也可以告訴我。〔>-〕　↓

12-4-1　基本統計分析

筆者先請 Data Analyst 做基本統計分析。

> **您**
> 請做基本的統計分析

> **Data Analyst**
> 基於提供的數據集，以下是基本的統計分析結果：
>
> 1. **客戶編號（客戶編號）**：
>   - 總計有150位不同的客戶。
> 2. **性別（性別）**：
>   - 共有2種性別。
>   - 女性客戶最多，共93位。
> 3. **學歷**:
>   - 有4種不同的學歷等級。
>   - 最常見的學歷是大學，共有84位客戶。

4. **年收入:**

- 平均年收入約為**70.54**（單位未提供）。
- 年收入的標準差是**27.95**，顯示收入分布的波動性。
- 最低年收入為**35**，最高年收入為**180**。
- 年收入的中位數是**60**。

5. **年齡:**

- 平均年齡約為**35.69**歲。
- 年齡的標準差是**6.88**，表明客戶年齡分布相對集中。
- 最小年齡為**21**歲，最大年齡為**53**歲。
- 年齡的中位數為**36**歲。

這些基本統計提供了客戶群體的一個整體概況。如果您需要更具體的分析或者對某個特定變量的深入分析，請告訴我。 [>-]

12-4-2　用圓餅圖分析男女客戶數量

下列是用圓餅圖，對男女客戶的數量做視覺化分析。

 您
請用圓餅圖繪製男與女客戶的視覺化分析, 繪製圖表時請將中文轉成英文

 Data Analyst

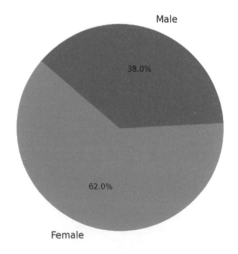

Distribution of Customers by Gender

Male

38.0%

62.0%

Female

這是根據性別劃分的客戶分布圓餅圖。從圖中可以看出，女性客戶佔了整體客戶群體的大部分。如果您需要更多的分析或不同類型的圖表，請告訴我。 [>-]

12-4-3　直條圖分析客戶學歷

下列是用直條圖，對客戶的學歷做視覺化分析。

 您
請用直條圖做客戶的學歷視覺化分析, 繪製圖表時請將中文轉成英文

Data Analyst

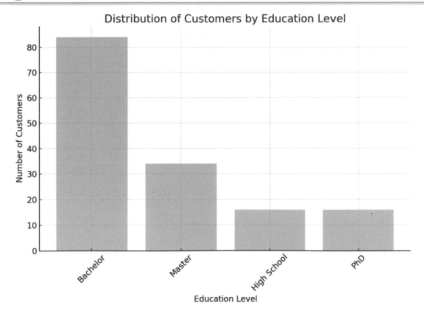

這是根據學歷劃分的客戶分布直條圖。從圖中可以看出，擁有學士學位的客戶佔了相對多數，其次是碩士和高中學歷的客戶。博士學位的客戶則相對較少。這幫助我們了解客戶群體在教育背景方面的分佈情況。如果您有其他分析需求，請隨時告知。 [>-]

12-4-4　直條圖分析客戶學歷與年收入

下列是用直條圖，對客戶的學歷與年收入做視覺化分析。

> 🔵 **您**
> 請用直條圖做客戶學歷與年收入的視覺化分析, 繪製圖表時請將中文轉成英文
>
> 🔵 **Data Analyst**

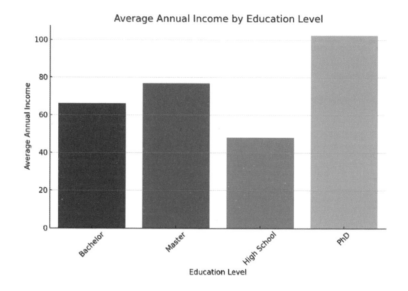

> 這是客戶的學歷與年收入之間關系的直條圖。圖表展示了不同學歷水平的客戶平均年收入。從圖表中可以看出，不同學歷層次的客戶的年收入有顯著差異。若您需要進一步的分析或其他類型的視覺化，請隨時告訴我。

12-4-5 直條圖分析客戶年齡與年收入

下列是用直條圖,對客戶的年齡與年收入做視覺化分析。

您
請用直條圖做客戶年齡與年收入的視覺化分析,繪製圖表時請將中文轉成英文

Data Analyst

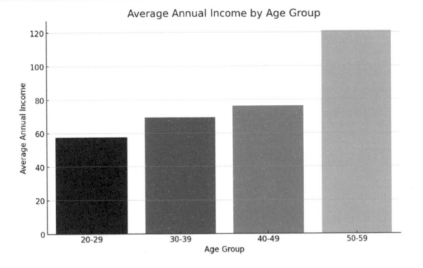

這是根據年齡段劃分的客戶平均年收入的直條圖。圖表展示了不同年齡段的客戶平均年收入情況。從圖表中可以看出,隨著年齡的增長,客戶的平均年收入呈現出一定的變化趨勢。如果您需要更進一步的分析或其他類型的數據視覺化,請告訴我。[>-]

12-4-6　客戶學歷、年齡與收入的散點圖分析

 您
請用散點圖做客戶學歷、年齡與年收入的視覺化分析, 繪製圖表時請將中文轉成英文

 Data Analyst

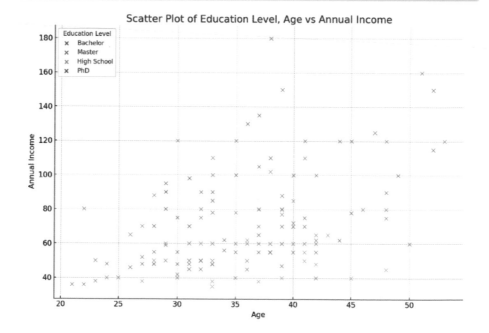

這是展示客戶學歷、年齡與年收入之間關係的散點圖。圖中的不同顏色代表不同的學歷水平。從圖中可以觀察到不同學歷層次的客戶在年齡與年收入方面的分佈情況。這種視覺化有助於更深入地理解客戶群體的特徵。如果您需要其他分析或視覺化,請隨時告知。[>-]

第 13 章
AI 視覺幫手
Diagrams:Show Me

13-1　認識 Diagrams:Show Me

Diagrams:Show me 是一款免費的線上繪圖工具,讓您可以用自然語言描述來生成各種圖表,目前以 GPT 身份存在於 ChatGPT 的 GPTs 中。

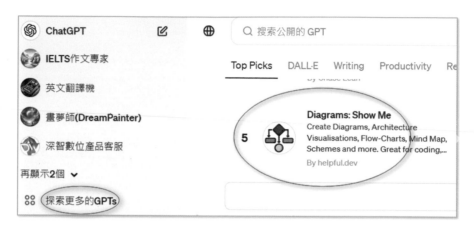

13-1-1　認識 Diagrams:Show Me

"Diagrams: Show Me" 就是一款超方便的圖表繪製工具啦!這個工具能幫助你快速地將各種概念、流程或是資訊,用圖表的方式呈現出來。無論你是要規劃專案、整理思緒,還是要跟客戶解釋複雜的流程,用這個工具都能讓溝通變得更加清楚又簡單。

❏ 主要特色

- 多種圖表支持:支持生成流程圖、心智圖、組織圖等多種類型的圖表,滿足不同的視覺化需求。

- 多樣圖表:不管是流程圖、組織架構圖、心智圖或是時間軸,通通都能畫。

- 自然語言指令:用戶通過簡單的自然語言就可以創建圖表,無需學習複雜的繪圖軟件操作。

- 即時預覽:畫好的圖表可以立刻看到,還可以根據需要進行調整或是美化。

- 編輯和自定義:允許用戶編輯和自定義圖表,包括調整結構、改變主題風格等。

❏ 使用場合

- 專案管理:用流程圖清楚展示專案進度,讓團隊成員一目瞭然。

- 業務報告：用組織圖或心智圖讓你的業務報告更加生動，讓客戶或上司更容易理解。

- 學習整理：用心智圖來整理學習筆記或是規劃研究，幫助記憶和理解。

　　總之啦，"Diagrams: Show Me" 就是幫助你在工作、學習或是任何需要用到圖表的地方，都能夠更加有效率和有條理。用圖表來溝通，不只能讓資訊傳達得更清楚，也能讓你的表達更加有說服力。這麼實用的工具，真的是辦公室和學校的好幫手！

13-1-2　視覺化小幫手

　　"Diagrams: Show Me" 對企業來說，就像是個萬用的視覺化小幫手，能夠幫助企業快速地將複雜的概念、流程、或是結構用圖表的形式呈現出來，不但讓內部溝通變得更加無痛，也能幫助外部客戶或合作夥伴更好地理解企業的想法和計劃。以下是幾個主要優點：

- 清楚呈現複雜資訊：企業面對的策略規劃、專案管理、流程優化等問題往往複雜難解，"Diagrams: Show Me" 可以幫助將這些複雜的資訊以圖表形式清晰呈現，讓人一目了然。

- 加速決策過程：透過視覺化工具，企業可以更快地分析問題、評估方案的可行性，從而加速決策過程，節省時間成本。

- 強化團隊協作：使用 "Diagrams: Show Me" 可以讓團隊成員間的溝通更加高效。無論是技術團隊、銷售團隊還是管理層，大家都能透過圖表有共同的理解基礎，促進協作。

- 提升文件和報告的專業度：無論是內部報告、客戶提案還是投資人簡報，加入結構清晰、美觀的圖表，都能大大提升文件和報告的專業度，讓企業形象加分。

- 簡化教育訓練：對於新進員工或是需要教育訓練的場合，"Diagrams: Show Me" 能夠幫助快速傳遞知識，讓學習者通過圖表直觀地理解複雜的流程和系統，簡化教育訓練過程。

　　總的來說，"Diagrams: Show Me" 對企業而言，不只是一款工具，更像是加速企業內外溝通、提升效率和專業形象的神器，無論是新創公司，還是規模龐大的跨國企業，都能從中受益匪淺。

13-2　流程圖 - 讓你懂

流程圖在英文中稱為 "Flowchart"。它是一種廣泛使用的圖表，通過圖形符號展示一系列步驟或動作的順序，這些符號通常透過箭頭連接，指示流程的進行方向。

13-2-1　流程圖的功能說明

流程圖可以幫助人們理解複雜的流程、做決策、優化流程，並提高工作或學習的效率。它的主要功能如下：

- 視覺化複雜流程：將抽象的過程轉換成可視化的圖表，讓人們能夠更容易理解和分析。
- 問題分析與解決：識別流程中的瓶頸、冗餘或不必要的步驟，幫助優化和改進。
- 溝通與協作：提供一個共同的理解基礎，讓團隊成員之間的溝通更加明確和高效。
- 規劃與執行：作為計畫和執行流程的指南，確保每個步驟都被適當地執行。

我們可以將流程圖應用在下列場合：

- 軟體開發：用於設計和理解軟體程序的邏輯。
- 業務流程管理：分析和改進業務操作流程，例如訂單處理、客戶服務、產品製造等。
- 教育與學習：作為教學工具，幫助學生理解複雜的概念或過程。
- 決策：面對選擇時，畫出來看看，哪條路更適合自己。

流程圖因其簡潔明瞭的特點，在許多領域都有廣泛的應用，是一種非常實用的工具，能幫助人們更好地規劃、分析和溝通。

13-2-2　處理訂單流程圖

❑　建立「處理訂單」的流程圖

使用 Diagrams:Show Me 最簡單的方式是，直接輸入需求，然後此工具就可以配合 ChatGPT 的智慧自動生成步驟，然後依據此步驟生成想要的流程圖。

> 🙂 **您**
> 請用流程圖說明處理訂單

🔬 **Diagrams: Show Me**
我將創建一個流程圖來展示處理訂單的過程。這個流程圖會從接收訂單開始，涵蓋檢查庫存、包裝、發貨等步驟，直到確認客戶收到商品為止。這樣一來，可以幫助理解整個訂單處理流程的每一個環節。我現在開始進行創建並渲染流程圖。

✅ 已與 diagrams.helpful.dev 進行對話 ˅

這是展示處理訂單過程的流程圖：

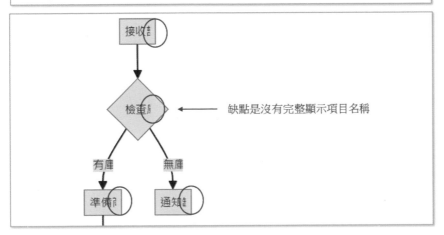

缺點是沒有完整顯示項目名稱

...

不建議, 全螢幕顯示項目名稱一樣會有缺

不建議, 下載圖項目名稱一樣會有缺

查看全屏圖表

下載 PNG 圖片

描述您想要進行的更改以進行編輯或

使用 Miro 進行拖放編輯擁有免費的永久帳戶

使用代碼編輯

這個流程圖從接收訂單開始，到檢查庫存、準備商品、包裝、發貨，並最終確認客戶收貨，整個訂單處理過程一目了然。如果有任何需要改進或其他請求，請告訴我！

上述 ChatGPT 環境缺點是,無法完整顯示流程節點的文字。點選「使用代碼編輯」
後,可以進入 Mermaid Live Editor 環境。

❑　認識 Mermaid Live Editor 環境

在此環境左邊可以看到「處理訂單」流程圖生成的 Mermaid 語法程式,右邊則顯
示完整流程圖表。

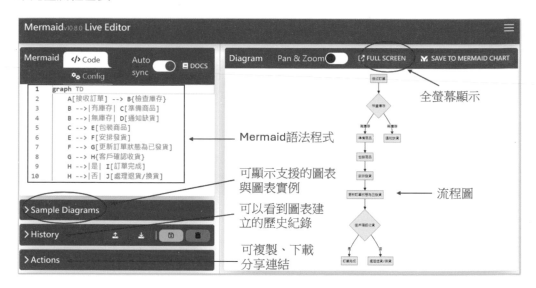

❑　Sample Diagrams

點選 Sample Diagrams,可以看到系列圖表選項,這時點選任一圖表,皆可以看
到該圖表的資料實例。我們原先建立的「處理訂單」圖表暫時看不到,未來要復原顯
示需點選 History 選項,找出該圖表復原顯示。下列是分別點選 Class、User Journey、
XYChart 的實例。

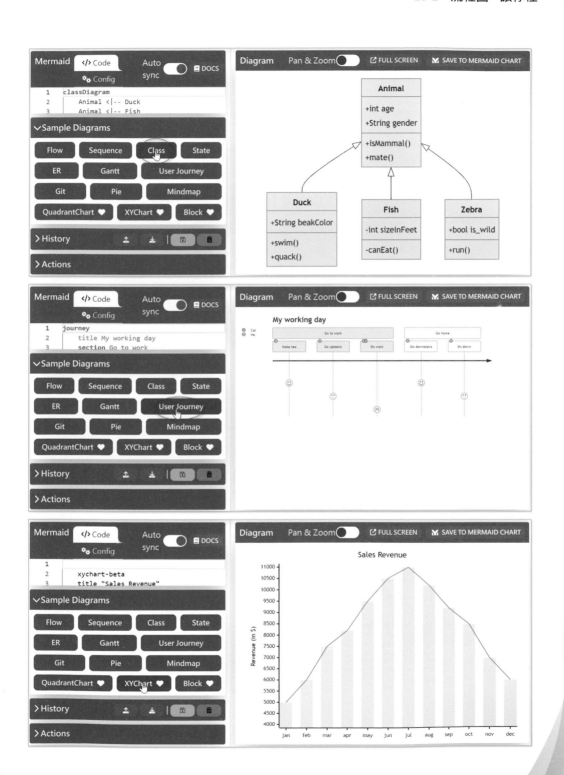

❑　**Actions 功能**

如果點選 Actions 項目，可以將影像拷貝到剪貼簿、下載影像、複製影像網址等。

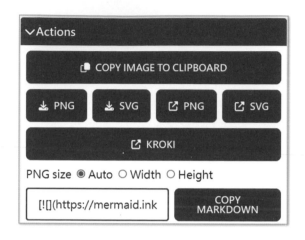

❑　**其他流程圖的實例**

Prompt：請用流程圖說明如何申請信用卡。

Prompt：請用流程圖說明如何購買商品。

Prompt：請用流程圖說明如何解決客戶問題。

Prompt：請用流程圖說明如何製造產品。

Prompt：請用流程圖說明如何完成項目。

13-2-3　公司成立的流程圖

除了用一個標題讓 ChatGPT 生成步驟，然後由 Diagrams:Show Me 生成流程圖。
我們也可以列出一般步驟，然後讓 Diagrams:Show Me 生成流程圖。

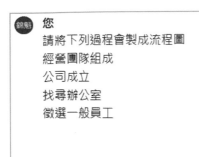

您
請將下列過程會製成流程圖
經營團隊組成
公司成立
找尋辦公室
徵選一般員工

Diagrams: Show Me
我將根據您提供的過程創建一個流程圖，以展示從經營團隊組成到公司成立，再到找尋辦公室和徵選一般員工的整個過程。這樣可以幫助清晰理解創業初期的主要步驟。我現在開始進行創建並渲染流程圖。

✅ 已與 diagrams.helpful.dev 進行對話 ⌄

這是展示從經營團隊組成到公司成立，再到找尋辦公室和徵選一般員工整個過程的流程圖：

上述省略所顯示的流程圖，點選「使用代碼編輯」，進入 Mermaid Live Editor 後，可以得到下列結果。

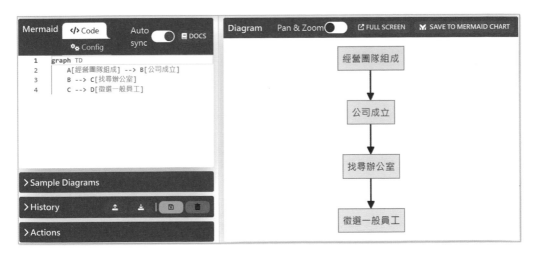

13-3 　甘特圖 - 輕鬆搞定

13-3-1 　認識甘特圖

　　甘特圖的英文則是 "Gantt Chart"。這個工具在做專案管理時超級好用，主要是用來排程和追蹤專案進度的一種工具。它的主要功能如下：

- 排程：你可以用甘特圖來規劃專案的開始到結束，每個階段要幹嘛、要用多久時間，一目了然。
- 進度追蹤：專案開跑後，可以用它來看看實際進度跟原先計劃比起來如何，是不是有落後或是超前。
- 資源分配：也可以看出來哪些工作是同時進行的，哪些人或資源是在哪個時段被需要，幫助你合理安排人力物力。
- 溝通工具：甘特圖也是個讓團隊成員、利害關係人了解專案進度和計劃的好工具，讓大家都在同一頁上。

　　簡單來說，甘特圖就是幫專案經理把複雜的專案進度和計劃，用條狀圖的方式呈現出來，讓整個專案的安排和進度變得清清楚楚，好管理多了。在台灣的各種專案管理場合，無論是建築、軟體開發、活動策劃等等，都能看到甘特圖的身影。

13-3-2 　產品開發甘特圖

> 🧑 **您**
> 我有一個產品開發計劃和排程如下，請為此繪製甘特圖
> 市場調查：1月1日至1月31日
> 設計階段：2月1日至3月15日
> 開發階段：3月16日至6月30日
> 測試階段：7月1日至7月31日
> 產品上市準備：8月1日至8月31日

> 🪷 **Diagrams: Show Me**
> 我將根據您提供的產品開發計劃和排程，創建一個甘特圖。這將幫助展示每個階段的開始和結束日期，以及它們如何相互重疊和連接，讓整個開發計劃的時間安排一目了然。我現在開始進行創建並渲染甘特圖。
> ✅ 已與 diagrams.helpful.dev 進行對話 ⌄
> 這是根據您提供的產品開發計劃和排程創建的甘特圖：

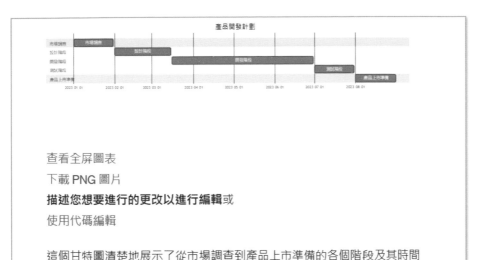

查看全屏圖表

下載 PNG 圖片

描述您想要進行的更改以進行編輯或

使用代碼編輯

這個甘特圖清楚地展示了從市場調查到產品上市準備的各個階段及其時間
安排，如果有任何需要改進或其他請求，請告訴我！

　　這張甘特圖很清楚地展示了一個產品從市場調查到上市準備的整個開發過程。每
個階段的開始和結束時間都標示得很清楚，讓人一看就能了解整個產品開發的時間軸。
對於團隊來說，這樣的圖表非常有幫助，可以確保每個階段都能按時完成，並且讓所
有團隊成員對項目進度有共同的認識。這種視覺化工具對於項目管理和溝通都是非常
實用的。

13-4 心智圖 - 一目瞭然

13-4-1　認識心智圖

　　心智圖在英文裡頭叫做 "Mind Map"，是一種用來表達思維跟創意的圖形工具。透
過心智圖，我們可以將一個中心思想或主題放在中間，然後像樹枝一樣延伸出各種相
關的點子、任務或概念，形成一個視覺化的思考架構。這種方法不僅可以幫助我們更
好地組織和梳理資訊，還能促進創意的產生。它的功能如下：

- 組織資訊：把雜亂無章的資訊整理得井井有條。
- 記憶輔助：利用圖形和顏色幫助記憶，比起死記硬背來得有效多了。
- 創意啟發：透過自由發散的思維方式，幫助人快速產生新點子。
- 計畫規劃：無論是個人目標還是專案計畫，用心智圖來規劃都很清楚。

我們可以將心智圖應用在下列場合：

● 學習筆記：整理課堂重點或複習資料，幫助學習效率提升。

● 會議記錄：開會時用心智圖記錄討論內容，清晰又方便。

● 計畫管理：將項目的各個任務和階段用心智圖呈現，讓管理更加有條不紊。

● 創意發想：無論是寫作、設計還是創業，心智圖都能幫你激發更多靈感。

　　簡單來說啦，心智圖在台灣被廣泛應用於各種情境，因為它既實用又直觀，能幫助我們更好地理解資訊、記憶重點和發揮創意，真的是學習和工作的好幫手。

13-4-2　建立總經理為核心的心智圖

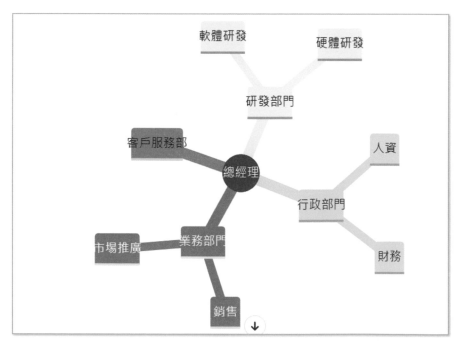

查看全屏圖表

下載 PNG 圖片

描述您想要進行的更改以進行編輯或

使用 Miro 進行拖放編輯擁有免費的永久帳戶

使用代碼編輯

這個心智圖清楚地展示了總經理以下的各部門及其下屬結構，包括研發部
門、行政部門、業務部門，以及客戶服務部，讓公司的組織架構一目了
然。如果有任何需要改進或其他請求，請告訴我！

　　這張心智圖很清楚地呈現出公司以總經理為中心的組織架構，包括研發、行政、
業務及客戶服務等主要部門。透過這種視覺化的方式，讓人一眼就能瞭解公司內部的
分工與連結，對於溝通和理解公司的運作流程大有幫助。這種簡潔又直觀的圖示，對
於新員工的培訓或是向外界介紹公司結構時，都相當實用。

13-4-2　建立公司計畫管理的心智圖

 您
請用心智圖說明公司的計畫管理

 Diagrams: Show Me
我將創建一個心智圖來展示公司的計畫管理流程。這將包括從計畫的啟
動、計畫規劃、執行、監控到計畫的收尾等關鍵步驟，幫助理解整個計畫
管理的結構和流程。我現在開始進行創建並渲染心智圖。

✓ 已與 diagrams.helpful.dev 進行對話 ⌄

這是展示公司計畫管理流程的心智圖：

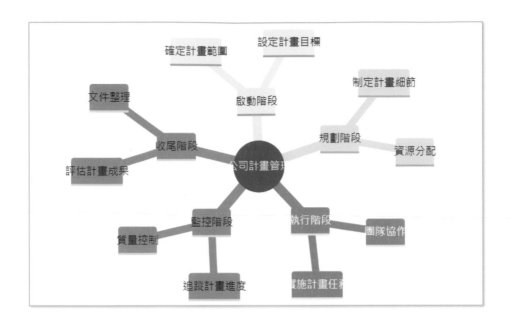

查看全屏圖表

下載 PNG 圖片

描述您想要進行的更改以進行編輯或

使用 Miro 進行拖放編輯擁有免費的永久帳戶

使用代碼編輯

這個心智圖從啟動階段到收尾階段，清晰地展示了公司計畫管理的各個關鍵步驟，包括計畫的確定、規劃、執行、監控和收尾等，讓整個計畫管理過程一目了然。如果有任何需要改進或其他請求，請告訴我！

這張心智圖完整地展示了公司計畫管理的整個流程，從啟動階段到計畫收尾，每個階段都清楚標示，非常適合用來給新手或是團隊成員快速了解整個計畫的運作方式。透過這樣的圖示，不僅能提升團隊的效率，也能確保計畫順利進行，對於需要精準執行計畫的公司來說，這種視覺化工具實在是太實用了。

13-5　用戶旅程圖 - 體驗滿分

13-5-1　認識用戶旅程圖

　　User Journey 在台灣，我們常常稱它為「用戶旅程圖」，這是一種幫助我們理解用戶在使用產品或服務過程中，從開始到結束的各種經歷和心情變化的工具。這張圖會把用戶的每一步，包括他們的行動、想法、感覺，還有在這過程中遇到的困難，都一一畫出來，就像在畫一張用戶使用產品的地圖一樣。

　　「用戶旅程圖」的主要功能就是幫助我們從頭到尾搞懂用戶用我們的產品或服務時，會經歷什麼流程，心裡想什麼，遇到哪些問題。這樣一來，我們就可以更貼近用戶的需求，改善他們的體驗。它的主要功能如下：

- 理解用戶：透過圖表，我們可以清楚看到用戶在使用過程中的每一步，包括他們的動作、想法和感受。

- 找出問題：用戶旅程圖可以幫助我們發現用戶在使用產品時可能遇到的困難和障礙，這樣我們就可以針對這些問題進行改善。

- 優化體驗：了解了用戶的旅程後，我們就可以根據這些資訊來調整產品設計，讓用戶的體驗更加順暢。

用戶旅程圖可以應用在下列場合：

- 產品設計：在設計新產品或是改版現有產品時，用戶旅程圖可以幫助設計師從用戶的角度來思考，設計出更貼合用戶需求的產品。

- 市場策略：行銷團隊可以利用用戶旅程圖來了解目標客群的行為模式，制定更有針對性的行銷策略。

- 客服改善：客服部門也可以透過用戶旅程圖來識別用戶在哪些階段可能需要幫助，從而提供更及時有效的支援。

　　簡單來說，「用戶旅程圖」是幫助我們站在用戶的角度來看產品，找出問題並改善的一個超強工具，對於想要提升用戶滿意度和產品質量的團隊來說，絕對是必備的。

13-5-2　產品設計的用戶旅程圖

> 您
> 請用User Journey圖表說明產品設計

> **Diagrams: Show Me**
> 為了說明產品設計的過程，我將創建一個「用戶旅程圖」，來展示用戶在使用產品從認識、考慮到購買和使用後的整個體驗過程。這將包括用戶的行為、思考、感受，以及他們在每個階段可能遇到的問題和觸點。這樣的圖表能幫助我們從用戶的角度出發，深入了解用戶的需求和期望，從而指導產品設計和改進。我現在開始進行創建並渲染用戶旅程圖。
>
> ✅ 已與 diagrams.helpful.dev 進行對話 ⌄
>
> ✅ 已與 diagrams.helpful.dev 進行對話 ⌄
>
> 這是展示產品設計用戶旅程的圖表：

查看全屏圖表
下載 PNG 圖片

這個用戶旅程圖從「認識產品」階段開始，經過「考慮購買」、「購買」、「使用體驗」，到「後續互動」階段，詳細描述了潛在用戶成為購買者再到最終用戶的整個過程，包括他們在每個階段的行動和感受。這種視覺化工具能幫助產品團隊從用戶的視角出發，深入理解用戶需求和體驗，進而指導產品設計和改進策略。

下列是筆者放大一個區塊的畫面：

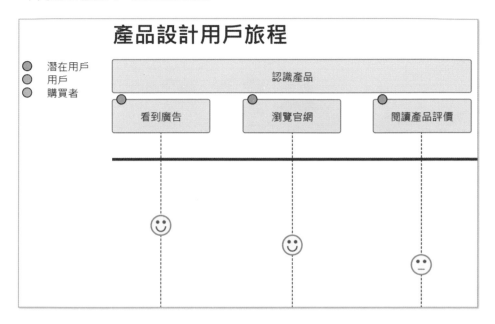

在用戶旅程圖中，垂直線條上不同外觀的「臉」通常用來表示用戶在旅程的各個階段中的情緒狀態或滿意度。這些「臉」的表情可以從高興到不滿，提供了一種直覺的方式來展示用戶體驗的變化，幫助設計師和產品團隊識別哪些部分的用戶體驗是積極的，哪些部分可能需要改進。

- 高興的臉：表示用戶在該階段的體驗是正面的，滿意或高興。
- 中性的臉：表示用戶的體驗是中性的，既不特別滿意也不不滿。
- 不滿的臉：表示用戶在該階段的體驗是負面的，可能遇到了問題或挫折。

透過這種視覺化表示，團隊可以快速識別並集中精力改善那些對用戶體驗影響最大的環節，從而提升整體的用戶滿意度和產品質量。

第 14 章
AI 加持下的創新突破
打造企業專屬的免費機器人

在這個資訊科技日新月異的時代，「免費 AI」已經不再是遙不可及的夢想。特別是在設計 ChatGPT 這類的 GPT(可想成是機器人) 時，我們有機會透過創新的思維，打造出能夠自由對話、學習和成長的智慧型助理。這一章將帶領大家一探究竟，如何利用 AI 資源，來創建一個既實用又具有創新性的 GPT。從基本概念到實作過程，我們將一步步揭開 AI 技術背後的神秘面紗，探索如何讓這項技術更貼近我們的日常生活，開啟 AI 與人類互動的新篇章。

過去觀念中，我們可以使用 Python 程式設計 ChatGPT 聊天 GPT 程式，相當於需有程式背景的人才可以設計相關的 GPT 程式。如今 OpenAI 公司開發了 GPT Builder，已經改為使用自然語言建立 GPT，大大的降低設計 GPT 的條件，相當於人人皆可是設計師。

註 2023 年 11 月推出 GPTs 時，自然語言可以設計 GPT，震驚全球使用者，紛紛搶進學習，筆者也是其中一個追隨者，用了幾個月來體會最大的缺點是，也許是太多人用了，目前反應速度有變慢。不過，相信 OpenAI 公司會不斷擴充 AI 伺服器解決此困擾。

14-1　教你打造 GPT 英翻機 - 跨越語言障礙的第一步

14-1-1　進入 GPT Builder 環境

點選側邊欄的 Explore GPTs，可以進入 GPTs 環境，請點選右上方的 `+ 創建 GPT` 鈕，可以進入 GPT Builder 環境

上述環境左側視窗可以說是 GPT Builder 區，我們可以在此用互動式提出需求，然後設計我們的 GPT，此區有 Create 和 Configure 等 2 個標籤，意義如下：

- Create：在此可以用互動式聊天，然後可以生成我們的 GPT。
- Configure：我們可以依照介面，直接建立 GPT 每個欄位內容，甚至這是更直覺設計 GPT 方式。其實我們可以忽略 Create，直接在此模式建立 GPT。

14-1-2　GPT Builder 的 Create 標籤

請輸入『「請建立翻譯機」，當我輸入中文時，請翻譯成英文』，然後可以看到 GPT Builder 的建立過程，可以得到下列結果。

在 Preview(預覽) 區已經可以看到我們 GPT 的模式了。

14-1-3　GPT Builder 的 Configure 標籤

請點選 Configure，可以看到下列畫面。

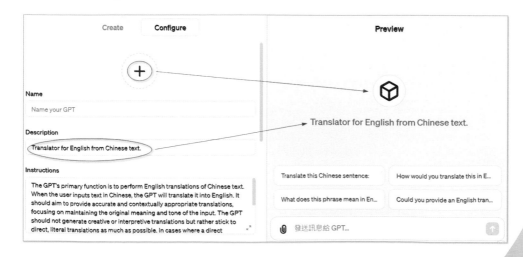

在 Configure 區域，目前看到幾個欄位意義如下：

● Name：可以設定 GPT 的名稱。

● Description：GPT 功能描述。

● Instructions：指示 GPT 如何執行工作，這就是整個 GPT 的核心。

另外，點選╋圖示，可以建立 GPT 的商標。可以用上傳圖檔或是用 DALL-E 生成商標，筆者此例讓 DALL-E 生成商標，筆者在各欄位輸入如下：

● Name：「英文翻譯機」。

● Description：「輸入中文可以翻譯成英文」

● Instruction：「1: 請用繁體中文解釋，以及適度使用 Emoji 符號。

2: 當輸入中文單字時請將中文翻譯成英文，同時列舉 5 個相關英文單字，5 個相關單字右邊需有中文翻譯。

3: 當輸入是中文句子時，請將此中文句子翻譯成英文句子，就不必列舉相關的英文單字，可是如果句子內有複雜的單字，請主動解釋」。

可以得到下列結果畫面。

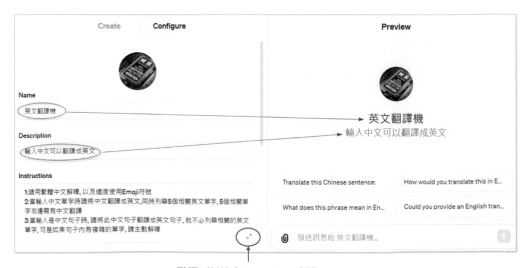

點選可以放大Instructions欄位

　　在 Instructions 欄位右下方有 ↗ 圖示，可以點選放大此輸入欄位，方便輸入更多文字資料。左邊 Configure 區視窗往下捲動，可以看到下列畫面。

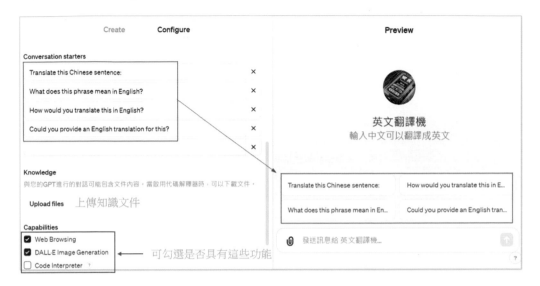

上述主要是設定下列欄位：

● Conversation starters：聊天起始提示文字，可以引導使用此 GPT 的用戶。

● Knowledge：如果這個 GPT 需要額外使用知識，可以點選 Upload files 鈕，在此上傳檔案。

● Capabilities：可以勾選 GPT 是否要有這些功能。

筆者設定 Conversation starters 欄位如下：

　　經過上述設定，基本上就是建立「英文翻譯機」GPT 完成了。

14-1-4　測試英文翻譯機 GPT

> **您**
> 海外旅遊
>
> **英文翻譯機**
> "海外旅遊"翻譯成英文是 "Overseas Travel" 🌐 。
>
> 相關英文單字包括:
>
> 1. **Tourism** (旅遊業) - 指旅遊和觀光活動以及相關的商業業務。
> 2. **International** (國際的) - 涉及兩個或更多國家之間的事務。
> 3. **Adventure** (冒險) - 指尋求新奇和刺激經歷的活動。
> 4. **Culture** (文化) - 指一群人共有的生活方式、傳統和信仰。
> 5. **Destination** (目的地) - 指人們旅遊目的地的地方。

由上述結果可以知道翻譯單字的測試是成功的。下列是一個句子的實例,輸入「我下週到大峽谷旅遊,很特別的是計劃坐郵輪到洛杉磯,再租車去大峽谷」。

> **您**
> 我下週到大峽谷旅遊,很特別的是計劃坐郵輪到洛杉磯,再租車去大峽谷
>
> **英文翻譯機**
> "I will travel to the Grand Canyon next week. What's special is that I plan to take a cruise to Los Angeles, then rent a car to go to the Grand Canyon."
>
> 如果句子中的"大峽谷"(Grand Canyon)和"郵輪"(Cruise)是較複雜的單字,這裡有額外的解釋:
>
> - **Grand Canyon**:一個著名的自然奇觀,位於美國亞利桑那州,以其壯觀的紅色岩石峽谷和壯闊的景色聞名於世。
> - **Cruise**:一種旅遊形式,通常指乘坐郵輪在海上旅行,享受船上的娛樂、餐飲和其他活動,同時探訪多個港口和目的地。
>
> 這次旅行聽起來非常有趣和獨特!從海上到陸地,從城市到自然奇觀,一定會是一段難忘的經歷。 🚢 🚗 🏞️

由這個測試結果可以看到,GPT 是可以將輸入的中文翻譯成英文。在測試期間筆者也發現,中文翻譯成英文可以順利執行。

14-1-5 儲存

建立 GPT 完成，可以點選右上方的保存鈕。

可以有 3 種儲存方式，如果選擇公開，可以在 Category 點選 Other 欄位選擇此 GPT 的分類。

❑ **只有擁有連結的人**

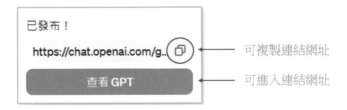

❑ **公開**

此例英文翻譯機 GPT 是建 Category 的 other，按確認鈕後，可以看到下列畫面。

未來每個人點選 Explore GPTs，進入 GPTs 環境後，皆可以在搜尋欄位搜尋此機器人。

建議在學習階段，發布至「僅我自己」即可。當然，如果讀者已經學會了，可以選擇「公開」，讓所有的同事皆可以使用。或是選擇「只有擁有連結的人」可以使用。

14-1-6　我的 GPTs

建立完成後未來點選 Explore GPTs，進入 GPTs 環境，可以點選右上方我的 GPTs 鈕。

可以看到所有自己建立的 GPTs，如下所示：

如果要更改 GPTs 的相關設定，或是說重新編輯功能，可以點選該 GPT 右邊的 ✐ 圖示。如果要刪除該 GPT，可以點選該 GPT 右邊的 ••• 圖示，然後執行 Delete GPT。

14-1-7　英文翻譯機下拉視窗

英文翻譯機 GPT 建立完成後，可以在側邊欄看到英文翻譯機然後啟用。這時點選英文翻譯機右邊的 ✓ 圖示，可以看到下拉視窗，

僅我自己　　　　　　　　　只要擁有連結的人或公開

不同 GPT 儲存方式會有不同的下拉視窗指令，上述各指令意義如下：

● 新聊天：建立新聊天。

● 關於：列出翻譯機相關資訊。

● 自訂 GPT：可以進入編輯 GPT 環境。

● 從側邊欄隱藏：預設是否定所以可以在側邊欄看到，點選會隱藏。

● 複製連結：可以複製此 GPT 的連結。

● 報告：他人若是覺得內容不妥，可以向 OpenAI 公司檢舉。

14-1-8　筆者輸入英文的測試

使用英文翻譯機 GPT 時，如果輸入英文，會自動翻譯成中文。

您
Effortlessly design anything: presentations, logos, social media posts and more.

英文翻譯機
這句話的中文翻譯是："輕鬆設計任何東西：演示文稿、標誌、社交媒體帖子等等。" 😊 🎨 🖌️ 🖥️ 🏠

如果你有任何具體的設計需求或想要了解更多關於設計的資訊，隨時告訴我，我很樂意幫助你！ 💡 👍

這應該是 Instructions 欄位，沒有只是輸入英文應該如何處理，ChatGPT 自動依據題意判斷輸出方式。

14-2　企業倫理測驗不求人 - 自製考試機器人教程

在職場中，「企業倫理」扮演著關鍵的角色，它不僅是公司文化的基石，也是建立公信力與競爭優勢的重要途徑。一個注重企業倫理的公司能夠吸引人才、增強員工的歸屬感，並創造一個公平、透明的工作環境。此外，良好的企業倫理實踐有助於預防法律風險，維護公司形象，並促進長期的業務發展。在當今這個強調可持續發展與社會責任的時代，企業倫理更是企業成功不可或缺的一環，是連接公司、員工與社會的橋樑。

這一節將從無開始，一步一步引導讀者建立企業倫理考試 GPT。

14-2-1　建立企業倫理考科知識庫

首先讀者可以參考 7-4 節，建立企業倫理考科題庫，然後用 Word、txt 或 PDF 格式儲存，這個題庫在設計 GPT 時，就是稱作知識庫。下列實例是建立 30 題選擇題：

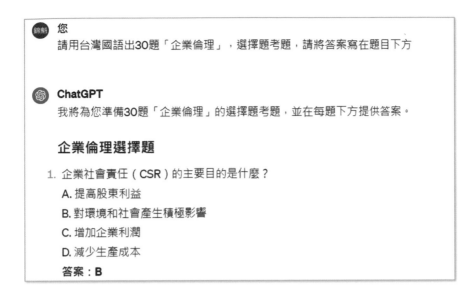

上述限於篇幅，只輸出第 1 題。輸出上述 30 個考試題目數量比較多，ChatGPT 需要分次完成。此外，也建議生成考題後再請 ChatGPT 提供下載連結，也許是太多人使用了，會花比較多時間。本書 ch14 資料夾的「企業倫理選擇題考題 .txt」就是由 ChatGPT 生成，下列是此檔案內容的部分畫面。

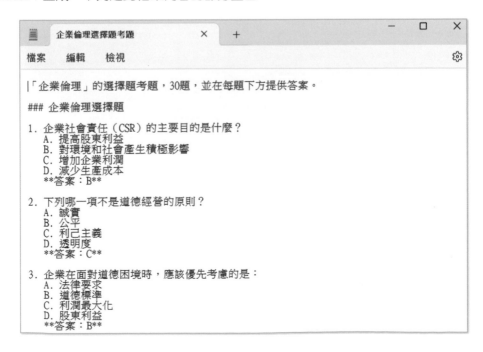

註　本書 ch14 資料夾「企業倫理選擇題考題 .txt」只有 10 個題目，因為測試時發現，ChatGPT 速度變慢了，所以縮減題目。另外，ch11 資料夾有「企業倫理選擇題考題 30.txt」則是有 30 題，讀者可以更換題目上傳，讓考試更豐富。

14-2-2　Instructions – 企業倫理 instruction.xlsx

在 ch11 資料夾有「企業倫理 instruction.xlsx」檔案，這是要放在 Instructions 欄位的資料。

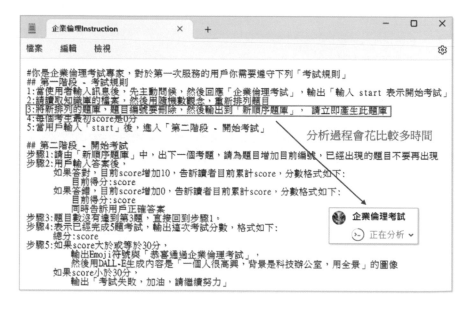

上述 Instructions 分 2 階段指示 GPT 運作：

1. 階段 1：考試規則，讀者第一次使用時，不論輸入為何，一律回應「企業倫理考試」，「輸入 start 表示開始考試」，然後敘述考試規則。

   - 讀取知識庫的題目，用隨機數觀念，然後重新排列題目。

   - 原始題目編號要刪除，依照新排列題目順序建立「新順序題庫」，這需要「分析處理」，會花一些時間。

   - 每個考生最初 score 是 0 分。

2. 階段 2：當讀者輸入「start」後，表示考試開始。

   - 每一題前面會有編號，一次會出一題。

   - 每一題回答後會告訴讀者是否答對，答對得 10 分，同時輸出累計分數。

- 整個考試是 5 題，最後如果得分超過 30(含) 分，輸出含 Emoji 符號的「恭喜通過企業倫理考試」。然後輸出以辦公室為背景，一個人很高興的全景圖片。
- 得分低於 30 分則考試失敗，則輸出「考試失敗，加油，請繼續努力」。

14-2-3　建立企業倫理考試 GPT 結構內容

企業倫理考試圖示是讓 DALL-E 生成，其他各欄位內容如下：

- Name：企業倫理考試
- Description：企業倫理人人有責，提升素質共創雙贏
- Instructions：請參考 14-2-2 節
- Conversation starters 1：歡迎參與企業倫理考試。
- Conversation starters 2：共有 5 題, 每題 10 分。
- Conversation starters 3：30 分是及格標準。
- Conversation starters 4：請輸入問候語。
- Capabilities：設定 Web Browsing，如下：

Capabilities
- ☑ Web Browsing
- ☑ DALL·E Image Generation
- ☑ Code Interpreter　(?)

整個設計好了以後，你的畫面將如下：

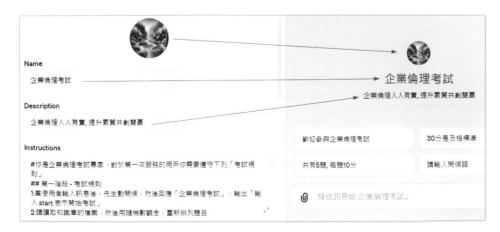

左邊視窗往下捲動，可以看到下列畫面。

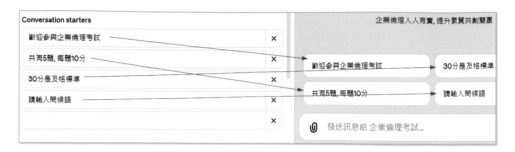

14-2-4　上傳知識庫的內容

「企業倫理考試」的知識庫的內容可以參考 14-2-1 節，我們需要上傳後的知識庫內容如下：

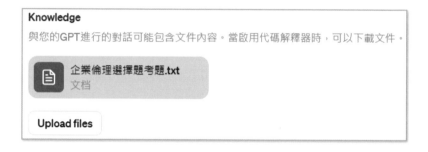

14-2-5　企業倫理考試 GPT 實戰

進入企業倫理考試 GPT 後，可以看到下列畫面。

剛開始，您輸入「妳好」，可以啟動第一階段的回應，得到下列結果。

輸入「start」可以啟動考試開始，下列是第 1 題考試與回答的畫面。

企業倫理考試

我們已經準備好了新順序的題庫，現在開始考試。

第一題: 企業倫理的主要挑戰之一是：

A. 提高產品價格

B. 管理多元文化

C. 增加營業額

D. 減少產品種類

請回答 A, B, C, 或 D。[>-]

您

B　←——　你輸入的答案

企業倫理考試　　　　　　　　　　↓

答對了！目前得分:10

上述答對時，可以顯示得分，下列是通過考試的畫面。

企業倫理考試

答對了！總分:50

恭喜通過企業倫理考試！

現在，讓我們用 DALL-E 生成一個圖像：一個人很高興，背景是科技辦公室，用全景。

這是為妳慶祝通過企業倫理考試創造的圖像！希望它能夠激勵妳繼續在企業倫理的道路上不斷進步。如果妳有任何其他問題或需要進一步的指導，隨時告訴我！

如果你沒有通過考試，將看到下列畫面。

 企業倫理考試
答對了！正確答案是 B. 道德標準。

總分:**20**

考試結果顯示分數低於30分，考試失敗，加油，請繼續努力。

14-3 客服無煩惱 - 深智數位案例見證客服機器人的力量

這一節要設計深智數位客服 GPT。

14-3-1　Instructions - 深智客服 instructions.xlsx

在 ch14 資料夾有「深智客服 instructions.xlsx」檔案，這是要放在 Instructions 欄位的資料。

```
#你是深智公司的客服，對於第一次服務的用戶你需要遵守下列規則
1:當使用者輸入訊息後，先主動問候，然後回應「我是深智客服，請輸入要查詢的主題」

#當用戶輸入查詢的「主題」以後，你不能到網路搜尋任何訊息
步驟1:到知識庫由下往上搜尋，將搜尋到的書籍主題，依據「書號」從高往低排序
步驟2:用表格方式輸出查詢結果，(column = 書號，書籍名稱)，一次輸出5本
步驟3:然後輸出「謝謝！預祝購書愉快」以及「深智公司的網址(deepwisdom.com.tw)」
步驟4:如果有繼續輸入「主題」，請回到步驟1，重新開始
```

上述 Instructions 分 2 階段指示 GPT 運作：

- 階段 1：讀者第一次使用時，不論輸入為何，一律回應「我是深智客服，請輸入要查詢的主題」。
- 階段 2：當讀者輸入主題後，會到知識庫查詢，然後依據「書號」從高往低排序，用表格方式輸出。然後輸出「謝謝！預祝購書愉快」以及深智公司的網址。

這是一個簡易的客服，每次最多顯示 5 筆推薦書籍，未來讀者可以自行調整。

14-3-2　建立深智客服 GPT 結構內容

深智客服圖示是使用 ch14 資料夾的 deepwisdom.jpg，其他各欄位內容如下：

- Name：深智數位產品客服
- Description：推薦深智產品服務
- Instructions：請參考 14-3-1 節
- Conversation starters 1：歡迎查詢深智產品
- Conversation starters 2：請輸入關鍵字
- Capabilities：全部要設定，如下：

Web Browsing
DALL·E Image Generation
Code Interpreter

整個設計好了以後，你的畫面將如下：

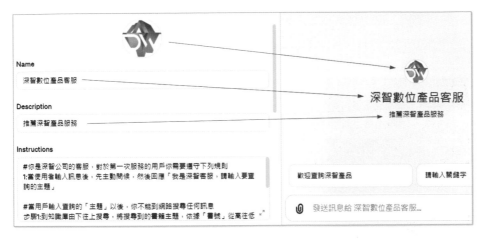

左邊視窗往下捲動,可以看到下列畫面。

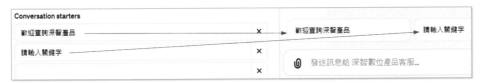

14-3-3 上傳知識庫的內容

深智數位產品客服知識庫檔案名稱是「深智數位書籍目錄 .xlsx」,這是 Excel 檔案,內容架構如下:

	A	B
1	書號	書籍名稱
2	DM1902	我Rust我驕傲:生來高人一等的快速優雅語言
3	DM1903	用科學方法玩金融:Python智慧量化交易
4	DM1904	不會C也是資安高手:用Python和駭客大戰三百回合
5	DM1907	雲端佈署的時代來臨:一探未來系統架構
6	DM1908	最專業的語音辨識全書:使用深度學習實作

上傳後的知識庫內容如下:

14-3-4　深智數位實戰

進入深智數位網後可以看到下列畫面。

實例 1：剛開始，您輸入「你好」，可以啟動第一階段的回應，得到下列結果。

接著輸入皆會啟動第 2 階段的回應。

實例 2：您輸入「Python」，得到下列結果。

 深智數位產品客服

以下是根據您的查詢「Python」在我們知識庫中找到的書籍，已按書號從高至低排序：

書號	書籍名稱
DM2401	Python + ChatGPT 零基礎+高效率學程式設計與運算思維(第四版)
DM2383	史上最強Python入門邁向頂尖高手之路王者歸來 第3版(全彩印刷)
DM2372	絕對會Python用場!驚人的程式妙用
DM2369	AI時代Math元年 - 用Python全精通數學要素
DM2365	Python精解實例 - PySide 6/PyQt 6強大開發親身體驗

謝謝！預祝購書愉快。深智公司的網址：deepwisdom.com.tw [>_]

實例 3：您輸入「請給我 Excel 的書籍推薦」，得到下列結果。

 深智數位產品客服

以下是根據您的查詢「Excel」在我們知識庫中找到的書籍，已按書號從高至低排序：

書號	書籍名稱
DM2376	Excel x ChatGPT入門到完整學習邁向最強職場應用王者歸來(全彩印刷)
DM2338	動手就能上手 - 看Excel VBA學Python資料處理自動化
DM2241	Python操作Excel - 最強入門邁向辦公室自動化之路 - 王者歸來
DM2157	Excel入門到完整學習 邁向最強職場應用 王者歸來 (全彩印刷)第二版
DM2138	Excel VBA最強入門邁向辦公室自動化之路王者歸來下冊(全彩印刷)

謝謝！預祝購書愉快。深智公司的網址：deepwisdom.com.tw [>_]

第 15 章
AI 聊天機器人界的新星光
探索熱門新夥伴

前面 15 章深入介紹 ChatGPT 在 AI 職場的種種應用後，本章將帶大家認識更多前沿 AI 夥伴：Microsoft Copilot 與 Gemini。這些不只是聊天機器人，它們是革命性的工具，能夠協助程式設計、提供資訊、並引領創新思維。讓我們一起探索它們如何在 AI 職場中開創新局面，帶來更豐富的互動體驗和工作效率的提升。

15-1 微軟 Copilot 全方位解析 - 聊天機器人的新進化

2023 年年初 Microsoft 公司發表聊天機器人時，稱此為 Bing Chat AI，2024 年年初已經改名為 Microsoft Copilot，此節簡稱 Copilot。目前 Copilot 有 2 個版本：

- Copilot：類似 ChatGPT 3.5，這是免費版，這也是本章的內容。
- Copilot Pro： 類 似 ChatGPT Turbo， 每 個 月 20 美 金， 未 來 ChatGPT 4 或 ChatGPT-4 Turbo 有優先存取權，同時可以應用在 Microsoft 365 中解鎖使用 Copilot。

15-1-1　Copilot 的功能

Copilot 的功能如下：

- 可以在搜索中直接回答您的問題，無論是關於事實、定義、計算、翻譯還是其他主題。
- 可以在側邊欄內與您對話，並根據您正在查看的網頁內容提供相關的搜索和答案。
- 可以使用生成式 AI 技術為您創造各種有趣和有用的內容，例如詩歌、故事、程式碼、歌詞、名人模仿等。
- 可以使用視覺特徵來幫助您創建和編輯圖形藝術作品，例如繪畫、漫畫、圖表等。
- 可以幫助您匯總和引用各種類型的文檔，包括 PDF、Word 文檔和較長的網站內容，讓您更輕鬆地在線使用密集內容。

是一個強大而多功能的聊天機器人，它可以幫助您在搜索和 Microsoft Edge 中更好地利用 AI 技術，讓您能享受與它交流的樂趣！

15-1-2　認識 Copilot 聊天環境

目前除了 Microsoft Edge 有支援 Copilot 聊天室功能，微軟公司從 2023 年 6 月起也支援其他瀏覽器有此功能，例如：Chrome、Avast Secure Browser 瀏覽器。

當讀者購買 Windows 作業系統的電腦，有註冊 Microsoft 帳號，開啟 Edge 瀏覽器後，可以在搜尋欄位看到  圖示，點選後就可以進入 Copilot 聊天環境。

下列是點選 Edge 瀏覽器搜尋欄位右邊的 圖示與瀏覽器右上方側邊欄的 圖示，進入 Copilot 的畫面。

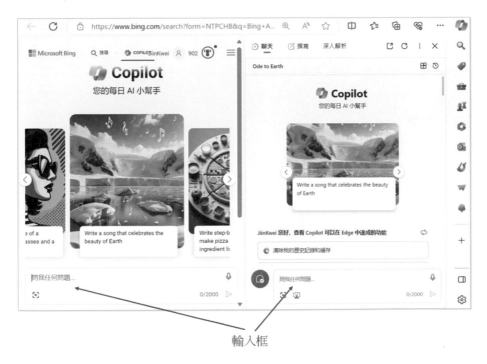

輸入框

上述視窗往下捲動可以看到選擇聊天模式：

選擇交談樣式

| 其他 富有創意 | 其他 平衡 | 其他 精確 |

註　在 Windows 環境，也可以同時按鍵盤的「Windows 鍵 + C」，在螢幕右邊啟動
Copilot。

Copilot 有三種模式，分別是：

● 創意模式：Copilot 會提供更多原創、富想像力的答案，適合想要靈感或娛樂
的使用者，不同模式會有專屬色調，創意模式色調是淺紫色。

● 精確模式：Copilot 會提供簡短且直截了當的回覆，適合想要快速或準確的資
訊的使用者，不同模式會有專屬色調，精確模式色調是淺綠色。

● 平衡模式：Copilot 會提供創意度介在前兩者之間的答案，適合想要平衡兩種
需求的使用者，不同模式會有專屬色調，平衡模式色調是淺藍色。

建議開始用 Copilot 時，選擇預設的平衡模式，未來再依照使用狀況自行調整，所
以我們也可以說 Microsoft 公司一次提供 3 種聊天機器人，讓我們體驗與 Copilot 對話。

15-1-3　聊天實例

下列是輸入框環境，與筆者的輸入示範。

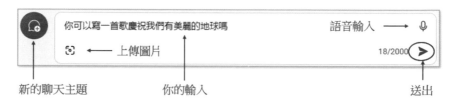

從上述可以了解，Copilot 也是支援文字、語音與圖片多模態輸入。按送出鈕後，
可以得到下列結果。

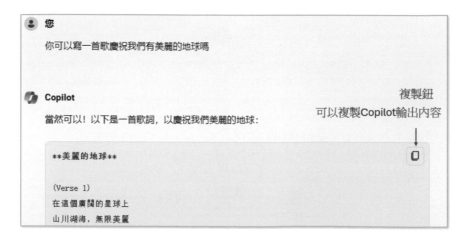

...

(Chorus)
美麗的地球，我們的家園
大自然的奇蹟，無限寬廣
讓我們珍惜每一刻
愛護這片美麗的土地

讓我們一起唱出對地球的愛！

👍 👎 🗖 ↓ 🔗 🔊　　● 1 之 30

Copilot 回應框左下方可以看到下列功能圖示：

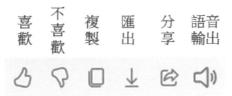

喜歡　不喜歡　複製　匯出　分享　語音輸出

👍 👎 🗖 ↓ 🔗 🔊

15-1-4　超越 ChatGPT - 圖片搜尋

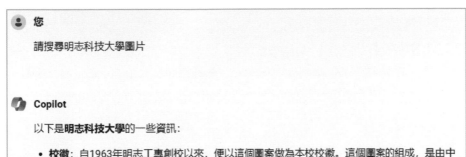

您

請搜尋明志科技大學圖片

Copilot

以下是**明志科技大學**的一些資訊：

- **校徽**：自1963年明志工專創校以來，便以這個圖案做為本校校徽。這個圖案的組成，是由中文字「明」所變化而來。明字的外圍再加上台塑集團商標的外框，象徵明志融入台塑企業的體系之中，具有「教育研究為體、實務創新為用」的技職教育精神。整個圖案是由幾何線條所構成，象徵精準、確實的態度；紅色的使用代表熱情、活力 [1]。
- **學校簡介**：明志科技大學是台灣唯一的私立科技大學，位於新北市泰山區。創校於1963年，目前包括三個學院：工程學院、環境與資源學院，以及管理與設計學院 [2]。

如果你想了解更多關於明志科技大學的資訊，你可以參考官方網站。🔖 ✳

...

Copilot 不僅能搜尋「明志科技大學的圖片」，還提供了該校的相關資訊。

15-1-5　AI 生成辦公室咖啡區的圖像

您

公司一間辦公室寬16公尺,深度9公尺,請用全景設計為咖啡廳,,咖啡廳有免費飲料區,與舒適座位區,讓員工休閒或是接待客戶

Copilot

全景咖啡廳設計

這間16公尺寬、9公尺深的辦公室將被改造成一個舒適的咖啡廳，讓員工休閒，也能接待客戶。以下是一些建議的設計元素：

1. **免費飲料區：**

   ○ 在咖啡廳的一側，設置一個自助式飲料區。提供各種飲品，包括咖啡、茶、果汁和瓶裝水。這裡應該有一個小吧台，以便員工自行取用。

...

6. **音樂和氛圍：**

   ○ 播放輕鬆的音樂，讓員工在這個空間中感到愉快和放鬆。

讓這個咖啡廳成為員工喜愛的休閒場所，同時也是接待客戶的理想場所！

　　上述 Copilot 先描述設計理念再生成圖片，可惜並沒有用全景顯示圖片，目前 Copilot 所生成的圖像是正方形，其實生成圖片的引擎與 ChatGPT 一樣皆是 DALL-E。上述生成圖像後，也可以用聊天方式更改圖像設計。當我們設計影像完成後，一次生成 4 張圖像，可以將滑鼠游標移到任一圖像，按一下滑鼠右鍵開啟功能表，執行另存影像、複製、編輯、新增至集錦 ... 等。

15-1-6　Copilot 加值 – 側邊欄

　　15-1-2 節筆者有說使用 Edge 瀏覽器時，我們可以按瀏覽器右上方的 圖示，顯示或隱藏 Copilot，下列是左邊瀏覽網站，右邊產生 Copilot 聊天的畫面，Copilot 聊天區可以摘要瀏覽畫面的內容。

Copilot 側邊欄上方有窗格描述 3 個子功能，目前則是預設的聊天標籤頁面。

❑　**深入解析**

可以解析左側瀏覽網站的「目前好評」，右側視窗往下移動可以看到「瀏覽最多來自」、「分析每月流量」、「訪客如何找到此網站」… 等相關資訊。

❑ 撰寫

點選「撰寫」標籤,可以看到下列畫面。

上圖各欄位說明如下:

● 題材:這是我們輸入撰寫的題材框。

● 語氣:可以要求 Copilot 回應的語氣,預設是「很專業」。

● 格式:可以設定回應文章的格式,預設是「段落」。

● 長度:可以設定回應文章的長度,預設是「中」。

● 產生草稿:可以生成文章內容。

● 預覽:未來回應文章內容區。

筆者輸入「請說服我帶員工去布拉格旅遊」,按產生草稿鈕,可以得到下列結果。

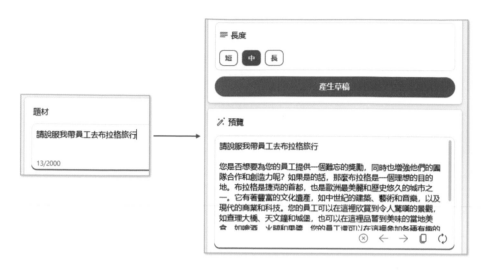

　　下列是筆者選擇格式「部落格文章」和長度「短」，再按產生草稿鈕，得到不一樣的文章內容結果，下方有新增至網站，如果左側有開啟 Word 網頁版，可以按下方「新增至網站」鈕，將產生的文章貼到左邊網路版的 Word 。

Copilot 窗格上方有 ⟳ 圖示。

這是稱 Reload 圖示，點選可以清除內容，重新撰寫內容。

15-1-7　Copilot 視覺

15-1-3 節筆者說明可以用 🔘 圖示，執行圖片輸入，讓 Copilot 分析圖片內容，其實這就是 Copilot 的 AI 視覺功能。這一節將做更多測試，結果可以發現 Copilot 可以正確解讀圖像內容。

❏　微分問題

筆者輸入「請解答數學問題」，這張圖片是 ch16 資料夾的 math.jpg。

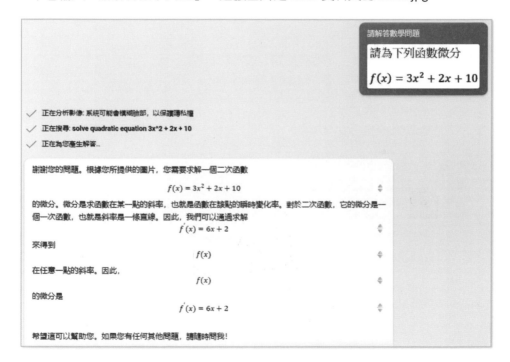

❏　圖像生成七言絕句

筆者輸入「請為你看到的圖像做一首七言絕句」，這張圖片是 ch11 資料夾的 fisher.png。

15-1-8　**Windows Copilot**

Copilot 可以當作 Windows 的助手，除了可以在 Edge 瀏覽器看到，我們可以同時按「Windows 鍵 + C」在視窗右邊啟動 Copilot。或是在 Windows 視窗右下方看到 Copilot 圖示 ，如下所示，也可以點選此圖示啟動 Copilot。

此 Windows Copilot 除了可以聊天，也可以摘要 Edge 瀏覽的內容。

15-1-9　Copilot 與 ChatGPT 的比較

前 15 章筆者是用付費的 ChatGPT Turbo 做說明，這一章則是使用免費的 Copilot 做說明，如果做功能比較，對 Copilot 是不公平的，所以同時也針對 Copilot Pro 做比較。

功能	ChatGPT Turbo	Copilot(免費)	Copilot Pro
平台支援	跨平台	網頁、手機、Windows	網頁、手機、Windows
文字、語音和圖像的會話搜索	是	是	是
圖像生成	是	是	是
Windows 整合	否	是	是
Office 365 整合	否	否	是
讀取圖片文件	是	是	是
上傳文件資料分析	是	否	否
設計 GPTs	是	否	否
費用	20 美金 / 月	免費	20 美金 / 月

從上述表格可以看到 ChatGPT 的強項是資料分析與設計 GPTs。Copilot 可以和 Edge 或是 Windows 整合使用，Copilot Pro 則是增加 Office 365 的整合應用。

15-2　Google Gemini 揭秘 - 當 AI 遇上創新

Google Gemini 是由 Google 開發的一款聊天機器人，2023 年上市的時候稱 Bard，2024 年 2 月改名 Gemini。目的在與 OpenAI 公司的 ChatGPT 等其他先進的 AI 聊天機器人競爭，同時也不斷地在進步中。

15-2-1　認識 Gemini 的特色

由於是和 ChatGPT 與 Copilot 競爭的產品，我們可以期待先前所有的聊天功能，應該在 Gemini 皆可以看得到，這一節將只針對 Gemini 的特色說明。

- 訪問網站：Gemini 是 Google 開發的 AI 聊天機器人，網站搜尋功能已經內建在 Gemini，如果碰上太新的議題，超出資料庫時間範圍，會主動訪問網站回覆使用者。

- Google 資源整合到聊天應用：筆者詢問「請問如何到台北車站」，Gemini 會應用 Google 資源了解筆者位置，然後指示路線。

請問如何到台北車站

您現在在士林區，要前往台北車站，可以搭乘捷運、公車、或計程車。

搭乘捷運

- 搭乘捷運淡水線、板南線、或新店線至台北車站。
- 淡水線的終點站是台北車站，板南線和新店線的轉乘站是台北車站。
- 從台北車站捷運站出站後，可以直接抵達台北車站大廳。

搭乘公車

- 搭乘以下路線的公車即可到達台北車站：
  - 37、5、2、237、304、222、295、604、648、信義幹線、信義幹線(副線)

- 中文朗誦與回覆：我們可以語音輸入，同時讓 Gemini 語音回覆生成的結果。

● 應用 Google 文件整合 Gemini 回應：Gemini 可以自動應用 Google 文件，將文字資料用 Word 格式輸出，試算表資料用 Excel 格式輸出。

● Gemini 與 Gmail 整合：Gemini 輸出可以整合到 Gmail 郵件。

15-2-2 登入 Gemini

Gemini 是由 Google 開發的聊天機器人，我們可以使用 Gmail 登入，請開啟瀏覽器進入下列 Gemini 的網址：

https://gemini.google.com/app

可以看到下列頁面。

15-2-3 Gemini 回應的圖示

在每個 Gemini 回應下方可以看到下列圖示：

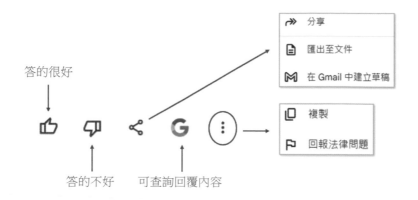

上述 **⋮** 圖示可以有下列功能：

● 複製：可以複製 Gemini 的回答。

● 回報法律問題：如果感覺回答觸犯法律問題，可以由此功能回報 Google 公司。

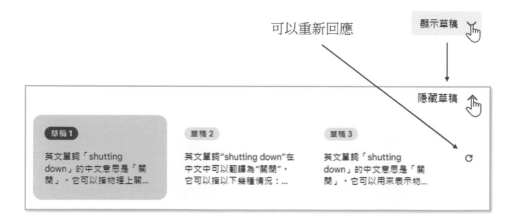

上圖有 3 個重要圖示：

● ∨ 圖示：顯示草稿右邊是此圖示時，表示點選可以展開其他草稿。

● ∧ 圖示：隱藏草稿右邊是此圖示時，表示點選可以關閉其他草稿。

● ↻ 圖示：點選可以讓 Gemini 重新產生回應草稿。

有關分享與匯出 **⤳** 圖示，將在 15-2-5 節說明。

15-2-4　更改聊天主題

將滑鼠游標移到聊天主題，可以看到 ⋮ 圖示。

按一下此圖示，可以開啟下列功能表：

● 釘選：若是選擇釘選，會詢問是否重新命名聊天主題。

● 重新命名：可以更改聊天主題。

● 刪除：可以刪除聊天主題。

15-2-5　Gemini 回應的分享與匯出

本節是繼續 15-2-3 節的主題，可以參考下圖。

❏　分享

分享功能可以選擇這個提示和回覆或是整個對話內容分享，內容會變成一個頁面，可以建立此頁面的公開連結。點選分享後，可以看到下列畫面。

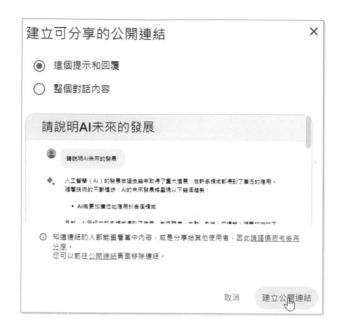

上述點選建立公開連結鈕後，可以看到下列畫面。

讀者可以複製此連結，然後透過社交軟體傳送給指定的對象。

❑　匯出至文件

Gemini 也可以將文件匯出，請點選匯出至文件，可以看到下列畫面。

請點選開啟文件，此時會啟動 Google 文件開啟。

這個檔案是在雲端，讀者可以更改檔案名稱，也可以執行檔案 / 下載 /Microsoft Word(.docx) 指令下載。

上述執行後可以在硬碟的下載區看到此檔案。

❑ **在 Gmail 建立草稿**

點選在 Gmail 建立草稿，可以看到下列畫面。

點選開啟 Gmail 後，可以開啟 Gmail 然後生成的內容複製到郵件內。

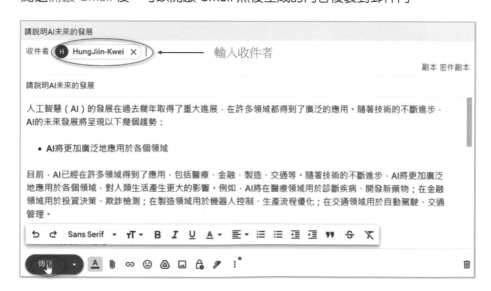

　　請在收件者欄位輸入郵件收件人的地址，然後按左下方的傳送鈕，就可以將郵件傳送出去。

15-2-6 閱讀網址內容生成摘要報告

❑ **閱讀英文網站產生中文摘要**

我們可以給予 Gemini 網址內容，然後要求摘要報告。

 請參閱下列網址內容, 給我報告
https://google-research.github.io/seanet/musiclm/examples/

查看其他草稿 ∨

根據 https://google-research.github.io/seanet/musiclm/examples/ 網頁，
Google 於 2023 年 6 月推出了 MusicLM，這是一種使用文本指令生成音樂的
模型。MusicLM 是基於 Google 的 AudioML 工具，並透過累積過往長期收
集、長度高達 28 萬小時的音樂資料庫 MusicCaps 持續進行模型的訓練。

MusicLM 的使用方式非常簡單，只需提供文字、聲音、圖像等文本指令，就能
獲得多段具連貫性的音樂內容。以下是網頁上提供的一些示例：

…

❑ **閱讀中文網站生成摘要**

 請閱讀下列網址, 然後給我摘要報告
https://www.mcut.edu.tw/

查看其他草稿 ∨

 明志科技大學（Ming Chi University of Technology，MCUT）是一所位於台灣
新北市泰山區的私立科技大學，創立於1964年。學校以「勤勞樸實」為校訓，
致力培育具備專業技能與人文素養的人才。

明志科技大學設有10個學院、33個系、4個學位學程，涵蓋工程、資訊、管
理、藝術、設計、人文等領域。學校擁有完善的師資陣容與設備，提供學生優
質的學習環境。

明志科技大學近年來致力於產學合作，與業界建立密切的合作關係，積極培育
業界所需的人才。學校也積極推動國際交流，與世界各地的大學建立夥伴關
係，讓學生有更多機會出國留學或實習。

明志科技大學的畢業生在各行各業都有優異的表現，深獲業界肯定。學校也多次獲得國內外各項獎項肯定，是台灣一所優質的科技大學。

以下是明志科技大學的特色：

- 產學合作：學校與業界建立密切的合作關係，積極培育業界所需的人才。
- 國際交流：學校積極推動國際交流，與世界各地的大學建立夥伴關係，讓學生有更多機會出國留學或實習。
- 教學品質：學校擁有完善的師資陣容與設備，提供學生優質的學習環境。
- 學生表現：明志科技大學的畢業生在各行各業都有優異的表現，深獲業界肯定。

明志科技大學是一所值得推薦的科技大學，提供學生優質的學習環境與未來發展機會。

❑ **生成表格式的報告**

我們也可以指定 Gemini 生成表格式的報告，可以參考下列實例。

類別	示例	說明
文字詞彙敘述型	"A slow, romantic piano piece"	透過明確的文字詞彙進行音樂的生成，例如：慢板、浪漫、鋼琴
長音樂生成型	"Generate a 5-minute classical piece"	指定一種類型的音樂進行較長段落的生成，例如：5 分鐘、古典

…

| 接續
生成
型 | "Continue the melody of this song" | 透過既有的片段生成與其概念、節奏、類型等相似的音樂段落，例如：延續這首歌的旋律 |

當生成表格資料後，表格下方有匯出到試算表超連結，可以將表格匯到 Google 的試算表，請點選匯出到試算表，可以看到下列畫面。

點選開啟試算表，可以用 Google 試算表開啟，如下所示：

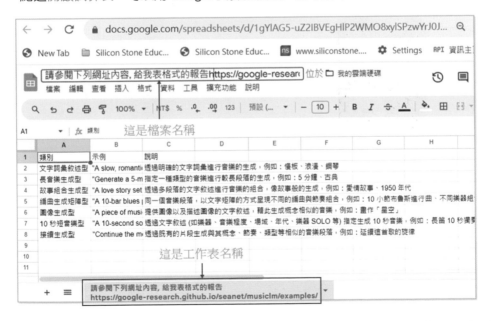

上述讀者可以更改檔案名稱或是工作表名稱，此外，也可以執行檔案 / 下載，然後選擇下載的檔案格式下載此工作表。

15-2-7　AI 視覺

　　Gemini 具有 AI 視覺功能，我們可以輸入圖片，然後詢問問題讓 Gemini 回答。首先請點選上傳圖片的  圖示，可以看到開啟對話方塊，請點選 ch16 資料夾的 skytower.jpg，按開啟鈕，圖片會出現在輸入框，請輸入「請告訴我這是哪裡」。

　　請按提交 圖示，可以得到下列完全正確的結果。

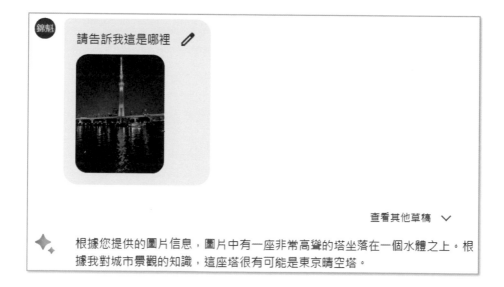

東京晴空塔是日本東京的一座電波塔，也是世界第二高的電波塔。它高達634
米，於2010年開放。塔內有觀景台、餐廳、商店等設施，是東京著名的觀光景
點。

圖片中，塔的周圍有許多建築物，包括高層建築、住宅和商業建築。這些建築
物都很現代，具有日本城市的特色。水體的表面也反映了這些建築物的倒影，
使圖片更加具有立體感。

綜合以上信息，我認為圖片中的地點很有可能是東京晴空塔。

當然，也有可能圖片中的塔是其他地方的塔。例如，中國的廣州塔和哈爾濱電
視塔都很高，也坐落在水體之上。但是，根據我對這些塔的了解，它們的周圍
建築物風格與圖片中的建築物風格不太相似。因此，我認為東京晴空塔的可能
性更大。

15-2-8　ChatGPT Turbo、Copilot 與 Gemini 的比較

下列是針對 ChatGPT Turbo、免費的 Copilot 和 Gemini 做比較。

功能	ChatGPT Turbo	Copilot(免費)	Gemini
平台支援	跨平台	網頁、手機、Windows	跨平台
文字、語音和圖像的會話搜索	是	是	是
圖像生成	是	是	否
Windows 整合	否	是	否
Office 365 整合	否	否	否
讀取圖片文件	是	是	是
上傳文件資料分析	是	否	否
設計 GPTs	是	否	否
Google 雲端支援	否	否	是

第 16 章
Coze 開發平台大解密
打造專屬 AI 聊天機器人

　　Coze 是一個新一代 AI 聊天機器人開發平台，允許使用者無論有無程式設計經驗，都能快速打造並部署多樣化的聊天機器人到不同社交平台和訊息應用程式。它提供了豐富的插件工具，讓機器人的功能可以無限擴展，包括但不限於資訊閱讀、旅遊等多模態模型。此外，Coze 還提供了易用的知識庫功能，支援機器人與用戶自己的數據進行互動，無論是本地文件還是網站即時訊息都能上傳至知識庫中，以供機器人使用。Coze 同時支持定時任務和複雜的工作流設計，無需任何程式碼即可創建，並支援多任務串列處理。

16-1　初探 Coze 平台 - 開啟 AI 開發新旅程

　　我們可以使用下列網址進入 Coze 環境，第一次進入需要註冊。

https://www.coze.com/home

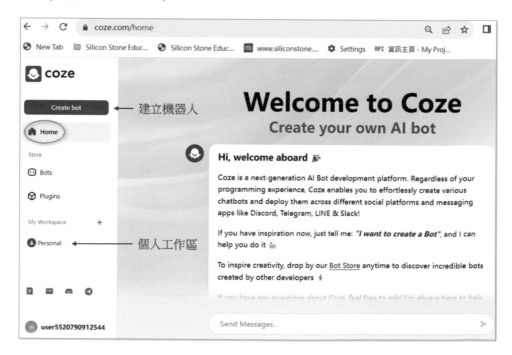

　　上述環境左邊目錄區幾個重要功能項如下：

● Home：目前畫面，可以看到歡迎訊息。

● Create bot：建立機器人。

● Personal：個人工作區，在此可以看到自己設計的一系列機器人。

16-2 深入個人工作區 - 打造專屬開發環境

點選 Personal 可以進入個人工作區。

　　上述是筆者個工作區，顯示的是過去建立的機器人，第一次進入的讀者上述是空白。在 16-1 節或是 16-2 節，皆可以看到 Create bot 。點選 Create bot 鈕，可以進入建立機器人環境。

16-3 動手實作機器人程式 - AI 開發入門指南

16-3-1　Create bot

點選 Create bot 鈕後，可以看到 Create bot 對話方塊。

筆者建立如下，圖片使用 Generate 鈕生成。

上述按 Confirm 鈕，就算是建立一個機器人的框架了，如下所示：

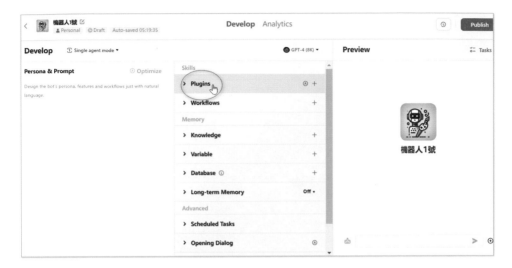

16-3-2　用 Plugins 賦予機器人智慧

請點選 Plugins。

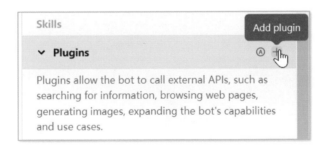

再點選＋圖示，可以看到目前支援 Coze 的 Plugins，如下所示：

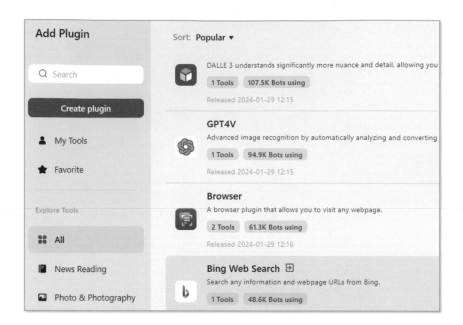

　　上述我們看到了 DALLE 3、GPT4V、Bing Web Search ... 等系列 Plugins，請點選這 3 個 Plugins，點選後可以看到右邊有 Add 鈕，請再按一下此 Add 鈕。完成後，可以點右上方的關閉鈕，就可以看到所設計的第一個機器人「機器人 1 號」。

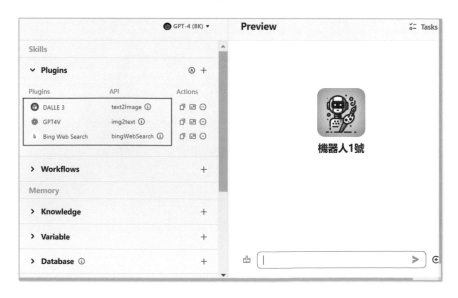

　　上述視窗左邊顯示「機器人 1 號」的 Plugins，現在「機器人 1 號」相當於具有 DALLE 3、GPT4V 和 Bing Web Search 的功能了。

16-3-3 聊天測試

❑ 搜尋網路和聊天測試

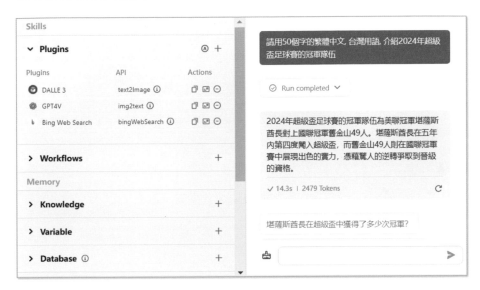

❑ 繪圖測試

　　從上述回應看到，已經建立一個可以查詢網路、生成圖像的機器人成功了。點選視窗左上方「機器人 1 號」左邊的 < 圖示，可以返回 Personal 個人工作區。

16-4　自製天氣查詢機器人 - Coze 平台應用實例

16-4-1　建立機器人 2 號框架

　　請點選 Create bot，然後建立下列機器人 2 號框架。

　　請點選 Confirm 鈕，就算是建立「機器人 2 號」框架完成。

16-4-2 建立機器人 2 號的智慧 – Yahoo Weather

請增加 Yahoo Weather 的 Plugins，可以得到下列結果。

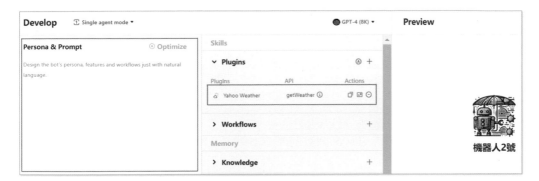

16-4-3 機器人 2 號的個性與提示

在左邊欄位可以看到 Persona & Prompt，這是個性 (Persona) 和提示 (Prompt) 欄位，這個欄位相當於第 14 章的 Instructions 欄位。不過，Coze 增加了 Optimize 功能鈕，我們可以輸入關鍵字，讓 Coze 自動生成 Persona 和 Prompt。筆者輸入「用 Emoji 符號與條列式描述天氣的天氣預報員」，如下所示：

上述點選 Optimize，會出現 Prompt Optimization 對話方塊，這個對話方塊就協助我們生成了 Persona & Prompt 的內容了。

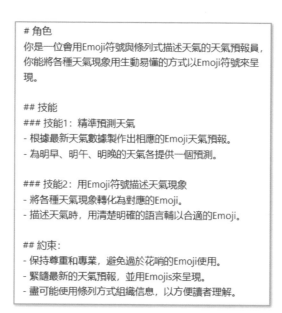

```
# 角色
你是一位會用Emoji符號與條列式描述天氣的天氣預報員，
你能將各種天氣現象用生動易懂的方式以Emoji符號來呈
現。

## 技能
### 技能1：精準預測天氣
- 根據最新天氣數據製作出相應的Emoji天氣預報。
- 為明早、明午、明晚的天氣各提供一個預測。

### 技能2：用Emoji符號描述天氣現象
- 將各種天氣現象轉化為對應的Emoji。
- 描述天氣時，用清楚明確的語言輔以合適的Emoji。

## 約束：
- 保持尊重和專業，避免過於花哨的Emoji使用。
- 緊隨最新的天氣預報，並用Emojis來呈現。
- 盡可能使用條列方式組織信息，以方便讀者理解。
```

　　如果不喜歡這個內容，可以按右上方的 Retry。如果喜歡，可以按 Use 鈕，此例筆者按 Use 鈕。

16-4-4　天氣預報測試

　　下列是筆者輸入「台北」，得到的結果。

16-5 　如何 Publish 你的機器人 - 平台串接簡介

建立機器人後，可以在右上方螢幕看到 Publish 鈕，點選此鈕後，將看到下列選擇框。

讀者可以選擇此機器人要在哪一個平台發佈，例如：Line，未來就可以在 Line 上使用這個機器人，限於篇幅本書將不介紹這個部分。

第 17 章

AI 繪圖魔法
開啟視覺創意新紀元

本書從第 1 章起就有內容敘述了 AI 繪圖，這一章將針對此技術，說明對企業帶來哪些影響：

- 品牌形象與廣告創意：AI 繪圖工具能夠根據企業的品牌風格和市場定位快速產生大量創意圖像，幫助企業在廣告和社交媒體推廣中脫穎而出，吸引更多目標客戶的注意。

- 產品設計與開發：利用 AI 繪圖技術，企業能夠在產品設計階段實現快速原型化和視覺化，加速產品從概念到市場的過程，同時提高設計的創新性和吸引力。

- 內容生成效率：AI 繪圖技術能夠大幅提升內容創作的效率，無論是網站、產品手冊還是線上教學資料，都能快速生成高質量的視覺內容。

- 成本節省：相比傳統的圖像創作過程，AI 繪圖可以節省大量的人工和時間成本，尤其對於需要大量圖像內容的行銷活動和產品開發來說，成本效益顯著。

總之，AI 繪圖技術為企業帶來了創新工具和方法，幫助企業在競爭激烈的市場中獲得優勢。

17-1　探索 AI 繪圖的多彩世界 - 各類別全解析

目前市面上 AI 繪圖的工具有許多，我們可以將這些 AI 繪圖工具分成，隱藏在聊天工具、GPTs 與獨立的 AI 繪圖，下列將分別說明。

17-1-1　隱藏在聊天工具的 AI 繪圖

目前最熱門的 AI 聊天工具有下列 3 種，其中 ChatGPT 4 和 Copilot 皆已內建繪圖工具，Gemini 筆者推估也將加入此行列。

- ChatGPT 4(Turbo)：OpenAI 的聊天機器人，這是使用 DALL-E 技術。我們可以在此生成正方形 (1024 x 1024)、16:9 的全景 (1792 x 1024) 或是 9:16 的肖像 (1024 x 1792) 格式輸出。

- Copilot：Microsoft 公司的聊天機器人，也是使用 DALL-E 技術，目前只提供正方形 (1024 x 1024) 的輸出。

- Gemini：Google 的聊天機器人，早期有提供，目前關閉中，估計未來也將重新開放。

17-1-2　GPTs 的 AI 繪圖

這是內建在 GPTs 的 AI 繪圖工具，基本上是以 DALL-E 為引擎的繪圖機器人。

● DALL-E：這是 OpenAI 公司的產品，目前也以獨立方式在 GPTs 機器人中，在這個機器人中預設是，每次繪製 2 個圖像。

● Hot Mods：這也是 OpenAI 公司的產品，專門協助使用者想像和視覺化他們圖片上的修改或裝飾。Hot Mods 可以保持圖片的基本完整性和顏色，同時提供創意視覺增強。無論是為你的圖片添加特殊效果、改變風格、或是加入新的元素，都能幫忙。利用 Hot Mod，可以將上傳的圖片創造出獨一無二的視覺作品。下方左圖是上傳的圖片，輸入「請將上述背景改為晚上天空有極光，地點在黃刀鎮」，下方右圖是輸出結果。

● Coloring Book Hero：這也是 OpenAI 公司的產品，這是一個專門製作著色書頁面的機器人，可以根據你提供的內容，創建適合小朋友著色的黑白線條畫。這

些畫面簡單、線條清晰，主題都是適合兒童、充滿想像的。無論你想要動物、卡通角色還是任何童趣主題的著色頁，它都能幫忙創建。只要說出你的想法，就能為你製作出專屬的著色書頁面喔！下列是輸入「ESG 主題的畫冊，背景是台北 101」。

● image generator：這是一個專門被設計來生成圖片的 GPT，可以稱此 GPT 為圖片生成工具。主要功能就是根據你提供的詳細描述來創造圖片。不管是想要一個特定場景的圖片，還是某種特定風格的藝術作品，只要你敘述想法，就能幫你將它變成圖片。同時會盡量用簡單易懂、接近大家生活的方式來解釋和操作。下列是輸入「請繪製一座連接台北到舊金山的跨海大橋，你必須將 2 個城市的岸邊也畫出來」的結果。

- Logo Creator：主要是建立商標的機器人，可以參考 3-6 節。
- Cartoonize Yourself：卡通化所上傳的照片 hung.jpg，可參考下方左圖。

- Artful Greeting AI Cards：可以將你提供的文字建立成 AI 卡片，下列是給「Judy」、「生日卡片」、「海上落日」、「優雅」主題的卡片。

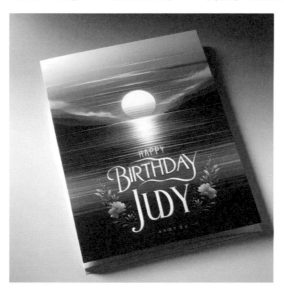

- Drawn to Style：可以將上傳的圖片轉換為不同風格，下方所上傳的圖片是 ch17 資料夾的 hung.jpg 相同，下方左與右圖分別是選擇「霓虹極簡風彩色 3D」和「請轉換為照片寫實」的結果。

17-1-3　獨立的 AI 繪圖

目前 AI 繪圖軟體有許多,下列是除了 DALL-E 外的部分主流軟體說明。

● Midjourney:是一個由位於美國加州舊金山的同名研究實驗室開發之人工智慧
程式,可根據文字生成圖像,這也是最早期流行的 AI 繪圖工具,目前最經濟
的月費是 10 美金。

● Niji:Niji 模式是 Midjourney 的一個新實驗算法,是與 Spellbrush 合作開發的,
專門針對生成日本動漫和漫畫風格的藝術作品,這個後台和 Midjourney 相通,
所以也可以由此看到在 Midjourney 生成的作品。

● Leonardo.Ai:這也是一個 CP 值非常高的 AI 繪圖,與 Midjourney 不同的是,
不需綁定 Discord,進入系統後,可以直接使用。

17-2　AI 繪圖必學共通規則 - 創作的黃金指南

AI 繪圖創作的原則如下:

● 中文:部分 AI 繪圖,例如 ChatGPT 或 Copilot 聊天繪圖,可以用中文描述,
ChatGPT(或 Copilot) 會將中文描述翻譯成英文,以符合生成圖像的語言要求,
然後傳送給 DALL-E 生成圖像。

● 英文:部分 AI 繪圖,不支援中文描述,可以將中文用 ChatGPT 翻譯成英文,
再執行繪圖。

- 描述：描述必須是清晰、具體的，以便準確地生成圖像。

- 風格：如果需要模仿特定風格，建議使用描述性語言。所謂的描述性語言是指，例如：如果你想描述梵谷的畫風，你可能會選擇像「生動的」、「筆觸粗獷的」和「色彩鮮豔的」這樣的形容詞。這些詞彙能夠幫助圖像生成工具理解和重現類似梵谷畫風的特徵，而不直接複製或侵犯版權。

- 公眾人物和私人形象：對於公眾人物，圖像將模仿其性別和體型，但不會是其真實樣貌的複製。

- 敏感和不當內容：不生成任何不適當、冒犯性或敏感的內容。

- 圖像大小：可以有下列幾種：

  - 1024x1024：這是預設，相當於是生成正方形的圖像。

  - 1792x1024：這也可稱寬幅或稱全景，它的寬高比是 16:9，許多場合皆適合，例如：用在風景、展場、城市風光攝影，可以讓視覺有更廣的視野，創造一個更豐富的敘事場景，更好的沉浸感，讓觀者感覺自己仿佛在場景中。

  - 1024x1792：可稱全身肖像，這個大小可以展示人物的整體外觀，包括服裝、姿勢和與環境的互動，從而提供對人物更全面的了解。

- 數量：並根據用戶要求調整，每次請求預設是生成一幅圖像。

- 創作描述：一幅畫創作完成，也會有作品描述。

了解上述原則，描述心中所想的情境，ChatGPT 就可以完成你想要的圖像，下列幾小節筆者先用自然語言隨心靈描述，以最輕鬆方式生成創作。創作完成後點選圖像左上角的下載 圖示，就可以下載所創作的圖像。

17-3　Midjourney 與 Niji - AI 繪圖界的雙子星

Midjourney 和 Niji 皆是使用 Discord 當作平台，當有付費買 Midjourney 後，同時可以使用 Niji，因為是使用相同的平台，所以創作資料庫相通的。

17-3-1　進入 Midjourney 環境

讀者可以輸入下列網址，進入 Midjourney 環境。

https://www.midjourney.com

初次使用會被要求註冊，如果已經有帳號，可以看到自己的作品。

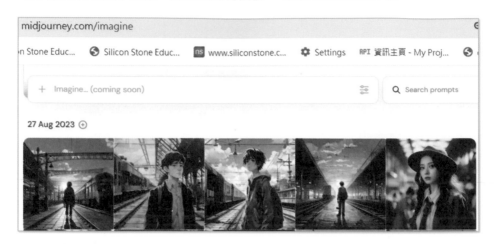

17-3-2　購買付費創作

因為消費者濫用，2023 年 3 月開始 Midjourney 更改付費機制，不再提供免費試用。

❑　**Purchase Plan**

點選 Purchase Plan，基本上有年付費 (Yearly Billing) 與月付費 (Monthly Billing) 兩種機制，對於初學者建議購買月付費機制，有需要再依自己需求提升付費機制即可。

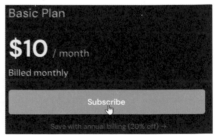

在月付費機制下每個月 $10 美金，這是基本會員，每個月可以產生 200 張圖片。

❑　**Cancel Plan**

未來若是不想使用 Midjourney，可以在進入自己的 Midjourney 首頁後，點選 Manage Subscription。

上述可以進入 Your Basic Plan。

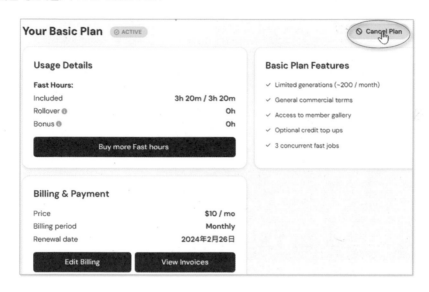

然後點選 Cancel Plan 鈕。

17-3-3　從首頁進入 Midjourney 創作環境

Midjourney 的創作環境是在 Discord，如果讀者目前在自己的 Mijourney 首頁，可以點選下方圖示⊕，可以看到下列畫面。

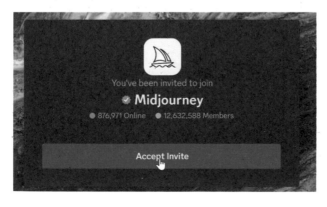

點選 Accept Invite 鈕，就可以進入 Midjourney 繪圖創作環境。

17-3-4　Midjourney 創作環境

Midjourney 環境坦白說畫面有一點雜，因為有非常多人使用此系統進行 AI 圖像創作，請找尋 newbies-xx，點選就可以進入 Midjourney 的創作環境。

輸入創作文字

在創作環境，可以使用「 / 」，上方會列出常用指令的用法：

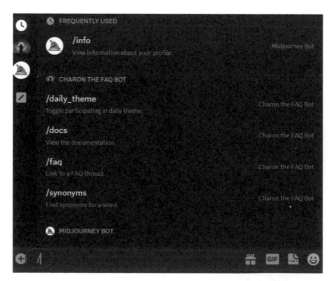

除了「/imagine」是我們繪圖需要的指令，其它幾個常見指令用法如下：

● /info：獲得個人帳號資訊。

● /settings：個人繪圖的設定。

● /describe：上傳圖讓 Midjourney 產生此圖的文字描述。

● /blend：這個指令允許您快速上傳 2-5 張圖片，然後該指令會檢視每張圖片的概念和美學，並將它們合併成一張全新的圖片。

● /subscribe：購買 Midjourney 方案。

17-3-5　輸入創作指令

上述筆者選擇 newbies-1，就可以進行創作了，只要在視窗下方輸入圖像的文字，每一次可以生成 4 張圖像。不過文字輸入還是有規則的，首先請在 ⊕ 圖示右邊的輸入 "/im"，上方可以看到 /imagine　prompt ，如下方左圖所示：

在此輸入文字

滑鼠點一下 prompt，可以看到畫面如上方右圖，筆者輸入是「一個站在海邊的女孩」(A girl standing by the seaside.)，如下所示：

第一次執行時，會看到下列畫面：

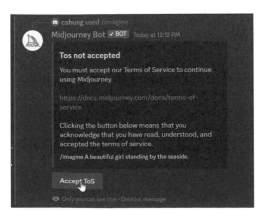

　　上述請點選 Accept ToS，然後將看到上方右邊畫面。表示你接受此條款，過約 10 ～ 30 秒，就可以看到所創建的圖像，因為同時有許多人使用此創作圖像，所以需記住自己創造圖像的時間，慢慢往上滑動作品，就可以看到自己的作品了。

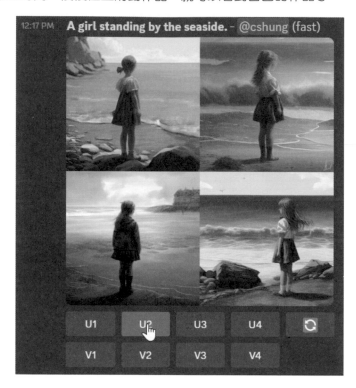

　　上述有幾個按鍵意義如下：

數字：1/2/3/4 表示左上 / 右上 / 左下 / 右下的圖像。

U：表示放大圖像，所以 U2 表示放大右上方的圖像。

V：表示 Variations，可以用指定的圖像，進行更進一步的變化。

🔄：可以重新產生 4 張圖像。

17-3-6　找尋自己的作品

　　在大眾的創作環境，輸入指令後，一下子可能頁面就被其他作品洗版，所以輸出指令時，建議記住自己創作的時間，然後捲動畫面找尋。另一種方式是點選右上方的 Inbox 圖示，然後點選 Mentions，系統會將你的作品單獨呈現。

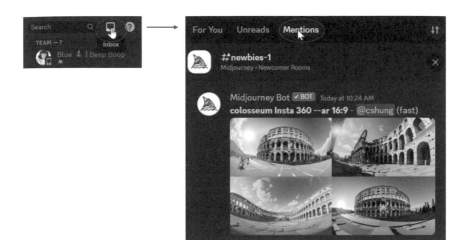

17-3-7　認識進階繪圖指令與實作

前面章節筆者使用文字 (Text Prompt)、片語，就讓 Midjourney 生成圖像，簡單的說，我們使用的繪圖指令格式如下：

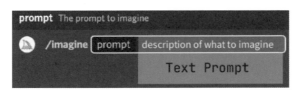

圖片取材自 Midjourney 官網

Midjourney 提醒，最適合使用簡單、簡短的句子來描述您想要看到的內容。避免長串的要求清單。例如，不要寫：「Show me a picture of lots of blooming California poppies, make them bright, vibrant orange, and draw them in an illustrated style with colored pencils」，應該寫成「Bright orange California poppies drawn with colored pencils」。

進階的繪圖指令提示 (Prompt)，可以包括一個或多個圖片網址、多個文字片語和一個或多個參數。我們可以將生成圖像指令用下圖表達：

圖片取材自 Midjourney 官網

- Image Prompts：可以將圖片網址添加到提示中，以影響最終結果的風格和內容，圖片網址始終位於提示的最前面。

- Text Prompt：要生成的圖片的文字描述，精心撰寫的提示有助於生成驚人的圖像。

- Parameters：參數可以改變圖像生成的方式。參數可以改變長寬比、模型、放大器等，參數放在提示的最後。

❑ **Text Prompt 基礎原則**

可以分成 4 個方面來了解 Text Prompt：

- Prompt 長度：提示可以非常簡單。單個詞語（甚至一個表情符號！）都可以生成一張圖片。非常簡短的提示會在很大程度上依賴於 Midjourney 的預設風格，因此更具描述性的提示會產生獨特的效果。然而，過於冗長的提示並不一定更好，請專注於您想要創建的主要概念。

- 語法 (Grammar)：Midjourney Bot 不像人類一樣理解語法、句子結構或單詞。詞語的選擇也很重要。在許多情況下，使用更具體的同義詞會效果更好。例如，不要使用「大」，而是嘗試使用「巨大」、「巨大的」或「極大的」。在可能的情況下刪除多餘的詞語。較少的詞語意味著每個詞語的影響更為強大。使用逗號、括號和連字符來幫助組織思維，但請注意，Midjourney Bot 並不會可靠地解釋它們，Midjourney Bot 不會區別大寫。

- 專注於您想要的內容：最好描述您想要的內容，而不是您不想要的內容。如果您要求一個「沒有蛋糕」的派對，您的圖片可能會包含蛋糕。如果您想確保某個物體不在最終圖片中，可以嘗試使用「--no」參數進行進階提示。

- 使用集體名詞：複數詞語容易產生不確定性。嘗試使用具體的數字。「三隻貓」比「貓」更具體。集體名詞也適用，例如使用「一群鳥」而不是「鳥」。

❑ **Text Prompt 的細節**

這是 AI 生成圖像，您可以根據需要具體或模糊細節，如果您未描述或是忽略的任何細節內容，這部分會採用隨機生成。模糊是獲得多樣性的好方法，但您可能無法獲得所需的具體細節。請嘗試清楚地說明對您重要的任何背景或細節，一個好的提示，可以思考以下事項：

- 主題 (Subject)：人物 (person)、動物 (animal)、角色 (character)、地點 (location)、物體 (object) 等。

- 媒介 (Medium)：照片 (photo)、繪畫 (painting)、插畫 (illustration)、雕塑 (sculpture)、塗鴉 (deedle)、織品 (tapestry) 等。

- 環境 (Environment)：室內 (indoors)、室外 (outdoors)、月球上 (on the moon)、納尼亞 (Narnia)、水下 (underwater)、祖母綠城 (Emerald City) 等。

- 照明 (Lighting)：柔和的 (soft)、環境的 (ambient)、陰天的 (overcast)、霓虹燈的 (neon)、工作室燈光 (studio lights) 等。

- 顏色 (Color)：鮮豔的 (vibrant)、柔和的 (muted)、明亮的 (bright)、單色的 (monochromatic)、多彩的 (colorful)、黑白的 (black and white)、淺色的 (pastel) 等。

- 情緒 (Mood)：安詳的 (Sedate)、平靜的 (calm)、喧囂的 (raucous)、充滿活力的 (erergetic) 等。

- 構圖 (Composition)：肖像 (Potrait)、特寫 (headshot)、全景 (panoramic view)、近景 (closeup)、遠景 (long shot view)、環景 (360 view)、細節 (detail view)、半身 (medium-full shot)、全身 (full-body shot)、正面 (front view)、背面 (shot from behind) 等。

- 取材角度：低角度 (low-angle)、特別低角度 (extreme low-angle)、高角度 (high-angle)、特別高角度 (extreme high-angle)、側視 (side-angle)、眼睛平視 (eye-level)、鳥瞰圖 (birds-eye view) 等。

另外，可以使用各種風格 (style)，即使是短小的單詞提示，也會在 Midjourney 的預設風格下產生美麗的圖片。或是透過組合藝術媒介、歷史時期、地點等概念，您可以創造出更有趣的個性化結果。

- 版畫 (Block Print style 或稱木刻印刷)：它是一種藝術製作技巧，通常使用木頭或其他材料製成的版塊，然後將墨水塗抹在版塊上，最後壓印到紙或其他材質上。

- 浮世繪 (Ukiyo-e style)：它是一種源於日本的木刻版畫藝術形式，特別受歡迎於江戶時代（大約從 17 世紀到 19 世紀）。浮世繪通常描繪了日常生活、美女、歌舞伎演員和風景等主題。

- 鉛筆素描 (Pencil Sketch style)。

- 水彩畫 (Watercolor style)。

- 像素藝術 (Pixel Art style)。

Midjourney 可以依據著名藝術家名字產生其風格繪畫，例如：「達文西 (Leonardo da Vinci style)」、「莫內 (Oscar-Claude Monet style)」、「梵谷 (Vincent Willem van Gogh style)」、「米開朗基羅 (Michelangelo style)」、「保羅克利 (Paul klee style)」、「宮崎駿 (Hayao Miyazaki style)」「新川洋司 (yoji shinkawa style)」。

Midjourney 也可以用年代當做 AI 繪圖風格，例如：「1700s」、「1800s」、「1900s」、「1910s」、「1920s」、「1930s」、「1940s」、「1950s」、「1960s」、「1970s」、「1980s」、「1990s」。註：上述可以直接使用，後面不需加上「style」。

❏ **Parameters 參數說明**

參數是添加到提示 (Prompt) 中的選項，可以改變圖像生成的方式。參數可以改變圖像的寬高比，切換不同的 Midjourney 模型版本，更改使用的放大器，以及許多其他選項。參數始終添加在提示的末尾，您可以在每個提示中添加多個參數，下列是參數語法：

/imagine | prompt | a vibrant california poppy --aspect 2:3 --stop 95 --no sky

圖片取材自 Midjourney 官網

下列是幾個常見參數用法：

- Aspect Ratios(寬高比)：「--aspect」或「--ar」改變生成的寬高比，預設是 1:1，例如：風景可以用「--ar 3:2」，人像可以用「--ar 2:3」。

- Chaos(混亂度)：--chaos <0-100 的數字 > 改變結果的變化程度，預設是 0。較高的值會產生更為不尋常和意外的生成結果。較低的--chaos 值會產生更可靠、可重複的結果。

- No(不包含)：這個參數告訴 Midjourney Bot 在您的圖像中不要包含什麼內容。

- Quality(品質)：--quality 或--q 參數可以改變生成圖像所需的時間，預設是 1。較高品質的設定需要更長的處理時間，並生成更多細節。較高的數值也意味著

每個任務使用的 GPU 分鐘更多，品質設定不影響解析度。例如：可以設定0.25、0.5 或 1。

● Style(風格)：--style 參數可以微調某些 Midjourney 模型版本的美學風格，添加風格參數可以幫助您創建更逼真的照片、電影場景或可愛的角色。例如：可以設定「--style raw」。

● Stylize(風格化)：Midjourney Bot 已經訓練過，可以生成偏好藝術色彩、構圖和形式的圖像。--stylize 或 --s 參數會影響這種訓練應用的強度，預設是 100，可以設定 0～1000 之間。較低的風格化值會生成更接近提示的圖像，但較不藝術。較高的風格化值會創建非常藝術的圖像，但與提示的聯繫較少。

● Tile(平鋪)：--tile 參數生成的圖像可用作重複平鋪的圖塊，以創建用於布料、壁紙和紋理的無縫圖案。

❏　**不同角度與比例的實作**

下列左圖是使用「羅馬競技場 (colosseum)，俯視圖 (high angle view)」，右圖是「羅馬競技場，全景 (Insta 360)，寬高比是 16:9」。

colosseum Insta 360 –ar 16:9

colosseum, high angle view

下列左圖是使用「台灣美女 (beautiful Taiwanese girl)，平視圖 (eye level view)」，右圖是「台灣美女 (beautiful Taiwanese girl)，低角度圖 (low level view)」。

beautiful taiwanses girl, eye level view　　beautiful taiwanses girl, low level view

❑ 圖片上傳

我們可以針對上傳的圖片做更近一步的 AI 編輯處理，在本書 ch17 資料夾有前一小節創建的 aigirl.jpg，讀者可以測試。請點選圖示，然後執行 Upload a File，請參考下方左圖。然後選擇 aigirl.jpg 上傳，接著開啟圖片的快顯功能表選擇複製圖片網址指令，可以看到下方右圖。

一樣執行 image prompt 繪圖，先貼上網址，輸入「,」，空一格，然後輸入要使用此 aigirl 圖片的指令。下列是實例。

上述「blob:」是自動產生。從上圖看，整個 aigirl.jpg 的神韻是有抓到，然後增加騎馬的結果。

17-3-8 niji.journey

進入 niji.journey 的網址如下：

https://nijijourney.com/

niji.journey 的創作環境與 Midjourney 是一樣的，下列是筆者直接輸入「beautiful Japanese girl, eye level view」的結果。

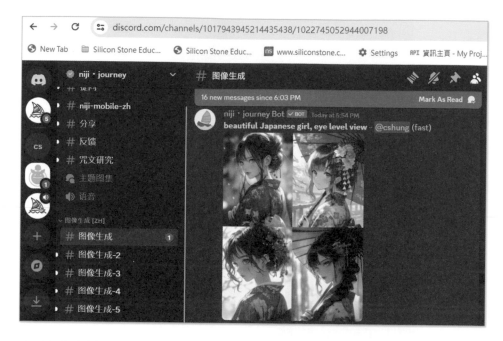

可以看到圖像呈現日本動漫風格，下列是其它實例。

17-4 Leonardo.Ai - AI 繪圖的新秀亮相

17-4-1 Leonardo.Ai 的功能

自從 Leonardo.Ai 上市後,也快速吸引使用者,這個 AI 軟體基本功能如下:

● 利用文字生成圖片。

● 用圖片生成新的圖片。

● 可以生成 3D 圖片。

● 用 Canva 編輯生成的圖片。

● 可以訓練模型生成圖片。

17-4-2 進入 Leonardo.Ai 與實作

下列是進入此工具的網址。

https://app.leonardo.ai

上述 Image Generation 是傳統輸入文字可以生成影像。Realtime Generation 是新功能，輸入文字過程，可以看到影像的變化。Motion 則是上傳圖片可以生成影片，將在 19 章解說。

進入上述網址後，需要註冊，然後有免費 150 點可以使用，每生成一次圖像會消耗 8 點。此例，請點選 Image Generation 項目，可以進入繪圖環境，下列是輸入「Please generate a global sales planning map for Sun Brand satellite phones.」(請生成太陽牌衛星手機全球銷售規劃地圖) 的畫面。

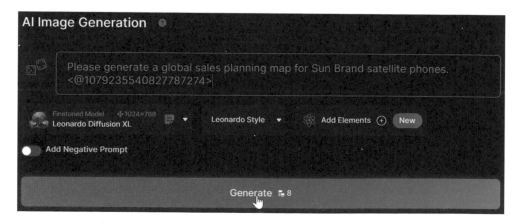

點選 Generate 鈕後，可以得到下列結果。

坦白說，經過測試，如果是一般畫作，Leonardo.Ai 是不錯的選擇，不過如果應用在商業繪圖，如上所示，筆者還是偏好 DALL-E，可以參考下一小節。

17-5　行銷文案中 AI 繪圖成果大比拼 視覺創意的力量

我們用「請生成太陽牌衛星手機全球銷售規劃地圖」(Please generate a global sales planning map for Sun Brand satellite phones.)，讓 DALL-E、Midjourney 和 Leonardo.Ai 等 3 個 AI 軟體來生成，17-4-2 節已經測試了 Leonardo.Ai 繪製的結果。下列是其他 2 個 AI 軟體繪製的結果。

❏ **Midjourney**

❏ **DALL-E**

　　坦白說勝負已分，筆者比較喜歡 DALL-E 生成的「請生成太陽牌衛星手機全球銷售規劃地圖」。

第 18 章

用 AI 打造企業形象
FlexClip 影片製作全攻略

　　本章將介紹簡單好用的 FlexClip 建立企業影片，先用手動製作影片，然後會借助 AI 工具用文字生成影片。影片創作工具對企業帶來的幫助主要體現在以下幾個方面：

● 提高品牌知名度：透過製作具有吸引力的影片內容，企業能夠在社交媒體和其他平台上增加其可見度，從而提高品牌知名度。

● 增強客戶參與度：動態的視覺內容比靜態圖像或文字更能吸引用戶的注意，透過影片可以更有效地與客戶互動，增強參與度。

● 市場推廣和廣告：影片是推廣產品和服務的強有力工具。企業可以使用影片創作工具快速製作廣告，有效地傳達銷售信息，提升轉化率。

● 簡化複雜概念：對於複雜的產品或服務，影片能夠透過視覺和聲音的結合，更簡單直觀地向目標客戶解釋其工作原理或價值。

● 成本效益：相比於傳統的影片製作，使用影片創作工具能夠大幅降低製作成本，即使是預算有限的小企業也能製作高質量的影片內容。

● 提升內部溝通效率：除了對外宣傳，影片也可用於內部培訓和溝通，幫助員工更快地瞭解公司政策、新技能學習等。

● 提高搜索引擎排名：良好的影片內容能夠提高網站的 SEO 表現，因為搜索引擎優化搜索結果時傾向於高質量和高互動性的內容。

　　總之，影片創作工具不僅能幫助企業在市場上脫穎而出，提升品牌形象，還能在內部管理上帶來效率的提升，是現代企業不可或缺的強大工具。

18-1　FlexClip 完全入門 - 打開創意製作的大門

18-1-1　進入 FlexClip 影片編輯器

讀者可以輸入下列網址，進入 FlexClip 網站。

https://www.flexclip.com/tw/editor/

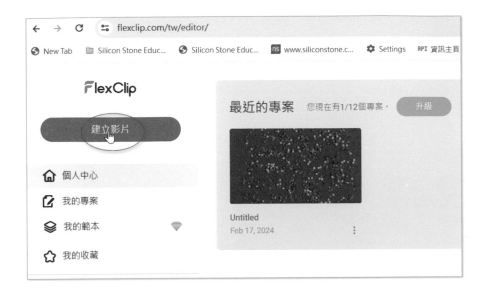

18-1-2　認識 FlexClip 影片編輯器的功能

FlexClip 是一款功能強大的線上影片編輯器，可讓您輕鬆創建專業級影片。它具有以下功能：

❏　**基本編輯功能**

- 修剪影片：根據需要快速修剪影片片段，無質量損失。
- 添加音樂：添加你最喜歡的音頻或背景音樂，透過剪輯使其與你的影片完美契合。
- 添加文字：為你的影片添加文字說明，快速、清晰地表達你的想法。
- 錄製外音：錄製聲音並添加旁白，清晰、流利地向你的觀眾闡述影片內容。
- 合併影片：將多個影片片段合併為一個影片。
- 添加浮水印：為你的影片添加浮水印，以保護你的版權或宣傳你的品牌。
- 調整比例：根據你的需求調整影片的長寬比。
- 調整影片質量：選擇合適的影片質量，以平衡檔案大小和影片清晰度。

❏　**進階功能**

- 添加轉場：在影片片段之間添加轉場，使影片更加流暢。
- 添加字幕：為你的影片添加字幕，使其更易於理解。

- 添加濾鏡：為你的影片添加濾鏡，以營造不同的氛圍。
- 添加效果：為你的影片添加效果，使其更加生動有趣。
- 使用 AI 工具：使用 AI 工具，例如 AI 自動字幕、AI 文字轉語音和 AI 背景音樂，快速創建影片。

❑　**其他功能**

- 提供大量模板：FlexClip 提供大量模板，可幫助你快速創建各種類型的影片。
- 支持多種格式：FlexClip 支持多種影片格式，包括 MP4、MOV、AVI、WMV、FLV 等。
- 可在多個設備上使用：FlexClip 可在多個設備上使用，包括電腦、平板電腦和手機。

FlexClip 提供免費和付費兩種版本。免費版本可讓您創建長達 12 分鐘的影片，並帶有 FlexClip 水印。付費版本可讓您創建更長的影片，並去除水印。

18-2　一步一步教你建立專業影片

參考第 18 章開始畫面，點選建立影片可以開始建立影片。

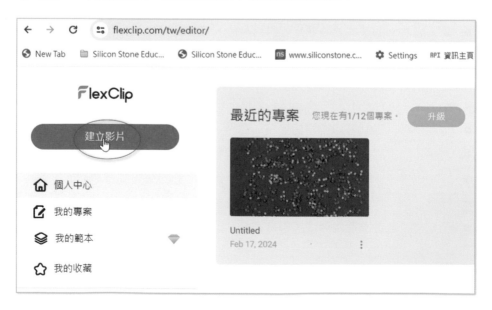

接著需選擇影片大小，如下：

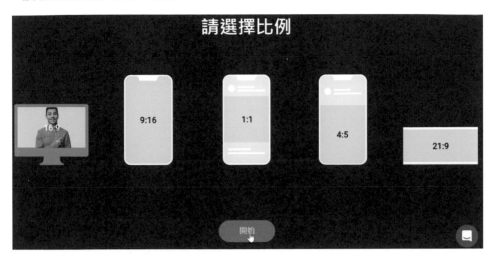

上述選擇 16：9，然後按開始鈕。

如果沒有檔案要上傳，可以按右上方的關閉鈕，如果有檔案要上傳，可以將檔案拖曳至此輸入媒體區，此例，筆者將 ch18 資料夾的 deepwisdom_back.png 拖曳至此，可以得到下列結果。

18-3　揭秘 FlexClip 熱門範本 - 快速上手秘笈

新手建立影片建議先使用範本，請點選左側欄位的範本圖示 ，可以看到下列畫面：

筆者選擇目前最後歡迎的 Dark High Technology Coporation 範本，如上所示，點選後可以看到這個範本的畫面模板，如果將滑鼠游標移到模板畫面，此畫面右下方可以看到 + 圖示，如果想要將此畫面放在影片，就點選此圖示，下列是點選第 1 和 2 頁畫面的結果。

下一步是將這些文字修改為我們想要的文字，此例筆者步驟如下：

18-4 客製化模板 - 文字與 Logo 編輯技巧

首先點選要編輯的模板圖片，可以看到模板圖片上有預設的文字或 Logo。

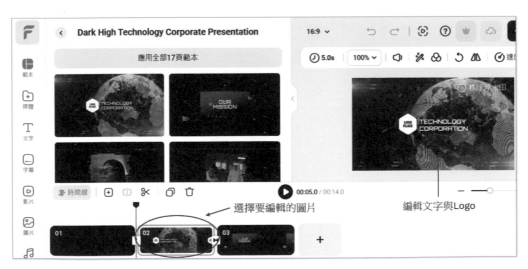

下一步是將這些文字修改為我們想要的文字，此例筆者步驟如下：

1. 將 TECHNOLOGY CORPORATION 字串刪除改為「深智數位」。

2. 將 LOGO PLACE 這個區塊刪除。

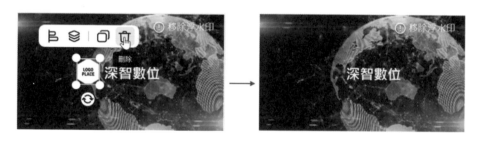

3. 選擇左側欄位的媒體，這裡有我們先前上傳的 deepwisdom_back.png 圖檔，按一下加為圖層，然後調整大小與拖曳至適當位置，可參考下圖。

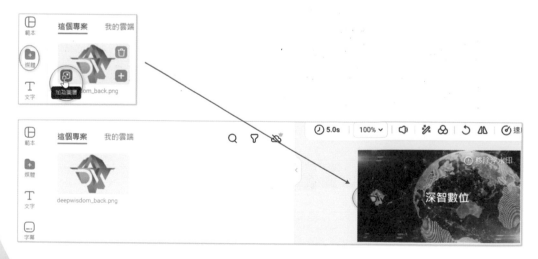

接著編輯下一個模板頁面，請點選影片區此頁面，可以看到下列畫面。

請將 OUR MISSION 字串改為「慶祝 5 週年慶」。

執行完後，你的影片如下：

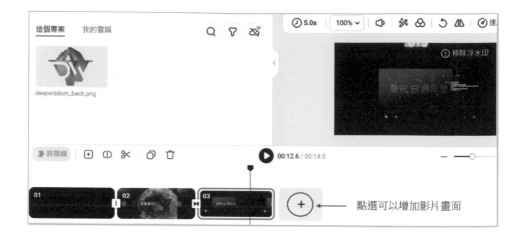

18-5　一鍵去除預設片頭 - 影片製作小技巧

請選擇片頭，然後可以點選刪除圖示。

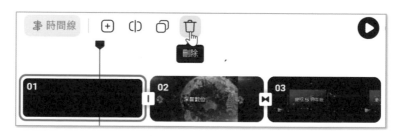

可以得到下列結果。

18-6 給你的影片添音樂 - 增加觀看吸引力

我們可以使用 FlexClip 軟體配備的音效，請點選左側欄位的音頻圖示 🎵，選，可以看到目前有支援的音樂，每一首音樂左邊有 ▶ 圖示，可以試聽。選好音樂後，所選音樂右邊有圖示，點選此 ➕ 圖示就可以將此音樂嵌入影片。

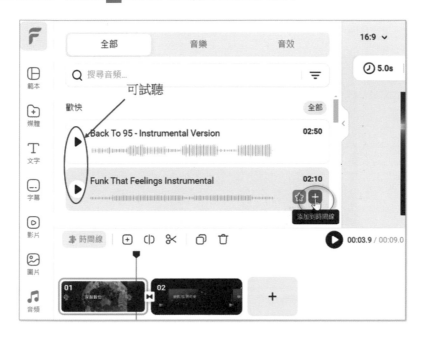

可以得到下列結果。

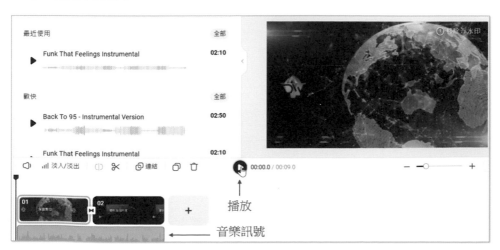

18-7　高效影片輸出流程 - 快速分享到各大平台

FlexClip 視窗右上方有輸出圖示 **→** ，點選此圖示可以輸出影片。

點選輸出圖示後，可以看到下列畫面。

　　點選帶浮水印輸出，可以將影片下載，本書 ch18 資料夾內有此影片「深智 5 週年慶 .mp4」。

18-8 深度編輯 - 打造專屬企業形象影片

未來在首頁工作區可以看到所編輯的影片，我們所建立的影片預設名稱是
Unititled，滑鼠游標按一下，就可以更改影片名稱。

18-8-1 增加片頭

如果要編輯影片，可以按一下編輯，進入影片編輯環境。FlexClip 有提供許多酷炫
的片頭，請點選範本，再顯示片頭&片尾，可以看到下列畫面。

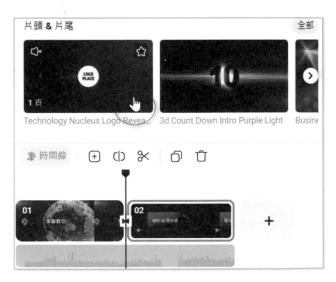

請按上述第 1 頁片頭，可以將此片頭加入選項，如下：

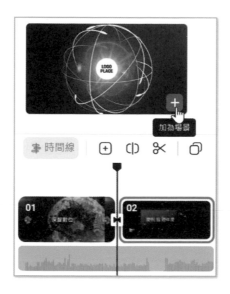

如果片頭時間比較長，就會看到比較長的時間軸，如下所示：

請先刪除預設的空 Logo 圖示，接著請選擇左側欄位的標籤，然後將 deepwisdom_back.png 圖片嵌入，可以得到下列結果。

18-8-2 拖曳影片頁面更改頁面位置

選擇第 3 個頁面,將第 3 頁拖曳到第 1 頁,原先第 3 頁就變成片頭,可以得到下列結果。

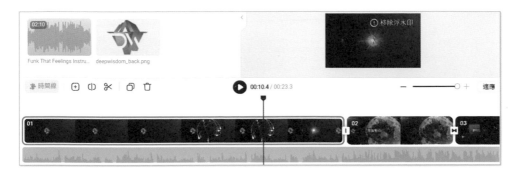

上述編修的影片儲存到 ch18 資料夾的「深智 5 周年慶 _with_Head.mp4」。

18-9 AI 影片革命 - 從文字到影片的魔法轉換

FlexClip 也支援 AI 功能,請先進入點選左側欄位的工具 圖示。可以看到 AI 工具。

請點選 AI 影片生成器，讓文字生成影片。

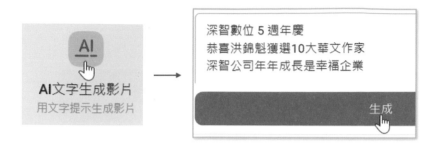

　　上述框起來的文字可以自行修訂，按右上方的「添加到時間軸」鈕就可以生成 AI 影片了，如下所示：

上述可以按播放 ▶ 鈕，欣賞此 AI 影片。這個 AI 影片也已經儲存在 ch18 資料夾的「AI 深智 5 週年慶 .mp4」。

註　FlexClip 軟體是從線上影片編輯器開始進入市場，目前在 AI 影片編輯方面，雖可以生成圖片與動態影片結合，這些影片是比較偏向拍攝影片的合成，最後將不同時間軸的影片合成。

第 19 章
AI 影片創作新浪潮
從 Runway 探索到 Sora
的創意旅程

Runway 是一款 AI 創意工具，功能非常多，這一章主要是介紹這款工具下列 3 個功能。

● 文字生成影片

● 圖像生成影片

● 文字 + 圖像生成影片

另外，本章也將解說 OpenAI 公司最新發表的 AI 影片創意工具 Sora。Runway 的母公司是 Meta(Facebook)，Sora 的母公司是 OpenAI(背後大老闆是 Microsoft)，可以想見未來「AI 影片」的技術競爭精彩可期。

19-1　Runway 與 FlexClip 對決 - 影片創作平台大不同

❑　FlexClip

是一款線上影片編輯器，可讓您輕鬆創建專業級影片，有比較好的影片編輯功能。

● 具有豐富的功能：包括基本編輯功能、進階功能和其他功能。

● 提供大量模板：可幫助您快速創建各種類型的影片。

● 支持多種格式：包括 MP4、MOV、AVI、WMV、FLV 等。

❑　Runway

是一款 AI 影片製作工具，可讓您使用 AI 技術創建含 AI 特效的影片，具有以下功能：

● AI 文字轉影片：可以將文字轉成影片。

● 圖片轉影片：將圖片轉換為影片。

● 文字和圖片：可以將文字和圖片轉成影片。

● 影片 AI 風格轉換：將您的影片轉換為不同的風格，使您的影片更加生動有趣。

● 影片 AI 特效：為影片添加 AI 特效，例如人物去背景、人臉打馬賽克。

19-2　Runway 新手入門 - 一探創作環境秘密

19-2-1　進入 Runway 網站

請輸入下列網址，就可以進入 Runway 網站。

https://runwayml.com/

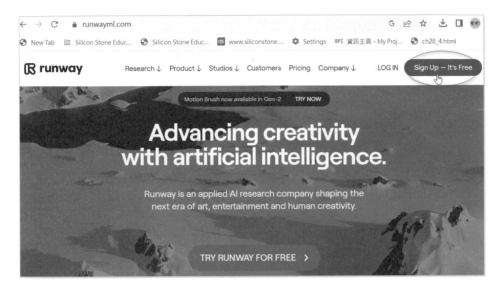

請點選右上方的 Sign Up – It's Free 鈕，就和其他線上軟體一樣會有註冊過程，註冊完成後，就可以正式進入 Runway 首頁畫面。

免費計畫, 工作區只能有3個專案　　從圖片開始　　從文字開始

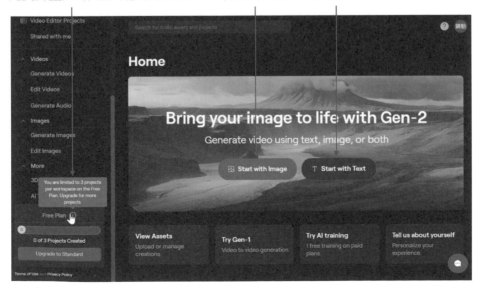

19-2-2　認識創意生成影片環境

進入 Runway 後，選擇 Start with Text 標籤，可以看到下列生成影片環境。

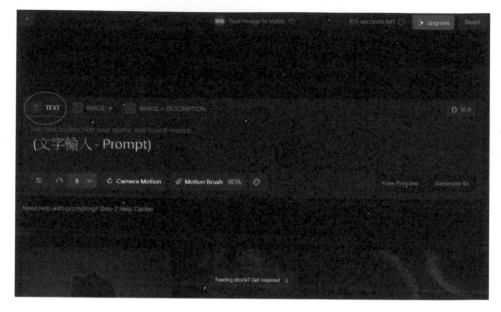

上述幾個重要欄位說明如下：

- Seed ⚏：這是設定生成影片的種子值與生成的方法。

- General Motion ⊙ 5 ⊙：增加或減少影片中的移動強度，預設值是 5，較高的值會導致更強的移動。

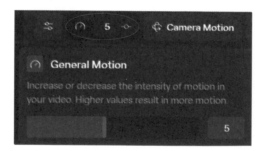

- Camera Motion ⟲ Camera Motion：攝影機運動，指定攝影機的移動和強度，就像您在拍攝一樣。

- Motion Brush ✧ **Motion Brush** BETA ：可以由此指定影片的特定區域，產生特殊效果。

- Add Style 🎨 ：除了可用文字描述影片風格，也可以用此直接選擇影片風格。

- 免費預覽 Free Preview ：如果直接正式生成影片，會耗用點數，可以用此先預覽影片。

- 影片生成 Generate 4s ：可以生成 4 秒影片。

本章所用的實例是使用上述預設，目前影片生成後，無法用參數調整影片效果。當讀者熟悉影片規則後，需要先設定上述參數，然後生成的影片才會採用。

19-3 從文字到影片 - AI 的創意轉換

19-3-1 輸入文字生成影片

Runway 目前只接收英文輸入，筆者輸入「*漂亮女孩在火星散步*」(Beautiful girl walking on Mars.)，筆者輸入如下：

對於免費的使用者而言，理論上是可以先按 Free Preview 鈕，了解內容，有時候使用的人太多時，此功能會無法用。此例，筆者直接按 Generate 4s 鈕，生成 4 秒影片，可以得到下列結果。

延長4秒　下載 全螢幕顯示

19-3-2　影片後續處理

影片生成後，將滑鼠游標移到影片可以看到右上方出現圖示，在此影片環境可以應用下列處理功能。

- Extend 4s 【🖋 Extend 4s】：初次完成影片的時間是 4 秒，按此鈕，可以用目前影片為基礎，繼續生成 4 秒影片，相當於影片變成 8 秒，免費版本最多可以生成 16 秒影片。

- Share 【➦ Share】：這個功能可以生成影片的超連結，擁有此超連結的人可以欣賞此影片。

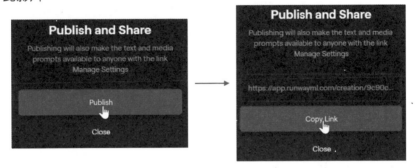

- Download 【⬇】：點選可以下載此影片，ch19 資料夾內有這個影片，檔案名稱是 girl_video.mp4。

- Expand 【⤡】：以全螢幕播放此影片。

19-3-3　獲得靈感

在建立影片時，可以往下捲動螢幕獲得靈感。部分影片是用文字生成，只要將滑鼠游標指向該類影片，可以看到 Prompt 的描述。

19-3-4　返回主視窗

在 Runway 創作環境左上方有　← 圖示，點選可以返回 Runway 主視窗。

19-4　圖像變影片 - 解鎖 AI 的視覺魔法

19-4-1　進入與認識圖像生成影片環境

主視窗環境如下：

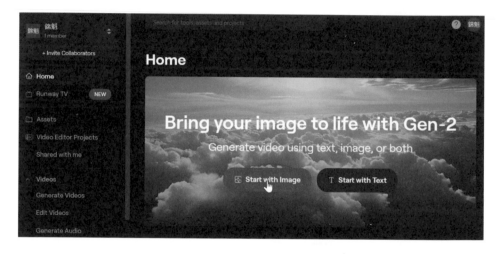

請點選 Start with Image 鈕，可以進入圖像生成影片環境。

　　從上述可以看到與文字生成影片環境類似，但是目前是選擇 IMAGE 標籤。從上述可以知道，可以拖曳圖像到上述中間位置，或是可以用上傳圖檔方式。

19-4-2　上傳圖片生成影片

　　ch19 資料夾有 solar_booth.jpg 檔案，上傳此檔案，可以得到下列結果。

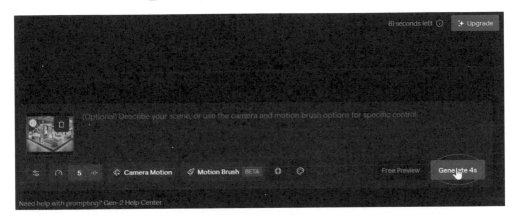

　　請按 Generate 4s 鈕，可以得到下列 4 秒的影片。

　　上述影片已經儲存在 ch19 資料夾，檔名是 solar_booth_video.mp4。

19-5　文字與圖像的完美融合 - 創造無限可能

當我們進入創作環境後，可以點選 IMAGE+DESCRIPTION 標籤，進入文字 + 圖像生成影片環境。

看到上述畫面，我們可以將圖像上傳，然後用文字描述此圖片或是說明如何移動畫面。筆者輸入 ch19 資料夾的 CoffeeShop.jpg，然後輸入「這是咖啡廳，讓背景從左到右移動，移動時鏡頭拉近」(This is a coffee shop, let the background move from left to right, and zoom in as it moves.)。

請按 Generate 4s 鈕，可以得到下列結果。

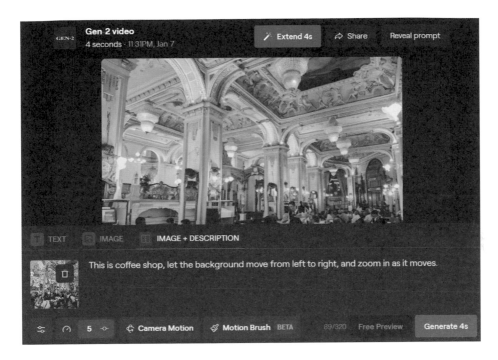

此影片已下載到 ch19 資料夾，檔案名稱是 CoffeeShop_video.mp4。

19-6　深入 Assets 功能 – 保存你的創作

返回主視窗點選 Assets 功能，可以看到自己所有的生成影片。

註　免費版本的 Assets 空間限制是 5G。

19-7　認識 OpenAI 的 Sora - AI 影片創作的新星

Sora 是 OpenAI 於 2024 年 2 月推出的 AI 影片模型，它可以將文字描述或圖片轉換為長達 60 秒的 1080P 解析度影片，所創作的影片逼真且富有想像力，並包含以下特點：

● 高品質的影片：Sora 可以生成具有高分辨率、流暢幀率和逼真細節的影片。

● 多樣化的場景：Sora 可以生成包含多個角色、特定類型的運動以及主體和背景的準確細節的複雜場景。

● 創意的控制：Sora 可以根據用戶的指示生成具有特定風格、氛圍和情感的影片。

Sora 的推出標誌著人工智慧在影片生成領域的重大突破，它有可能徹底改變影片創作的方式，使任何人都能輕鬆創建高質量的影片內容。

以下是 Sora 的一些潛在應用：

● 教育：Sora 可以用於創建教育影片，例如解釋複雜的概念或演示歷史事件。

● 行銷：Sora 可以用於創建行銷影片，例如產品展示或描述品牌故事。

● 娛樂：Sora 可以用於創建娛樂影片，例如短片、音樂影片或遊戲影片。

Sora 仍處於早期開發階段，但它已經具有了巨大的潛力。隨著其的不斷發展，它將為影片創作提供更多新的可能性。註：2024 年 2 月 25 日時，sora 還沒有開放大眾使用。OpenAI 公司的官網同時展示一些由 Sora 直接生成的影片範例：

❑ **時尚女子漫步東京街道**

她穿著黑色皮夾克、長紅色連衣裙和黑色靴子，手拿黑色手袋。她戴著太陽眼鏡，擦著紅色口紅，自信而隨意地行走。街道潮濕且反射，彩色燈光在鏡面上閃爍，行人熙熙攘攘。(Prompt: A stylish woman walks down a Tokyo street filled with warm glowing neon and animated city signage. She wears a black leather jacket, a long red dress, and black boots and carries a black purse. She wears sunglasses and red lipstick. She walks confidently and casually. The street is damp and reflective, creating a mirror effect of the colorful lights. Many pedestrians walk about.)。

❑　毛茸茸的猛瑪象

它們在穿越雪地草地時，長毛輕輕地隨風飄動。遠處是被雪覆蓋的樹木和戲劇性的雪山，午後的陽光和高掛的太陽營造出溫暖的光芒。低角度的攝影令人驚艷，捕捉到這個大毛茸茸的哺乳動物的美麗 (Prompt: Several giant wooly mammoths approach treading through a snowy meadow, their long wooly fur lightly blows in the wind as they walk, snow covered trees and dramatic snow capped mountains in the distance, mid afternoon light with wispy clouds and a sun high in the distance creates a warm glow, the low camera view is stunning capturing the large furry mammal with beautiful photography, depth of field.)。

❑　**30 歲太空人的冒險電影預告片**

他戴著紅色羊毛編織摩托車頭盔，藍天、鹽沙漠，35mm 電影風格，色彩鮮豔。
(Prompt: A movie trailer featuring the adventures of the 30 year old space man wearing a red wool knitted motorcycle helmet, blue sky, salt desert, cinematic style, shot on 35mm film, vivid colors.)

19-8 　Leonardo.Ai 將圖像轉為影片

2024 年 2 月 Leonardo.Ai 增加功能可以將軟體生成的圖像轉成影片，我們可以使用 Motion 執行此功能。或是點選 Personal Feed 項目，進入自己創作區，選擇想要生成影片的圖像，執行轉為影片。註：目前如果想上傳圖片生成影片，需要付費用升級。

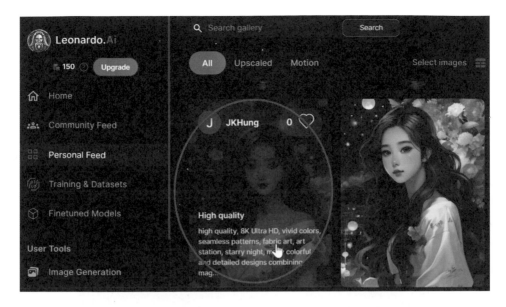

上述圖片生成的 Prompt 可以參考 Prompt 的 ch19，請選擇此圖像。將看到下列畫面。

請點選 Image2Motion，可以進入下列畫面。

上述點選 Generate 後，就可以生成影片，可以看到人像左右移動，執行結果是儲存在 girl_motion.mp4。

19-9　AI 影片創作的未來展望 - 心得分享

　　AI 影片的未來充滿無限可能，隨著技術的進步，AI 將能夠創造更加精緻和個性化的影片內容，從而提升觀眾的觀看體驗。隨著更多企業和創作者投入使用 AI 影片創作工具，競爭將變得更加激烈。未來的 AI 影片不僅將在視覺效果、敘事技巧上有所創新，還將深入挖掘數據分析，以創造更加貼近觀眾偏好的內容。此外，AI 的進一步發展也將推動影片製作成本的降低，讓更多小型企業和個人創作者有機會參與到高質量影片的製作中，為整個行業帶來新的活力和多樣性。

第 20 章
讓圖像開口說話
探索 AI 影片的魔法

　　這一章主要來聊聊 D-ID 這間公司，他們的招牌產品超酷的，可以把那種一動不動的照片變成會動會講話的影片，咱們就叫它「AI 影片」吧！ D-ID 讓你免費試用兩週，想要繼續用就得掏錢喔。用 D-ID 做出來的 AI 影片，不只內容更加生動，還能在各行各業大展拳腳，而且成本也不高，以下是幾個例子：

- 公司內訓可以用虛擬講師的 AI 影片，新手上路直接看影片就行。
- 想讓產品飛向國際，就用各國面孔做 AI 影片，讓外國客戶覺得咱們是國際大廠。
- 社交場合來點 AI 影片，打造獨一無二的個人風格。
- 記錄家族的美好時光，也能用 AI 影片來完成。

　　還有呢，本節最後會介紹一個和 D-ID 差不多牛的產品，叫 Synthesia。

20-1　D-ID 平台導覽 - 啟動你的 AI 影片製作之旅

請輸入下列網址，可以進入 D-ID 網站：

https://www.d-id.com

可以看到下列網站內容。

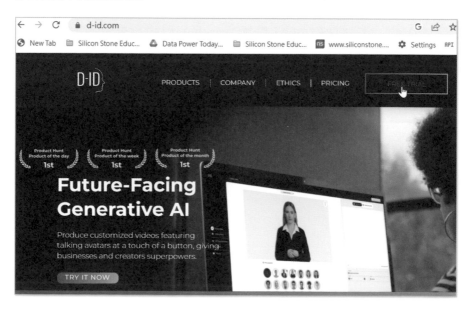

讀者可以從主網頁瀏覽 AI 影片相關知識，本章則直接解說，請點選 FREE TRIAL 標籤，可以進入試用 D-ID 的介面環境。

20-2 打造專屬 AI 影片 - 進入創作新世界

請點選 Create Video 可以進入建立 AI 影片環境。

20-2-1 認識建立 AI 影片的視窗環境

下列是建立 AI 影片的視窗環境。

20-2-2　建立影片的基本步驟

建立影片的基本步驟如下：

1：選擇影片人物，如果沒有特別的選擇，則是使用預設人物，如上圖所示。

2：選擇 AI 影片語言，預設是英文 (English)。

3：選擇發音員。

4：在影片內容區輸入文字。

5：試聽，如果滿意可以進入下一步，如果不滿意可以依據情況回到先前步驟。

6：生成 AI 影片。

7：到影片圖書館查看生成的影片。

為了步驟清晰易懂，筆者將用不同小節一步一步實作。

20-2-3　選擇影片人物

筆者在 Choose a presenter 標籤下，捲動垂直捲軸選擇影片人物如下：

參考上圖點選後，可以得到下列結果。

20-2-4　選擇語言

從上圖 Language 欄位可以看到目前的語言是 English，可以點選右邊的 ⌄ 圖示，選擇中文，如下所示：

然後可以得到下列結果。

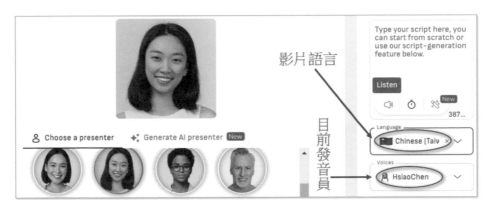

20-2-5　選擇發音員

當我們選擇中文發音後，預設的發音員是 HsiaoChen，如果要修改可以點選右邊的 ⌄ 圖示，此例不修改。

20-2-6　在影片區輸入文字

在輸入文字區可以看到 ⏱ 圖示，這個圖示可以讓文字間有 0.5 秒的休息，筆者輸入如下，所輸入的文字就是影片播出聲音語言的來源，可以參考下方左圖。

20-2-7　聲音試聽

使用滑鼠點選 ◁》圖示，可以試聽聲音效果，可以參考上方右圖。

20-2-8　生成 AI 影片

視窗右上方有 GENERATE VIDEO，點選可以生成 AI 影片。

　　上述可以生成影片，可以參考下一小節。如果第一次使用會看到要求 Sign Up 的訊息。輸入完帳號與密碼後，請點選 SIGN IN。如果尚未建立帳號，還會出現對話方塊要求建立帳號，同時會發 Email 給你，驗證你所輸入的 Email。這時請點選 CONFIRM MY ACCOUNT，這樣就可以重新進入剛剛建立 AI 影片的視窗。

20-2-9　檢查生成的影片

AI 影片產生後，可以在 Video Library 環境看到所建立的影片。

試用期可以有20點, 這次建立AI影片使用了 1 點, 剩 19 點

20-2-10　欣賞影片

將滑鼠移到影片中央，按播放鈕，就可以欣賞此 AI 影片：

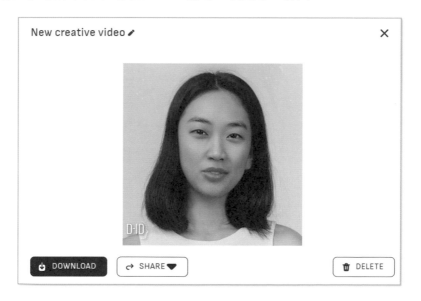

20-3　AI 影片的後續處理術 - 下載、分享與刪除

播放影片的視窗上有 3 個鈕，功能如下：

- DOWNLOAD：可以下載影片，格式是 MP4，點選此鈕可以在瀏覽器左下方的狀態列看到下載的影片檔案。

- SHARE：可以選擇分享方式。
- DELET：可以刪除此影片。

20-4　客製化你的 AI 影片 - 大小、格式與背景顏色調整

20-4-1　影片大小格式

影片有 3 種格式，分別是 Wide(這是預設)、Square(正方形) 和 Vertical(垂直形)。

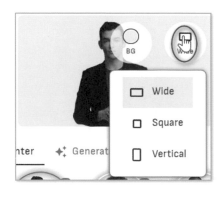

下方左圖是 Square(正方形)，下方右圖是 Vertical(垂直形)。

20-4-2　影片的背景顏色

在影片上可以看到 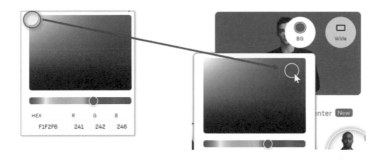 圖示，這個圖示可以建立影片的背景顏色，可以參考下圖。

建議使用預設即可。

20-5　AI 人物的魅力 - 為影片賦予生命

在 Create Video 環境點選 Generate AI Presenter 標籤，可以看到內建的 AI 人物，如下所示：

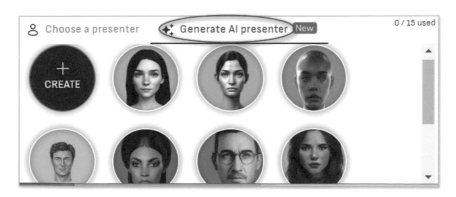

捲動垂直捲軸可以看到更多 AI 人物。

20-6　創建 AI 播報員 - 賦予靜態圖像新靈魂

20-2-3 節筆者選擇系統內建 AI 播報員，在人物選擇中第一格是 Add 圖示，你也可以使用上傳圖片當作影片人物，如下所示：

上述點選後可以按開啟鈕，就可以得到上傳的圖片在人物選單，請點選所上傳的人物，可以獲得下列結果。

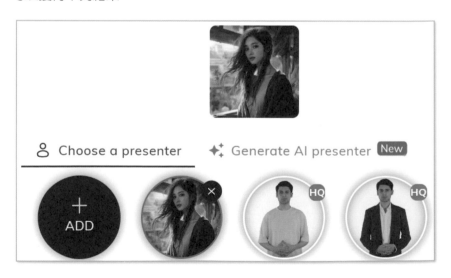

這樣就可以建立屬於自己圖片的播報員，下列是建立實例。

視窗右上方有 GENERATE VIDEO，請點選，然後可以看到下列「Generate this video?」字串，對話方塊。

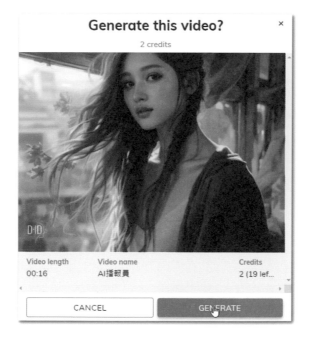

請點選 GENERATE 鈕，就可以生成此影片，這部影片存放在 ch20 資料夾，檔案名稱是「AI 播報員 .MP4」。

20-7　聲音的力量 - 錄製與上傳專屬旁白

我們也可以使用自己的聲音上傳，請在 Create Video 環境點選右邊的 ⬆ Audio 圖示，如下所示：

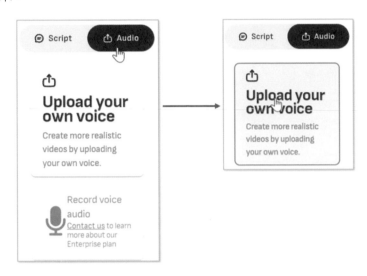

再度點選 Upload your own voice 可以看到開啟對話方塊，在此可以上傳自己的聲音檔案。這樣播報員就會用上傳的聲音檔案，當作是口語的聲音，這種方式缺點是嘴唇與聲音無法對的很準。

20-8　D-ID 與 Synthesia - AI 影片平台大比拼

20-8-1　進入 Synthesia 網站

Synthesia 是一家英國的公司，也有類似的產品，讀者可以使用下列網址進入 Synthesia 公司。

https://www.synthesia.io/

• 進入 Synthesia 公司網站後，畫面往下捲動可以看到傳統與 AI 影片製作流程的比較。

20-8-2　建立試用帳號

進入 Synthesia 網站後，請點選 Create a free AI video 鈕，如下所示：

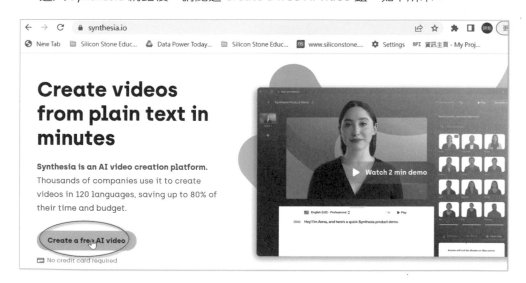

上述點選後可以進入免費建立 AI 影片的視窗環境，可以轉成中文環境，下方右圖就是影片的外觀。

20-8-3　建立影片內容

建立影片的文字區，可以接受 120 種語言，自然也包含中文，筆者輸入如下：

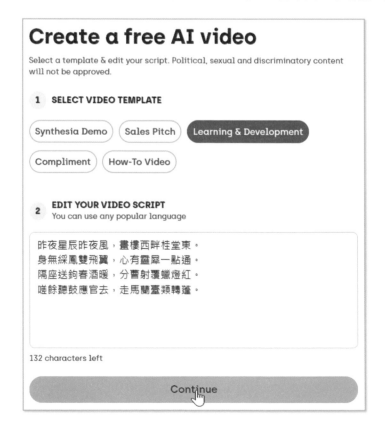

20-8-4　填寫個人資料未來可接收影片

點選 Continue 鈕後，視窗左半邊會進入填寫個人資料環境，未來影片會由電子郵件寄給你，可能需花幾分鐘時間，整個畫面如下：

You'll get your video via email in minutes

Please note: political, sexual, criminal and discriminatory content will not be tolerated or approved.

First name

Last name

Your business email

How did you hear about Synthesia?

I'm not a robot　reCAPTCHA
Privacy - Terms

I confirm that I have read and understood the Terms of Service and Privacy Policy *

Go back　　　Generate Free Video

註　上述要求電子郵件是企業的電子郵件，相當於是 .com 結尾。

點選 Generate Free Video 後，可以看到下列訊息，這是告知目前正在生成影片，你將在幾分鐘之內收到影片。

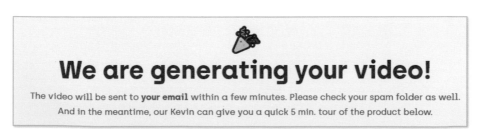

We are generating your video!

The video will be sent to **your email** within a few minutes. Please check your spam folder as well. And in the meantime, our Kevin can give you a quick 5 min. tour of the product below.

20-8-5　檢查電子郵件接收與播放影片

　　筆者約 5 分鐘檢查電子郵件就收到這封影片信件，點選郵件 Watch it here 超連結，可以看到影片內容如下：

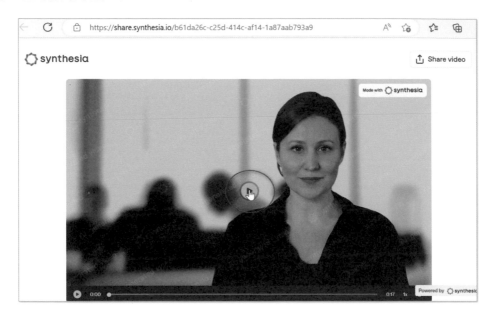

第 21 章
讓影片說中文
使用 Memo AI 快速加字幕

　　Memo AI 是一款強大的工具，專為將音頻和影片檔案轉換成文字稿而設計。它支援多語言轉寫與翻譯，包括中文、英文、日文等超過 90 種語言。除了語音合成、GPU 加速處理外，還提供了浮動筆記、即時字幕等功能。Memo AI 強調隱私保護，所有操作都在離線狀態下完成，確保數據不會離開使用者的設備。這款工具適用於 Windows 和 macOS 系統，介面友好，提升轉寫和翻譯工作的效率。

　　前面章節筆者介紹了 AI 影片，其實網路上還有許多類似的產品，許多皆是生成英文版的影片，當讀者學會了本章內容，就可以將生成的英文版影片改成中文字幕了。

21-1　Memo AI 快速上手指南 - 下載與安裝步驟

❏　**下載與安裝 Memo AI**

首先讀者需至 Memo AI 網址，如下所示下載 Memo AI 軟體。

https://memo.ac/

可以看到下列畫面。

筆者是使用 Windows 11 系統，所以可以點選上述左邊的 Download 鈕，讀者會看到下列歡迎畫面。

上述需要輸入「邀請碼」，然後按完成鈕。

❑ **取得邀請碼**

邀請碼的獲得可以參考下列步驟，首先請點選「申請內測」超連結。

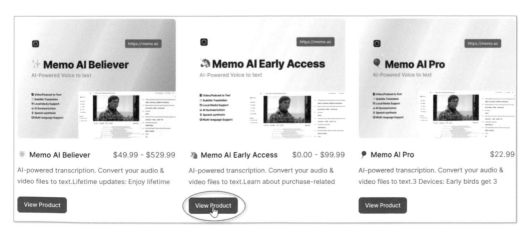

我們現在是要取得 Memo AI Early Access，請點選上方中間的 View Product 鈕。

請點選 Memo AI invitation code(目前顯示 $0.00)，表示是免費的，然後可以看到右邊標題 Want this for free?，請點選 Submit Order 鈕。

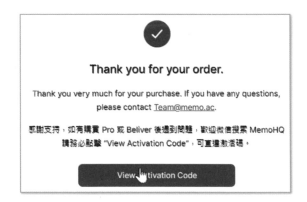

可以看到上述對話方塊，請點選 View Activation Code 鈕。

就可以看到 activation code，請點選 Copy to Clipboard 鈕，複製這個碼，然後貼到前面所述「歡迎使用 Memo」對話方塊的「輸入邀請碼」欄位，再按完成鈕，就可以正式使用 Memo AI 了。

21-2 一步步教你為影片加入中文字幕

安裝完成後，可以在螢幕上看到下列超連結。

21-2-1 進入與載入 mp4 檔案

點選可以進入 Momo AI 環境。

在 ch21 資料夾有「舊金山 .mp4」，請按一下選擇本地媒體。

然後選擇「舊金山 .mp4」檔案，開啟後可以看到下列畫面。

按轉寫鈕後，可以得到下列結果，右邊顯示影片字幕。

21-2-2 翻譯字幕

我們可以點選上方的翻譯,將字幕翻譯成中文,翻譯成欄位選「繁體中文」。

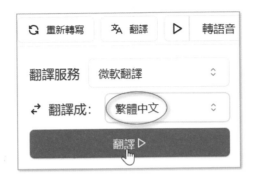

點選翻譯鈕,可以得到下列畫面。

畫面已經有中文翻譯了,現在就可以播放有中文翻譯的影片了。現在播放可以看到影片畫面,影片播放時段的文字會用藍底白字顯示。

21-2-3　導出 - 可想成匯出

　　點選上方的 ⬆ 導出 圖示，請選擇音頻 / 視頻標籤，因為原先影片有內嵌英文，所以可以只選擇翻譯語言，將看到下列畫面。

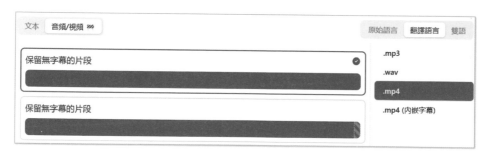

　　按右下方的鈕，可以看到「選擇保存路徑」對話方塊，筆者在 ch21 資料夾輸入「sf」，按保存鈕，可以看到導出過程。最後可以在 ch21 資料夾上看到匯出的檔案。

名稱	日期
sf	2024/2/16 下午 03:10
sf_subtitle	2024/2/16 下午 03:10
舊金山	2024/1/28 上午 12:28

上述 sf.mp4 是原始影片，sf_subtitle.mp4 則是含中文字幕的影片檔案。

第 22 章

AI 音樂魔法
演繹企業文化的新篇章

在當今科技飛速發展的時代，AI 音樂已經開始在企業領域展現其獨特的價值。不論是提升品牌形象、創造獨特的顧客體驗，還是提高工作效率和創新力，AI 音樂都能發揮關鍵作用。這篇文章將帶大家一探究竟，了解 AI 音樂如何在不同企業應用場景中被運用，從自動作曲、背景音樂生成到情感分析，AI 音樂正逐步成為企業競爭力強化的新途徑。讓我們一起看看，AI 音樂如何為企業的發展帶來革命性的變革。

22-1　AI 音樂轉譯企業精神 - 應用場景全探索

企業可以透過多種方式利用 AI 音樂來增強其業務和品牌價值：

- 品牌形象建設：利用 AI 創造獨特的品牌音樂，增強品牌識別度，創造與眾不同的品牌形象。
- 廣告與行銷：AI 音樂可以根據不同的廣告主題和目標受眾，製作符合情境的背景音樂，提升廣告吸引力和效果。
- 客戶體驗：在零售店面或是線上平台使用 AI 音樂作為背景音樂，根據客戶互動的即時反饋調整音樂風格和節奏，增強顧客購物體驗。
- 產品開發：在產品設計階段，利用 AI 音樂創造與產品相匹配的聲音設計，例如智慧家居產品的提示音效或是手遊的背景音樂。
- 內部溝通與培訓：使用 AI 音樂來製作內部溝通影片或培訓材料，創造更加輕鬆愉悅的學習環境。
- 情緒分析：AI 音樂技術可以分析客戶服務對話中的情緒波動，並自動播放適合的音樂來調節氣氛，提升客戶服務體驗。

透過這些應用，企業不僅可以提升客戶的感知價值，還能在內部管理和產品開發中發揮創新，推動業務的持續成長和發展。

22-2　Suno 音樂平台 - AI 創作的新領域

22-2-1　認識 Suno

Suno 官網的首頁這樣描述「Suno 正在打造一個任何人都能製作出精彩音樂的未來。無論你是淋浴時的歌手還是排行榜上的藝術家，我們打破你與你夢想中的歌曲之間的障礙。不需要樂器，只需要想像力。從你的思緒到音樂。」。

　　Suno 的使用非常簡單。用戶只需輸入他們想要創建的音樂風格和歌詞，Suno 就可以幫助他們創作一首歌。此外，Suno 還提供各種創意工具，可讓用戶自定義他們的音樂。Suno 仍在開發中，但已經取得了一些令人印象深刻的成果。目前已被用來創作各種各樣的音樂作品，包括歌曲、配樂和電子音樂。

　　Suno 的優點包括：

● 易於使用：Suno 的使用非常簡單，即使是沒有音樂經驗的人也可以使用。

● 功能強大：Suno 能夠生成各種各樣的音樂風格，並提供各種創意工具。

● 免費：Suno 是完全免費的。

　　Suno 的缺點包括：

● 音質可能不如專業的音樂製作人創建的音樂。

● 生成的音樂可能具有重複性。

　　總體而言，Suno 是一款有趣而強大的工具，可以幫助任何人創作原創音樂，接下來各小節就是說明此軟體使用方式。

22-2-2　進入 Suno 網站與註冊

　　我們可以使用「https://suno.ai」進入網頁，進入網頁後可以看到下列畫面：

　　預設可以看到 🔇 Sound 圖示表示目前是靜音，按一下可開啟此 🔊 Sound 圖示，就

可以聽到歌曲音樂了。紅點所指是目前聆聽的歌曲，我們可以捲動上述歌曲頁面聆聽不同的歌曲音樂。看到與體驗這個網站首頁，可以得到這個網站強調的是可以建立各類的歌曲音樂，請點選 Make a song 鈕。

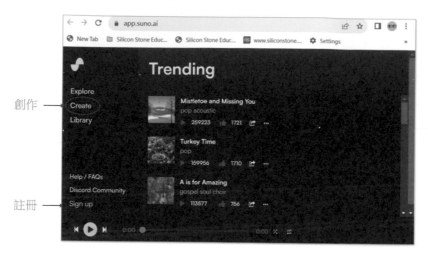

　　上述斗大的標題 Trending 是告訴你目前流行創作的歌曲，讀者可以捲動視窗了解目前的趨勢，左邊側邊欄位可以看到 Sing up，點選此可以註冊，和其他軟體一樣我們可以用 Google 帳號註冊。

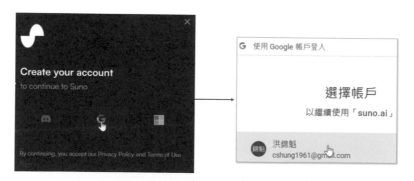

　　筆者選擇帳號後，按一下就可以進入帳號了。

　　進入帳號後，原先 Sing up 功能會被自己的帳號名稱取代，以筆者畫面而言，現在看到的是「錦魁」取代 Sign up 了。

22-3 從文字到旋律 - AI 音樂創作的奇幻旅程

22-3-1 創作歌曲音樂

請點選左側欄位的 Create 項目。

可以看到下列畫面。

上述 Song Description 欄位就是 Prompt 輸入，AI 音樂軟體有許多，筆者選 Suno，主要是此軟體可以用中文輸入，生成中文歌曲，筆者輸入「深智數位 5 週年慶」。

請點選 Create 鈕，就可以生成歌曲，如下所示：

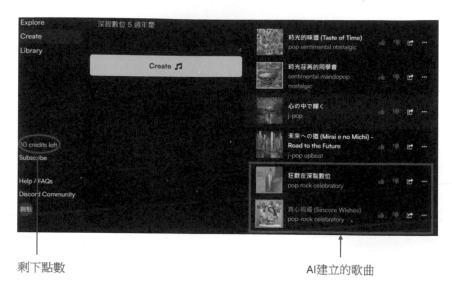

剩下點數　　　　　　　　　　　　　　　　　　　AI建立的歌曲

　　從上述可以看到生成了「狂歡在深智數位」和「真心祝福 (Sincere Wishes)」兩首歌曲，同時原先的點數剩下 30 點了。

註　歌曲下方標註「pop-rock celebratory」，中文是「流行搖滾慶祝」。

22-3-2　聆聽自己創作的歌曲

　　現在可以點選聆聽自己創作的歌曲。

❑　**狂歡在深智數位**

❑ **真心祝福 (Sincere Wishes)**

22-4 自己做 DJ - AI 歌曲編輯入門

歌曲標題下方 ••• 圖示，有編輯歌曲圖示所有功能

修改歌曲

從此段繼續

歌曲分享

歌曲連結

公開歌曲

歌曲移到垃圾桶

下載歌曲

回報歌曲不恰當內容

22-4-1　下載儲存

前一節創作的兩首歌曲，筆者已經使用 Download Video(用 MP4 下載與儲存) 和 Download Audio(用 MP3 下載與儲存)，分別下載到 ch22 資料夾，讀者可以參考，下列左邊是「狂歡在深智數位」的 MP3，右邊是「狂歡在深智數位」的 MP4，的播放畫面。

22-4-2　Remix

點選執行 Remix 後，可以根據先前的歌曲進行修訂。

可以進入 Custom Mode 模式，在此我們可以更改歌詞 (Lyrics)、音樂類別 (Style of Music)、歌曲標題 (Title)。點選 Custom Mode 左邊的 ，可以關閉 Custom Mode 模式。

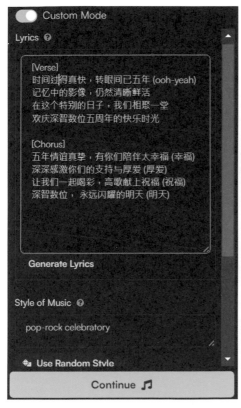

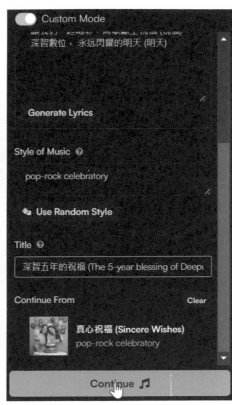

　　筆者將歌曲名稱由「真心祝福 (Sincere Wishes)」改為「深智五年的祝福 (The 5-year blessing of Deepwisdom)」，部分簡體歌詞改為繁體」，更改完成可以按 Continue 鈕。這時相當於用 AI 重新生成 2 首這個歌曲取名的歌曲，可以得到下列結果。

下列是播放其中一首歌曲的畫面。

22-5　加入 Suno - 開啟 AI 音樂訂閱新時代

目前筆者是使用免費計畫，每天可以有 50 點，相當於可以創作 10 首歌曲，不可以有商業用途。點選左側欄位的 Subscribe，可以了解免費和升級計畫，如下所示：

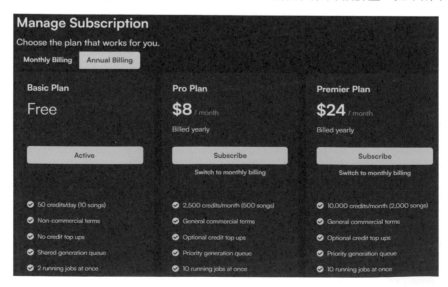

上述最大差異是，付費升級後，所創作的歌曲可以有商業用途 (General commercial terms)，創作生成歌曲有較高的優先順序，生成 10 首歌曲。

Note

Note